科学技術計算のための
Python for Probability, Statistics,
and Machine Learning ◯ Springer

Python

［著］José Unpingco

［翻訳］石井一夫
加藤公一
小川史恵

〈確率・統計・機械学習〉

NTS

Translation from the English language edition:
Python for Probability, Statistics, and Machine Learning
by José Unpingco

Copyright © Springer International Publishing Switzerland 2016
This Springer imprint is published by Springer Nature
The registered company is Springer International Publishing
Rights Reserved

Japanese translation rights arranged with Springer Verlag through Japan UNI Agency, Inc., Tokyo

P.67　図2.5　Z の値は、軸上で対応する X と Y の値に対して黄色で示している。グレースケールの色は、基礎となる同時確率密度を示す。

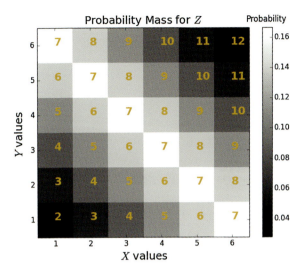

P.69　図2.6　Z の値は軸上の対応する X と Y の値に応じて黄色で示す。

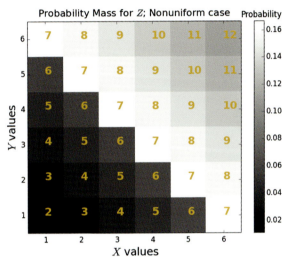

P.188　図3.24　赤丸は、黒点により xy 平面に推定される点を示す。

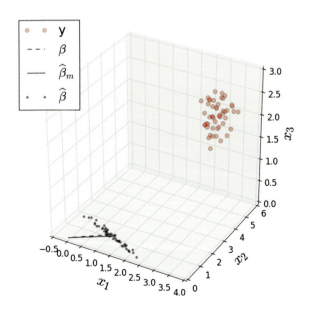

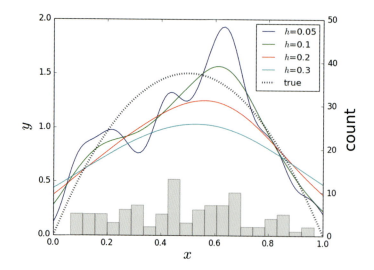

P.197　図3.28　上図の各線は、真の密度関数に近似した所定の帯域幅に対する様々なカーネル密度推定量である。参考のために簡単なヒストグラムを底部に示す。

P.215　図4.5　古典的な統計学の問題。標本を観測し、壺の中のモデルを作る。

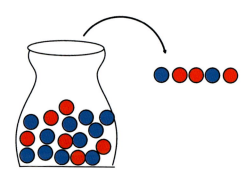

P.215　図4.6　機械学習の問題では、ボールを彩色する関数を求めたい。

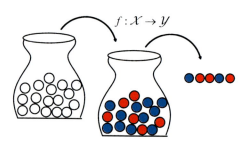

P.215　図4.7　難しい問題として、もとの問題では存在しなかった色に彩色されたボールを見るかもしれない。

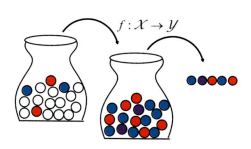

翻訳出版にあたって

　本書は "Python for Probability, Statistics, and Machine Learning" の翻訳である。Python は近年、科学技術計算のツールとして急速に発展しており、特に、IPython Notebook（Jupyter Notebook）の形でソースコードを共有できるなど、視覚的にわかりやすい形で再現できる。本書は、この科学技術計算のための Python の中上級者向けの用法をまとめたものである。科学技術計算のための Python のインストール法が紹介され、そのあとに確率、統計、機械学習に関する使用法が示される。どちらかというと、初級の過程を終えたやや先進的な内容が多く、類書でもあまり説明がないものである。その意味で、目からウロコが落ちるコンテンツも多い。Python による科学技術計算の最先端の一端を垣間見られるような内容で、従来の教科書を書き換えるような画期的なものである。翻訳中のワクワク感は、おそらくその文面から感じ取っていただけるものと信じる。

　本書の翻訳は、データ分析の実務をこなしている石井一夫、加藤公一、小川史恵の３人で分業して進め、主に１章と２章を石井が、３章を小川が、４章を加藤が担当している。校正は翻訳者が相互にチェックを行っている。松沢航氏には本書の翻訳についてレビューをしていただいた。また、出版にあたり常時激励いただいた㈱エヌ・ティー・エスの編集者、その他スタッフの方々にお礼を申し上げる。そして、この出版にあたり、理解とご協力をいただいた家族、職場の同僚を含むすべての方々にお礼を申し上げる。

翻訳者一同
2016 年 10 月

vi

● 翻訳者プロフィール ●

石井　一夫　　Kazuo ISHII
東京農工大学特任教授

専門分野：ゲノム科学（バイオインフォマティクス、データマイニング、機械学習、人工知能、計算機統計学）。経歴：徳島大学大学院医学研究科博士課程修了。東京大学医科学研究所ヒトゲノム解析センター、理化学研究所ゲノム科学総合研究センターなどを経て現職。2015 年度情報処理学会優秀教育賞受賞。日本技術士会フェロー、APEC エンジニア、IPEA 国際エンジニア。

加藤　公一　　Kimikazu KATO
シルバーエッグテクノロジー株式会社　チーフサイエンティスト

専門分野：機械学習、特にレコメンデーションや自然言語処理のアルゴリズム
経歴：2008 年、東京大学大学院情報理工学系研究科博士課程修了。博士（情報理工学）。電子情報通信学会システム数理と応用研究会専門委員。所属学会：電子情報通信学会、IEEE。

小川　史恵　　Fumie OGAWA

専門分野：車両およびエンジンのデータ解析、OEM メーカーでの車両プロジェクト推進。2005 年、東京農工大学大学院工学研究科電気電子工学専攻修士取得。2005 年〜2016 年、いすゞ自動車㈱勤務。2016 年、東京農工大学大学院工学研究科機械工学システム博士課程在籍中。現在に至る。所属学会：自動車技術会。

序

　本書は、確率と統計を支える基本的概念を教示し、Python 言語とその強力な拡張機能を介して、機械学習に関する方法を示している。これは、通常の学部レベルの確率、統計の入門を終えている読者を想定しているためこれらの課題に当たる最初の書籍には向いていない。つまり、この基礎的な背景を持ち、これらの課題を処理する科学技術計算のための Python のツール群の使い方を知りたい方には、この本は適している。一方、おそらく他の科学分野での業務を経験していて Python の扱いに慣れているならば、この本で確率統計の基礎と機械学習を解釈するためのこれらの使用法を学ぶことができるだろう。また、商用パッケージ（Matlab や IDL など）を用いてトレーニングしているエンジニアならば、すでに慣れ親しんだ概念を見直すことにより科学技術計算のための Python のツール群の効率的な使い方を学ぶことができるだろう。

　本書の最も重要な特徴は、本書のすべてを Python を使用して再現可能であることである。具体的には、すべてのコードや図、および（ほとんどの）テキストは、IPython Notebook*としてこの本に対応するダウンロード可能な補足資料で利用できる。IPython Notebook は、パラメータや再計算プロットを変更したり、本書のすべての概念やコードを全般的にいじったりできる実行可能な対話的ドキュメントである。この IPython Notebook をダウンロードし、述べられた各話題をテキストで試行することをお勧めする。

　IPython Notebooks が、これら多くの抽象的な概念を具体化することを支援する対話的なツール群や、アニメーション、その他の直感的に構築できる特徴があるので、対話的な操作を経て読者の理解を促進し、そこから派生する抽象的な概念の理解を助けとなることを保証する。オープンソースのプロジェクトとして、IPython Notebook などのすべての科学技術計算のための Python のツール群は、自由に利用できる。私は長年のこの教材を使って教えているが、これを学ぶ唯一の方法は、実際に実行して試してみることしかないと確信する。本書は、科学技術計算のための Python 環境をインストールし設定する入門についての手順を提供する。

　本書は、すべてを網羅することを意図しておらず、著者の業界での背景を取捨選択して反映している。日々の業務における基礎的な事項と直感に焦点を置いており、とくに、技術的背景を持たない顧客にこの方法による結果を説明しなければならない時に、注力している。我々は良い Python のコーディング慣行を奨励しながら、可能な限り最もエレガントな方法で Python 言語を使用するよう努めた。

---

* IPython Notebook : Python-for-Probability-Statistics-and-Machine-Learning. https://github.com/unpingco/Python-for-Probability-Statistics-and-Machine-Learning

謝辞

Jupyter/IPython Notebook のオーガナイザーである Brian Granger と Fernando Perez の支援に、その偉大な業績に対して感謝したい。同様に、本書を実現可能にしたすべての貢献に対して、Python コミュニティの皆様に感謝したい。また、この書籍の思慮深いレビューを戴いた Juan Carlos Chavez に感謝したい。Hans Petter Langtangen は、本書の執筆に用いた Doconce 文書作成システムの製作者である。PythonTeX と LATEX についての Geoffrey Poore の仕事にも感謝する。

2016 年 2 月　カルフォルニア州サンディエゴ

● 原著者プロフィール ●

José UNPINGCO

1998 年にカリフォルニア大学サンディエゴ校の博士課程を修了し、以来、業界でエンジニア、コンサルタント、インストラクターとして、多種の機械学習技術における深い経験を伴いつつ、広く多様な先進的なデータ処理とデータ分析課題をこなしてきた。国防総省の大規模信号画像処理の現場技術部長として、国防総省全体に科学的 Python を普及させた。また、彼は国防総省の主任科学的 Python 指導員として、600 人を超える研究者および技術者に Python を指導した。現在は、カリフォルニア州サンディエゴの非営利医学研究組織のデータサイエンス技術部長である。

目次

口絵 ································ iii

翻訳にあたって ······················ v

序 ································· vii

記号解説 ···························· xiii

第 1 章　科学技術計算のための Python への入門 ········· 1

1.1　インストールとセットアップ ··················· 3

1.2　Numpy ··························· 5

    1.2.1　Numpy の配列とメモリ ··············· 7

    1.2.2　Numpy の行列 ··················· 11

    1.2.3　Numpy のブロードキャスティング ············ 12

    1.2.4　Numpy のマスクされた配列 ·············· 14

    1.2.5　Numpy の最適化と内容見本 ············· 15

1.3　Matplotlib ························ 16

    1.3.1　Matplotlib の代替 ················· 18

    1.3.2　Matplotlib の拡張 ················· 19

1.4　IPython ························· 19

    1.4.1　IPython Notebook ··············· 21

1.5　Scipy ·························· 23

1.6　Pandas ·························· 24

    1.6.1　シリーズ（Series） ················· 24

    1.6.2　データフレーム（Dataframe） ············· 26

1.7　Sympy ·························· 29

1.8　コンパイル済みライブラリのインタフェース ··········· 32

1.9　統合開発環境 ······················· 33

1.10　パフォーマンスと並列プログラミングへのクイックガイド ····· 33

1.11　その他のリソース ····················· 37

参考文献 ··························· 38

第2章　確率　39

2.1　はじめに　39
2.1.1　確率密度の理解　40
2.1.2　確率変数　41
2.1.3　連続型確率変数　47
2.1.4　微分積分を超えた変数の変換　50
2.1.5　独立確率変数　52
2.1.6　折れた竿の古典的事例　54
2.2　写像法　55
2.2.1　重み付きの距離　58
2.3　写像としての条件付き期待値　59
2.3.1　付録　65
2.4　条件付き期待値と平均二乗誤差　66
2.5　条件付き期待値と平均二乗誤差最適化の実施例　69
2.5.1　実施例　70
2.5.2　実施例　73
2.5.3　実施例　76
2.5.4　実施例　80
2.5.5　実施例　81
2.5.6　実施例　83
2.6　情報エントロピー　85
2.6.1　情報理論の概念　85
2.6.2　情報エントロピーの性質　88
2.6.3　カルバック・ライブラー情報量　89
2.7　積率母関数　90
2.8　モンテカルロサンプリング法　93
2.8.1　離散型変数のための逆 CDF 法　94
2.8.2　連続変数のための逆 CDF 法　96
2.8.3　棄却法　98
2.9　有用な不等式　102
2.9.1　マルコフの不等式　102
2.9.2　チェビシェフの不等式　103
2.9.3　ヘフディングの不等式　105
参考文献　106

第3章 統計 — 107

3.1 はじめに	107
3.2 統計用 Python モジュール	108
3.2.1 Scipy の統計モジュール	108
3.2.2 Sympy の統計モジュール	109
3.2.3 その他の統計用 Python モジュール	110
3.3 収束の種類	110
3.3.1 ほとんど確実に収束	111
3.3.2 確率収束	113
3.3.3 分布収束	116
3.3.4 極限定理	116
3.4 最尤推定法を用いた推定	118
3.4.1 コイン投げ施行の準備	120
3.4.2 デルタ法	129
3.5 仮説検定と P 値	132
3.5.1 コイン投げの例に戻る	133
3.5.2 ROC（受信者動作特性）	137
3.5.3 P 値	139
3.5.4 検定統計量	140
3.5.5 多重仮説検定	147
3.6 信頼区間	148
3.7 線形回帰	152
3.7.1 多重共変量への拡張	162
3.8 最大事後確率	167
3.9 ロバスト統計	173
3.10 ブートストラッピング	180
3.10.1 パラメトリックブートストラップ	185
3.11 ガウス＝マルコフの定理	186
3.12 ノンパラメトリック法	190
3.12.1 カーネル密度推定	190
3.12.2 カーネル平滑化	193
3.12.3 ノンパラメトリック回帰推定量	198
3.12.4 最近傍回帰	199
3.12.5 カーネル回帰	203

xii　●目　次●

　　　3.12.6　次元の呪い ………………………………………………………………… 205
　参考文献 ………………………………………………………………………………… 207

第4章　機械学習 ……………………………………………………………… 209

4.1　はじめに ……………………………………………………………………………… 209
4.2　Python の機械学習モジュール …………………………………………………… 209
4.3　学習の理論 …………………………………………………………………………… 214
　　　4.3.1　機械学習理論への入門 …………………………………………………… 215
　　　4.3.2　汎化の理論 ………………………………………………………………… 220
　　　4.3.3　汎化と近似の複雑さについての動作例 ………………………………… 222
　　　4.3.4　交差検定 …………………………………………………………………… 228
　　　4.3.5　バイアスとバリアンス …………………………………………………… 233
　　　4.3.6　学習ノイズ ………………………………………………………………… 236
4.4　決定木 ………………………………………………………………………………… 239
　　　4.4.1　ランダムフォレスト ……………………………………………………… 246
4.5　ロジスティック回帰 ………………………………………………………………… 248
　　　4.5.1　一般化線形モデル ………………………………………………………… 253
4.6　正則化 ………………………………………………………………………………… 254
　　　4.6.1　リッジ回帰 ………………………………………………………………… 258
　　　4.6.2　Lasso 回帰 ………………………………………………………………… 263
4.7　サポートベクトルマシン …………………………………………………………… 265
　　　4.7.1　カーネルトリック ………………………………………………………… 269
4.8　次元削減 ……………………………………………………………………………… 270
　　　4.8.1　独立成分分析 ……………………………………………………………… 274
4.9　クラスタリング ……………………………………………………………………… 279
4.10　アンサンブル手法 ………………………………………………………………… 283
　　　4.10.1　バギング ………………………………………………………………… 283
　　　4.10.2　ブースティング ………………………………………………………… 285
　参考文献 ………………………………………………………………………………… 287

索引 ………………………………………………………………………………………… 289
参考文献リスト（和書） ………………………………………………………………… 296

第1章

科学技術計算のための Python への入門

Getting Started with Scientific Python

Python は、ここ数年主流となってきている。いまや、Python は工学およびコンピュータサイエンスにおける多くの学部カリキュラムの一部となっている。優れた書籍および対話型のオンラインチュートリアルを見つけることは簡単である。特に、Python は、Django や CherryPy などのフレームワークを用いたウェブプログラミングの分野で十分な地位を確立しており、これらはアクセス数の多い多くのサイトの基盤となっているプラットフォームである。

ウェブプログラミングを越えて、線形代数から機械学習の可視化にいたる多くの科学分野全体にわたって、サードパーティによる拡張機能のリストが今も増え続けている。これらのアプリケーションにおいて、Python はメソッドの交換や、Fortran や C で書かれる典型的なコアルーチンに対してのデータを引き渡しを簡単にするための、いわばグルー（糊付け）としての役割を果たすソフトウェアである。科学技術計算のための Python は、ほぼ 20 年にわたり、産官学で基本的なものであり続けている。たとえば、米航空宇宙局（NASA）のジェット推進研究所は、宇宙船の軌道の計画と可視化のために Fortran/C++ ライブラリのインタフェースとして科学技術計算のための Python を使用している。また、ローレンス・リバモア国立研究所は、いくつかの定型テキスト処理や、ビッグデータの先進的な可視化（VISIT など[1]）など、多種多様な計算タスクに科学技術計算のための Python を利用している。シェルリサーチ、ボーイング、インダストリアル・ライト＆マジック、ソニー・エンタテインメント、および P&G は、日々のデータ処理や分析に科学技術計算のための Python を使用している。Python は、このように十分に確立され、様々な分野で拡張し続けている。

Python は正式なソフトウェア開発のトレーニングを受けていない科学者やエンジニア向きの言語である。Python は、何の障害もなく、プロトタイプや設計、シミュレーション、およびテストを行うために利用される。これは Python が、本質的な容易さや、反復型開発サイクル、既存コードの相互運用性、信頼性の高いオープンソースコードの巨大な基盤へのアクセス、および階層的に区画化された設計理念を提供するためである。Python の生産性は、ユーザのワークフロー（実行時間とプログラミング時間など）に強く影響されることが知られている[2]。このため、

© Springer International Publishing Switzerland 2016
J. Unpingco, *Python for Probability, Statistics, and Machine Learning,*
DOI 10.1007/978-3-319-30717-6_1

Pythonは劇的にユーザの生産性を高めることができる。

Pythonはインタプリタ言語である。これは、PythonのコードがPython仮想マシン上で実行されることを意味する。この仮想マシンは、コード、およびコードを実行するプラットフォームとの間を抽象化するレイヤを提供する。このことは、異なるプラットフォーム間でコードを移植することができることを意味する。たとえば、あるスクリプトが、Windowsのノートパソコンで実行できるだけでなく、Linuxベースのスーパーコンピュータや携帯電話上でも実行することができるということである。これにより、プログラミングがより簡単になる。なぜならば、仮想マシンは、基盤となるプラットフォーム上でスクリプトのビジネスロジックの実装の詳細を低レベルで処理するからである。

Pythonは動的型付け言語であるので、Pythonのインタプリタ自身が対話的あるいは実行時に、典型的な型（たとえば、浮動小数点型か、整数型か）を見つけ出すことを意味する。一方、Pythonのような動的型付け言語はFortranのような（静的型付け）言語と対照的であり、すなわち、Fortranの場合は、コンパイラがコードを最初から最後まで精査し、多数のコンパイラレベルの最適化を実施し、特定のプラットフォームにおける既存ライブラリとのリンクを行い、最終的に実行可能なファイルを作成するが、この実行可能ファイルはコンパイラとは独立である。想像できるように、基盤となるプラットフォームの詳細へコンパイラがアクセスすることは、チップ固有の特性やキャッシュメモリといった裏技を最適化に利用できることを意味する。それは、仮想マシンはプラットフォーム基盤の詳細を抽象化してしまうために、Python言語はこの種の最適化にプログラマブルにアクセスすることはできないことを意味する。それでは、その仮想マシン上でのプログラミングの容易さと、科学的研究に重要なこれらの鍵となる数値計算最適化の間にどのようなバランスが取られるのであろうか？

このバランスは、コンパイル済みFortranおよびCライブラリへ結合することができるPython固有の能力により決定される。これは、プログラマがインタプリタからコンパイル済みライブラリへ、集約した計算を直接送信することができることを意味する。この方法には、主に2つの利点がある。まず1つ目は、表現力豊かな文法と、視覚的な乱雑さがないことにより、Pythonのプログラミングの楽しみを与えることである。これは、製品としてのソフトウェア開発とは対照的に、ツールとしてソフトウェアを利用したいという典型的な科学者には特に恩恵がある。第二の利点は、一緒に動作させることを意図して設計されていなかった多様な研究分野に由来する様々なコンパイル済みのライブラリを、うまく組み合わせることができるということである。こういったことが上手く機能する理由は、Pythonは、インタプリタ上でのメモリ確保に割り当て、コンパイル済みライブラリへの入力としてのデータの引き渡し、出力としての戻り値をインタプリタ側で取得しするなどを簡単にやってのけることができるためである。

また、Pythonは科学技術計算のためのコードに対してマルチプラットフォームのソリューションを提供する。オープンソースのプロジェクトとして、今日では一般的に多くのオペレーティング・システムの一部として、標準的に装備されているが、Python自体はそれをビルドできるところであればどこでも利用することができる。これは、コンパイル済みライブラリが利用

可能なプラットフォームでありさえすれば、一度 Python でコードを書けば、他のプラットフォームにスクリプトを転送し次第、実行できることを意味する。コンパイル済みライブラリが存在しない場合はどうだろうか？　多数のシステムにわたってコンパイル済みライブラリをビルドし設定することは、面倒な仕事であったが、科学技術計算のための Python が成熟するにつれ、現在では、主要なプラットフォーム（すなわち、Windows、MacOS、Linux、Unix）のすべてにわたって広範囲のライブラリがあらかじめパッケージされたディストリビューションとして利用できるようになっている。

　最後に、Python の構文はクリーンで、コードを読みにくくするようなセミコロンの区切りやその他の視覚的な紛らわしいものがないために、科学技術計算のための Python は、科学的なコードのメンテナンス性の向上を促進する。Python には、多くのメンテナンスしやすい組み込みテスト、ドキュメント、および開発ツールがある。科学技術計算のためのコードは、通常、ソフトウェア開発の教育を受けていない科学者によって書かれていることから、Python 自体に組み込まれた強固なソフトウェア開発ツールを持つことは、特に利点となっている。

1.1　インストールとセットアップ

　最初に始めるにあたって一番簡単な方法は、Continuum Analytics（https://www.continuum.io/）から提供されていて、無償で入手できる Anaconda ディストリビューションをダウンロードすることであり、主要なプラットフォームのすべてで利用可能である。Linux では、すでに組み込まれているパッケージマネージャ（管理ソフト）を用いて、そのツール群を入手できるが、それでもなお、Anaconda ディストリビューションをインストールした方が良い。それ自身が強力なパッケージマネージャ（conda など）であるためで、サポートされているパッケージのソフトウェア依存性の変更を追跡できるからである。管理者権限を持っていない場合には、これらの権限を必要としない Anaconda ディストリビューションに対応する miniconda ディストリビューションが存在することにも注目しよう。

　プラットフォームに関係なく、Python のバージョン 2.7 の使用をお勧めする。Python 2.7 は、Python 2.x シリーズの最新版で、レガシーコードとの下位互換性が保証されている。Python の 3.x では、そのような保証はされていない。科学技術計算のための Python の重要な構成要素のすべてがバージョン 3.x で利用可能であるが、最も安全な方策は、バージョン 2.7 にこだわることである。あるいは、もう 1 つの妥協策としては、Python 2.7 と Python 3.x の要素が交叉している Python のハイブリッドな方言で書くことである。Python 2.5 以降の新しいコードに関しては、ユーティリティ関数を提供することにより、six モジュールが、この移行を可能にしている。2to3 モジュールという名前の、Python 2.7 から 3.x へのコンバータも利用できるが、そのような変換コードはデバッグやメンテナンスが困難であることもあり、その後の開発やメンテナンスを必要としない、小さな、自己完結型のライブラリのための良いオプションかもしれない。

　ウェブ上で IronPython（C# で実装された Python）や Jython（Java で実装された

4 ●第 1 章　科学技術計算のための Python への入門●

Python）などの Python の他の実装形態に、出くわしたことがあるかもしれない。本書では、C
で実装された Python（すなわち、CPython とも呼ばれている）で、圧倒的に普及している実装
に焦点を当てる。これらの他の実装形態では、CPython の使用でも可能であるが、荒削りな C#
や Java のそれぞれのライブラリに特化した、固有の（ネイティブな）相互作用が可能になる。
さらに、他の言語にネイティブのライブラリの相互作用を越えた、種々の理由による Python の
低レベルの機構の実装が存在する。この最も注目すべきものは Pypy で、純粋な Python コード
の実質的なスピードアップを可能にする実行時コンパイラ（Just-In-Time Compiler; JIT）やそ
の他の強力な最適化を実装している。Pypy の欠点は、Matplotlib、Scipy のようないくつかの普
及した科学技術計算のためのモジュールのラインアップが、限定的であるか存在しないことであ
り、Pypy ではそのようなコードのモジュールを使用できないことを意味する。

　Anaconda の conda マネージャでメンテナンスされていない Python モジュールを後で利用し
たいと思うこともあろう。Anaconda は、科学技術計算のための Python 以外で使用される主要
なものは pip パッケージマネージャで入手することができ、以下のようにタイプすることで容
易に実行できる。

ターミナル > pip install パッケージ名

その後、pip は外部のウェブで実行され、必要なパッケージとその依存性のあるものをダウン
ロードし、既存の Anaconda のディレクトリツリー内にインストールする。これは、システム固
有の依存性パッケージがない場合でも、問題のパッケージが純粋な Python パッケージであれば、
綺麗に動作する。そうでない場合は、特に Fortran コンパイラを自由に使えない Windows の場
合は悪夢となりうる。問題のモジュールが C ライブラリである場合、1 つの方法として、無償で
利用でき、普通に C のコードをコンパイルするのに十分な Visual Studio Community エディショ
ンをインストールすることで対処できる。このプラットフォーム依存性は、conda が、C のコー
ドをコンパイルする代わりに、いろいろなプラットフォームのバイナリ依存性を解決するために
設計されたということが問題となっている。Windows システムでは、Anaconda をインストー
ルして、デフォルトの Python のインストールとしてそれを登録し（これは、インストールプロ
セス中に質問として出力される）、その後、カリフォルニア大学アーバイン校の Christoph
Gohlke 研究室のサイト上の高品質な Python ホイールファイルを使用することができるように
なる[‡1]。そのサイトは、好意により、科学技術計算のためのモジュールの大きなリストが使用で
きるようになっている。これがうまくいかない場合、binstar.orgのサイトを試すことができ
る。それはコミュニティにより運営されている conda のインストールが可能なリポジトリで、
Anaconda の公式サポートではないものである。binstar では、ダウンロードしたり信頼でき

[‡1] ［原書注］　ホイールファイルは、Python のディストリビューションフォーマット（配布形式）であり、pip を使って
pip install file.whl でダウンロードし、インストールできる。Christoph[*1] では、ファイルを Python のバージョン（た
とえば cp27 は Python 2.7 を意味する）やチップセット（たとえば、amd32 と Intel win32 など）に基づいて命名する。
[*1] ［訳　注］　Christoph Gohlke の非公式な Python 拡張パッケージの Windows バイナリの命名規則

るユーザからのコードを実行したりしていることを確認することができるように認証を使用することでリモートの仲間と科学技術計算のための Python の設定を共有できるようにしていることに注意しよう。

　繰り返しになるが、Windows 上で、これまでの作業を行わない場合、VMware Player または Oracle の VirtualBox の（両者とも自由な条件の下において無償で利用できる）によって提供されるような完全な仮想マシンによるソリューションのインストールを検討したいと考えるかもしれない。これらのどちらかを使用して、Windows 上で動作する Linux マシンをセットアップすることができ、これらの問題を完全に対処できる。この方法の重要な部分は、重複したデータファイルをメンテナンスする必要がないように、仮想マシンと Windows システムの間でディレクトリを共有できることである。Anaconda の Linux イメージは、Amazon Web Services（AWS）や Microsoft Azure などの IaaS プロバイダによってクラウド上でも利用できる。多くのメジャーなユーザ、特に Python の新規ユーザにとって、Anaconda ディストリビューションはあらゆるプラットフォームで十分すぎるほどのものであるに違いないことに注目しよう。これは、早い段階で Windows 固有の問題とその回避方法を強調するだけの価値がある。WinPython や PythonXY のように他にもよくメンテナンスされた科学技術計算のための Python の Windows インストーラがあることにも注目しよう。これらは、Matlab ユーザの移行のための非常に Matlab に似た環境である Spyder[*2] 統合開発環境を提供する。

1.2　Numpy

　先に触れたように、コンパイルされた科学技術計算のためのライブラリを使用するには、Python インタプリタで確保されたメモリを、なんとかこのライブラリに入力として到達させなければならない。さらに、これらのライブラリからの出力も同様に、Python インタプリタに返さなければならない。このメモリの 2 方向の変換は、基本的な Numpy モジュール（Python の数値配列（array、配列））のコア機能である。Numpy は、Python の数値配列のためのデファクトスタンダードである。これは、Python で数値配列を統一するための Travis Oliphant らの業績として生まれた。本節では、Numpy を効果的に利用するための概要といくつかのヒントを提供するが、より詳細については、Travis の書籍[3] が最初の入門に最適であり、オンラインにて無償で参照できる。

　Numpy は、Python でバイトサイズの配列の仕様を提供する。たとえば、以下の例では、それぞれ itemsize プロパティにより示したような 4 バイト長（1 バイトあたり 8 ビットで 32 ビットとなる）の 3 つの数値からなる配列を作成する。1 行目には、推奨する慣行として Numpy を np としてインポートする。2 行目で、32 ビット浮動小数点の配列を作成する。

---

*2［訳　注］ オープンソースでクロスプラットフォームな統合開発環境であり、Python で科学用途のプログラミングをすることを意図して作られている。Spyder には NumPy・SciPy・Matplotlib・IPython などが統合されている（Wikipedia 2016 年 7 月 7 日より）。

6 ●第 1 章　科学技術計算のための Python への入門●

itemsize プロパティは、項目ごとのバイト数を示す。

```
>>> import numpy as np #  推奨する慣行
>>> x = np.array([1,2,3],dtype=np.float32)
>>> x
array([ 1.,   2.,   3.], dtype=float32)
>>> x.itemsize
4
```

　Numpy は、数値についての均一な内容物を提供するだけでなく、ループを追加するようなセマンティクス（意味論）なしに、配列内の要素のすべてを処理することのできる単項関数[3] の包括的なセット（すなわち、ufuncs）を提供する。以下に、Numpy を用いて要素のすべての sin（サイン）を計算する方法を示す。

```
>>> np.sin(np.array([1,2,3],dtype=np.float32)  )
array([ 0.84147096,   0.90929741,   0.14112  ], dtype=float32)
```

これは、Numpy の単項関数 np.sin を使用して、入力配列の [1,2,3] の sin を計算する事例である。組み込みの math モジュールには別の sin 関数があるが、Numpy のバージョンは、それが明示された配列内の各要素に対するループ（すなわち、for ループの使用）を必要としないため高速である。つまり、ループがコンパイル済みの np.sin 関数自体に生成する。さもなくば、以下のように明示的にループを実行しなければならない。

```
>>> from math import sin
>>> [sin(i) for i in [1,2,3]] #  リストの内包表記
[0.8414709848078965, 0.9092974268256817, 0.1411200080598672]
```

　Numpy は出力型の解決に、通常の型キャストの規則を利用している。例えば、入力が整数型である場合には、出力は浮動小数点型となる。上記の例では、sin 関数への入力として Numpy の配列を供している。また、その代わりに素の Python のリストを用いることもできるし、その中間データに Numpy 配列を作成することもある（例　np.sin([1,1,1])）。Numpy のマニュアルでは、利用できる ufuncs の包括的な（かなり長い）リストが提供されている。
　Numpy の配列は、多次元で機能する。たとえば、以下の例では、2 つの Python のリストから 2 次元の 2 × 3 配列を構築する例を示している。

```
>>> x=np.array([ [1,2,3],[4,5,6] ])
>>> x.shape
(2, 3)
```

プログラマがより多くの次元を受け付けるように自分でビルドし直さない限り、Numpy は 32 次元に制限されていることに注意しよう[2]。次に示すように、Numpy の配列は、多次元では

---

[3]［訳　注］　単項関数：引数を 1 つとる関数
[2]［原書注］　Numpy のソースコードの arrayobject.h を参照

Python の通常のスライス加工（スライシング）のルールに従っている。すなわち、コロン文字：は、ある特定の軸に沿ってすべての要素を選択する。

```
>>> x=np.array([ [1,2,3],[4,5,6] ])
>>> x[:,0]  # 0 番目の列
array([1, 4])
>>> x[:,1]  # 1 番目の列
array([2, 5])
>>> x[0,:]  # 0 番目の行
array([1, 2, 3])
>>> x[1,:]  # 1 番目の行
array([4, 5, 6])
```

また、以下に示すようなスライシングの使用により、配列の部分分画を選択できる。

```
>>> x=np.array([ [1,2,3],[4,5,6] ])
>>> x
array([[1, 2, 3],
       [4, 5, 6]])
>>> x[:,1:]  # すべての列で、1 番目から最後の列まで
array([[2, 3],
       [5, 6]])
>>> x[:,::2]  # すべての列で、1 つおきの列
array([[1, 3],
       [4, 6]])
>>> x[:,::-1]  # 列の逆順
array([[3, 2, 1],
       [6, 5, 4]])
```

1.2.1 Numpy の配列とメモリ

いくつかのインタプリタ言語では、メモリは暗黙のうちに割り当てられる。たとえば、Matlab では、次のような Matlab のセッションで示すように、別の次元を付け加えるだけで行列を拡大できる。

```
>> x=ones(3,3)
x=
     1     1     1
     1     1     1
     1     1     1
>> x(:,4)=ones(3,1)  # 拡張次元を追加
x=
     1     1     1     1
     1     1     1     1
     1     1     1     1
>> size(x)
ans =
     3     4
```

8 ●第1章　科学技術計算のための Python への入門●

Matlab の配列では、スライシングの操作は、現実の必要に応じて配列の一部をコピーするような「値渡しの」セマンティクス（意味論）を使用するために、うまく動作する。一方、Numpy は、スライシングの操作は暗黙にコピーを行わず、配列にビューが存在する「参照渡しの」セマンティクスを使用している。これは、すでに利用可能なメモリを占めている大きな配列の場合には特に有利である。Numpy の用語的には、スライシングを用いた場合は（コピーではなく）ビューを作成し、高度なインデックス作成（advanced indexing）を用いた場合はコピーを作成する。以下のように、高度なインデックスの作成の例から開始する。

　インデックス作成オブジェクト（つまり、括弧の間に挟まれた項目）がタプル型でないシーケンス型オブジェクトである場合、他の（整数型またはブール型の）Numpy の配列である場合、または少なくとも1つのシーケンス型オブジェクトまたは Numpy の配列を有するタプルである場合には、その後のインデックス作成ではコピーを作成する。上記の例では、Numpy 内に同じ配列の拡張を実施するために、次のようなことを実行しなければならない。

```
>>> x = np.ones((3,3))
>>> x
array([[ 1.,   1.,   1.],
       [ 1.,   1.,   1.],
       [ 1.,   1.,   1.]])
>>> x[:,[0,1,2,2]]  # 最後の次元が複製されていることに注目
array([[ 1.,   1.,   1.,   1.],
       [ 1.,   1.,   1.,   1.],
       [ 1.,   1.,   1.,   1.]])
>>> y=x[:,[0,1,2,2]]  # 上記と同様であるが、内容は y に代入される
```

高度なインデックス作成により、x の関連部分がコピーされたために変数 y は独自のメモリを有している。これを証明するために x に新たな要素を代入しても、y はアップデートされないことがわかる。

```
>>> x[0,0]=999  # x の要素を交換する
>>> x                    # 変化した
array([[ 999.,     1.,     1.],
       [   1.,     1.,     1.],
       [   1.,     1.,     1.]])
>>> y                    # 変化しなかった！
array([[ 1.,   1.,   1.,   1.],
       [ 1.,   1.,   1.,   1.],
       [ 1.,   1.,   1.,   1.]])
```

しかし、次に示すように、最初からやり直し、スライシング（これはビューとして作成される）によって y を作成する場合には、ビューはまさに同じメモリ内へのウィンドウとなるため、実行した変化は y に影響する。

```
>>> x = np.ones((3,3))
>>> y = x[:2,:2]  # 左上のビュー
>>> x[0,0] = 999  # 値の変化
>>> x
array([[ 999.,      1.,      1.],  # 変化は認められるであろうか？
       [   1.,      1.,      1.],
       [   1.,      1.,      1.]])
>>> y
array([[ 999.,      1.],  # yもまた変化する！
       [   1.,      1.]])
```

明示的に、任意のインデックス作成を実行することなく、強制的にコピーしたい場合には、y=x.copy()で実行できることに注意しよう。以下のコードは、スライシングに対する高度なインデックス作成を別の例を通して、動作させる。

```
>>> x = np.arange(5)  # 配列を作成
>>> x
array([0, 1, 2, 3, 4])
>>> y=x[[0,1,2]]  # 整数のリストによるインデックス作成により強制的にコピーする
>>> y
array([0, 1, 2])
>>> z=x[:3]        # スライシングによりビューを作成
>>> z              # yとzは同じエントリであることに注目
array([0, 1, 2])
>>> x[0]=999       # xの要素を変化させる
>>> x
array([999,    1,    2,    3,    4])
>>> y              # yは影響を受けないことに注目
array([0, 1, 2])
>>> z              # しかし、zは……。(それはビューである)
array([999,    1,    2])
```

この例では、yはビューではなくコピーであり、それは高度なインデックス作成により作成されるが、ここでzはスライシングを用いて作成されているためである。一方、zはスライス加工により作成される。そのため、yとzは同じエントリを持つけれども、zのみがxに対する変更の影響を受ける。Numpy配列のflags.ownsdataプロパティは、それに慣れるまで、これを除いておくこともできることに注目しよう。

　ビューを用いたメモリ操作は、メモリ断片の重複を必要とする信号処理および画像処理アルゴリズムでは特に強力である。次に示すのは、実際に追加メモリを消費しない重複ブロックを作成するための高度なNumpyを用いる方法の例である。

10　●第1章　科学技術計算のための Python への入門●

```
>>> from numpy.lib.stride_tricks import as_strided
>>> x = np.arange(16)
>>> y=as_strided(x,(7,4),(8,4))  # 重複エントリ
>>> y
array([[ 0,  1,  2,  3],
       [ 2,  3,  4,  5],
       [ 4,  5,  6,  7],
       [ 6,  7,  8,  9],
       [ 8,  9, 10, 11],
       [10, 11, 12, 13],
       [12, 13, 14, 15]])
```

上記のコードは、整数の範囲を作成し、7 × 4 の Numpy の配列を作成するために、エントリを重複させている。as_strided 関数の最後の引数はそれぞれ、行と列の次元においてバイト単位のステップを意味するストライドである。したがって、結果として得られる配列は、列の次元で 4 バイト、行次元で 8 バイトのステップとなる。Numpy の配列の整数要素は 4 バイトであるため、これは列の次元における 1 要素による移動と、行の次元における 2 要素による移動が等価である。Numpy の配列の 2 行目は、最初のエントリから 8 バイト（2 要素）から始まり（すなわち、2）、列の次元の（1 要素による）4 バイトで進行する（すなわち、2,3,4,5）。重要な部分は、結果として得られる 7 × 4 の Numpy の配列においてメモリが再使用されることである。以下のコードでは、これを、元の x 配列の要素を再度代入することにより示している。その変化は、割り当てられた同じメモリを指定しており、変換が y 配列に表示される。

```
>>> x[::2]=99  # 1つおきの値を代入する
>>> x
array([99,  1, 99,  3, 99,  5, 99,  7, 99,  9, 99, 11, 99, 13, 99, 15])
>>> y  # yはビューであるので、変化が見られる
array([[99,  1, 99,  3],
       [99,  3, 99,  5],
       [99,  5, 99,  7],
       [99,  7, 99,  9],
       [99,  9, 99, 11],
       [99, 11, 99, 13],
       [99, 13, 99, 15]])
```

as_strided メソッドは、メモリブロックの範囲内にとどまることを確認していないことに注意しよう。目標となる行列のサイズは、利用可能なデータで満たされていない場合には、残りの要素は、そのメモリ位置から何バイトあるかに基づいている。つまり、ゼロとなってデフォルトでは満たされることがないか、あるいは、他の戦略によってメモリブロックの境界が守られるかとなる。1 つの防衛策としては、次のコードのように明示的に次元を制御することである。

```
>>> n = 8 # 要素数
>>> x = arange(n) # 生成した配列
>>> k = 5 # 必要な行数
>>> y = as_strided(x,(k,n-k+1),(x.itemsize,)*2)
>>> y
array([[0, 1, 2, 3],
       [1, 2, 3, 4],
       [2, 3, 4, 5],
       [3, 4, 5, 6],
       [4, 5, 6, 7]])
```

1.2.2 Numpy の行列

Numpy における行列は、Numpy 配列に似ているが、2つの次元のみを持つことができる。Numpy 配列のような要素長ごとの乗算とは異なり、2つの行列の乗算を実装する。乗算したい2つの行列がある場合、直接それらを作成したり、Numpy 配列から変換したりすることができる。例えば、次に2つの行列を作成し、乗算する方法を示す。

```
>>> import numpy as np
>>> A=np.matrix([[1,2,3],[4,5,6],[7,8,9]])
>>> x=np.matrix([[1],[0],[0]])
>>> A*x
matrix([[1],
        [4],
        [7]])
```

配列を用いて以下のように実施することもできる。

```
>>> A=np.array([[1,2,3],[4,5,6],[7,8,9]])
>>> x=np.array([[1],[0],[0]])
>>> A.dot(x)
array([[1],
       [4],
       [7]])
```

Numpy 配列は、行・列の乗算ではなく、要素毎の乗算をサポートする。この種（行・列）の乗算には、内積である np.dot や、複数次元でも動作するもの（より一般的な内積については np.tensordot を参照）ではなく、Numpy 行列を使用すべきである。

乗算を行うために、すべての型を行列にキャストする必要はない。次の例では、最後の行までの全内容が Numpy 配列で、その後、np.matrix を用いて行列としてキャストし、行列の乗算を用いている。自動的に評価は左から右へ実行されるため、行列として変数 x をキャストする必要はないことに注意しよう。コード内の他の場所で行列として A を使用する必要がある場合、毎回キャストする代わりに、他の変数へ連結させる（バインドする）。大きな配列に対するキャスト、あるいはキャストからの書き戻しが行われているのを見つけた場合、matrix メソッドへのコピーの手間を避けるために、copy=False フラグを渡すとよい。

12 ●第 1 章　科学技術計算のための Python への入門●

```
>>> A=np.ones((3,3))
>>> type(A) # 行列ではなく配列
<type 'numpy.ndarray'>
>>> x=np.ones((3,1)) # 行列ではなく配列
>>> A*x
array([[ 1.,  1.,  1.],
       [ 1.,  1.,  1.],
       [ 1.,  1.,  1.]])
>>> np.matrix(A)*x # 行列の乗算
matrix([[ 3.],
        [ 3.],
        [ 3.]])
```

1.2.3　Numpy のブロードキャスティング

　Numpy のブロードキャスティングは、式への暗黙的な多次元グリッドを作る強力な方法である。これはおそらく、Numpy で唯一の最も強力な機能で、理解することが最も困難である。以下に示すように、例を用いて進み、2 次元の単位方形（unit square）の頂点を考える。

```
>>> X,Y=np.meshgrid(np.arange(2),np.arange(2))
>>> X
array([[0, 1],
       [0, 1]])
>>> Y
array([[0, 0],
       [1, 1]])
```

　Numpy の meshgrid メソッドは、2 次元のグリッド（格子構造）を作成する。X および Y の配列は、対応するエントリが単位正方形の頂点の座標とマッチする必要がある（たとえば、$(0, 0)$、$(0, 1)$、$(1, 0)$、$(1, 1)$）。x 座標と y 座標を足すには、以下の X+Y で示すように X と Y を使用できる。出力は、単位正方形の頂点座標の合計である。

```
>>> X+Y
array([[0, 1],
       [1, 2]])
```

2 つの配列（x と y）は、適合した形状（要素数）であるので、要素の数の分だけ加算できる。次に示すように、それはステップを飛ばして、ブロードキャスティングを用いることにより、meshgrid メソッドに煩わされることなく、暗黙のうちに頂点座標を取得できることがわかる。

●1.2 Numpy● **13**

```
>>> x = np.array([0,1])
>>> y = np.array([0,1])
>>> x
array([0, 1])
>>> y
array([0, 1])
>>> x + y[:,None]  # ブロードキャスティングの次元を追加
array([[0, 1],
       [1, 2]])
>>> X+Y
array([[0, 1],
       [1, 2]])
```

　コードの7行目の None は Python のシングルトンで、Numpy に対して、整合する計算を実施するためにこの次元に沿った y のコピーをするように指示している。None を用いる代わりに np.newaxis を用いる方が、より明示的であることに注意しよう。以下のコマンド行で、X+Y の Numpy 配列を用いたときと同じ出力が得られることを示している。なお、今回計算しようとしていないブロードキャスティング x+y=array([0, 2]) が存在しないことに注意しよう。さらに続けて、異なる配列の形状を持つ、より複雑な例を紹介する。

```
>>> x = np.array([0,1])
>>> y = np.array([0,1,2])
>>> X,Y = np.meshgrid(x,y)
>>> X
array([[0, 1],  # 行で複製
       [0, 1],
       [0, 1]])
>>> Y
array([[0, 0],  # 列で複製
       [1, 1],
       [2, 2]])
>>> X+Y
array([[0, 1],
       [1, 2],
       [2, 3]])
>>> x+y[:,None]  # meshgridメソッドと同様の結果
array([[0, 1],
       [1, 2],
       [2, 3]])
```

　この例では、配列の形状が異なっている。したがって、Numpy のブロードキャスティングなしでは x と y の和算はできない。最終行では、meshgrid メソッドで生成した出力と相互に適合性ある配列の使用と同じ出力が、ブロードキャスティングにより生成される。これは、ブロードキャスティングが様々な配列形状に動作することを示している。比較のため、meshgrid メソッドを用いて、上記の3行目に2つ互換性のある配列 X と Y を生成する。また、上記の最終行で、meshgrid メソッドを用いずに x+y[:,None] が X+Y と同じ出力を生成している。また、x 配列に None 次元を加えたものを x[:,None]+y と置くことができ、それらは結果の転置を返

14 ●第1章　科学技術計算のための Python への入門●

す。

　ブロードキャスティングは多次元でもまた動作する。以下の出力は、(4,3,2) の形状（長さ）を持っている。最終行では、x+y[:,None] は2次元の配列を生成し、z[:,None,None] に対してブロードキャスティングを行う。その左側の2次元の結果を収容するために、2つの次元を追加して、それに沿って自己複製する（すなわち、x + y[:,None]）。ブロードキャスティングについて注意することは、それが大きくて、メモリを消費する、中間の配列を潜在的に作成できることである。先に割り当てられたメモリを再使用することにより制御する方法があるが、それはここでの我々の守備範囲を超えている。高次元グリッドの頂点の機能を評価する物理学の数式は、ブロードキャスティングの素晴らしい使用事例（ユースケース）である。

```
>>> x = np.array([0,1])
>>> y = np.array([0,1,2])
>>> z = np.array([0,1,2,3])
>>> x+y[:,None]+z[:,None,None]
array([[[0, 1],
        [1, 2],
        [2, 3]],
       [[1, 2],
        [2, 3],
        [3, 4]],
       [[2, 3],
        [3, 4],
        [4, 5]],
       [[3, 4],
        [4, 5],
        [5, 6]]])
```

1.2.4　Numpy のマスクされた配列

　Numpy は、配列自体の形状を変更することなく、配列の要素を一時的に非表示にするための強力な方法を提供する。

```
>>> from numpy import ma  # マスクされた配列のインポート
>>> x = np.arange(10)
>>> y = ma.masked_array(x, x<5)
>>> print y
[-- -- -- -- -- 5 6 7 8 9]
>>> print y.shape
(10,)
```

上記の例では、論理条件 (x < 5) が、true（真）である場合に、配列内の要素がマスクされているが、配列のサイズ（要素数）は同じままであることに注意しよう。これは特に、カテゴリカルデータをプロットする場合において、プロットの一部が特定のカテゴリに対応する値のみを得たい場合に有用である。他の一般的な用途は、画像処理で画像の一部をその後の処理から削除する必要がある可能性のある場合である。マスクされた配列を作成した場合に、引数 copy=True

が使用されない限り、暗黙のコピー操作が強制されないことに注意しよう。たとえば、y がマスクされた配列であっても、x 内の要素を変更すると y に対応する要素は変更される。

```
>>> x[-1] = 99 # これを変更
>>> print x
>>> print y # 変更したマスクされた配列！
[ 0  1  2  3  4  5  6  7  8  99]
[-- -- -- -- -- 5 6 7 8 99]
```

1.2.5 Numpy の最適化と内容見本

　科学技術計算のための Python のコミュニティは、科学技術計算のためのコンピューティングの最前線を推進し続けている。Numpy のいくつかの重要な拡張機能は、活発に開発が進行中である。まず、Numba はコンパイラであり、LLVM コンパイラのインフラストラクチャを使用して、純粋な Python コードから最適化された機械語のコードを生成する。LLVM は、任意のプログラミング言語のための、ターゲットに依存しないコンパイル戦略を提供するために、イリノイ大学の研究プロジェクトとしてスタートし、現在は十分に確立された技術である。Numba による LLVM と Python の組み合わせでは、Python コードブロックの加速化は、関数定義文の上に @numba.jit デコレータをつける（置く）だけで簡単にできることを意味するが、これはすべての状況で動作するわけではない。また Numba は、汎用グラフィックス・プロセッシング・ユニット（GPGPUs）を標的とすることもできる。

　Blaze は次世代の Numpy であり、様々な出力における（バックエンド）ファイルシステムに存在する非常に大きなデータセットのための Numpy のセマンテックを一般化したものであると考えられている。これは、Blaze が、Numpy の時から慣れ親しまれた操作法を使用して、（1台のワークステーションの RAM に収めるには大きすぎる）データ処理と計算をアウトオブコアで（コア外で）処理するように設計されていることを意味する。さらに、Blaze は、Pandas（1.6 節を参照）データフレームとの強固な統合を提供している。大雑把に言えば、Blaze は、Python 形式によるプログラムの式を展開して、実際の計算が実施される様々な分散バックエンドデータサービスに翻訳する方法を理解する（すなわち blaze.compute を使用）。これは、Blaze が所定のバックエンド上の特定の実装から計算式を分離することを意味する。

　Francesc Alted による PyTables の素晴らしい作成作業に関して言えば、彼は圧縮済み列指向データコンテナ（compressed columnar data container）である bcolz モジュールに取り組んできた。bcolz は、メモリに収まらない大きなデータ（cout-of-core data）や計算も動機となって、メモリ内のデータを圧縮し、その後、聡明な方法で圧縮されたデータに演算をインターリーブ（不連続にデータを配置）することにより、メモリ・サブシステムのストレス解消を試みた。この方法は、より多くのコアと、より広いベクトルユニットを持つ新興のアーキテクチャを利用している。

16 ●第 1 章　科学技術計算のための Python への入門●

1.3 Matplotlib

　Matplotlib は、Python における科学技術計算のためのグラフィックスにとって、主要な可視化ツールである。すべての偉大なオープンソースプロジェクトと同様、それは個人的ニーズを満たすために開始された。John Hunter は、初期の頃は主に科学技術計算のための可視化のためにMatlab を使用していたが、Python を用いて異なるソースからのデータ統合を開始した時、可視化のための Python のソリューションが必要であることを理解したので、彼は独力で Matplotlibを書き上げた。その初期の頃から、Matplotlib は科学技術計算用の 2 次元可視化の他の競合する方法に置き換わってきており、今日では、John Hunter の亡き後も（悲しいことに 2012 年に亡くなっている）非常に活発にメンテナンスされているプロジェクトである。

　John は Matplotlib に、以下のようないくつかの基本的要件を持たせていた。

● プロットは、美しいテキストで出版品質であるべきである。
● プロットは、LaTeX ドキュメントや出版品質の印刷出力に含めることができるようにポストスクリプトで出力すべきである。
● プロットは、アプリケーション開発のためのグラフィカルユーザインタフェース（GUI）に埋め込み可能であるべきである。
● コードは、ユーザが開発者になることを可能にするために、ほとんどが Python で書かれるべきである。
● プロットは、単純なグラフは数行のコードで作成できるほど容易であるべきである。

これらの各要件は完全に満たされ、Matplotlib の性能がこれらの要件をはるかに凌いで成長してきた。最初は、Matlab から Python への移行を容易にするために、Matplotlib の関数の多くが、対応する Matlab コマンドに密接にちなんで命名された。コミュニティは、このスタイルから離れて変化したが、いまだに、Matplotlib のオンラインドキュメントで使われていた古い Matlab風のスタイルを見つけることができる。

　以下には、Matplotlib と素の Python インタプリタを用いて、プロットを描画する最も簡単な方法を示している。その後、IPython を用いても高速にこれを実行する方法について説明する。最初の行では必要なモジュールを plt としてインポートしており、これは推奨する慣例である。次の行は、Python の range 関数を用いて生成した一連の数字をプロットする。出力されたリストには、Line2D オブジェクトが含まれていることに注意しよう。これは、Matplotlib の用語でアーティスト（artist）と呼ぶ。最後に、plt.show() 関数により、GUI の figure ウィンドウにプロットを描画する。

```
>>> import matplotlib.pyplot as plt
>>> plt.plot(range(10))
[<matplotlib.lines.Line2D object at 0x00CB9770>]
>>> plt.show()  # Ipythonでは不必要 (以下で説明する)
```

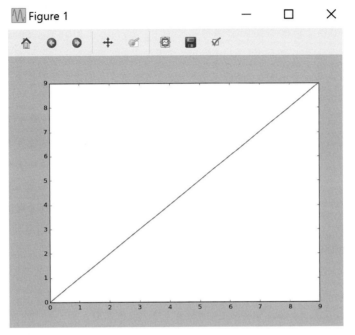

図1.1 Matplotlib の Figure ウィンドウ。下部のアイコンで、いくつかの限定されたプロット編集ツールが可能となる。

　素の Python インタプリタで試した場合、(**図1.1**で示したような) figure ウィンドウを閉じるまでタイピングができなくなることがわかるであろう。これは、`plt.show()` 関数が、GUI 制御においてインタプリタを占拠し、以後の相互作用をブロックことによる。以下で説明するように、IPython は、このブロックを回避する方法を提供し、インタプリタと figure ウィンドウとの同時の相互作用を可能にする[‡3]。

　図 1.1 に示すように、`plot` 関数は、Line2D オブジェクトを含むリストを返す。より複雑なプロットはアーティストで満たされた、より大きなリストが得られる。提案する手法としては、アーティストが Matplotlib の図に含まれるキャンバス (canvas) に描くことである。最後のコマンド行は、Matplotlib のキャンバスに描画するために埋め込まれたアーティストを呼び出す `plt.show()` 関数である。これが別の関数である理由は、プロットは数十の複雑なアーティストを有することもあり、描画 (レンダリング) のような期間のかかる作業を最後に実行するために、全部のアーティストをあらかじめ集めておくことができるようにするためである。Matplotlib は、画像、等高線、およびその他のプロットをサポートしており、次の章で詳しく述べる。

　これは Matplotlib の中でプロットを描画する最も簡単な方法であるが、プロット軸などプロットの中間産物の取り扱いができないため推奨されていない。単純なプロットでは、この方法でも

[‡3]［原書注］　また、`import matplotlib; matplotlib.interactive(True)` を実行して、プレーン Python インタプリタでこれを実行することができる。

18 ●第1章 科学技術計算のための Python への入門●

問題ないが、後に推奨する方法を使って、複雑なプロットを構築する方法について説明する。Numpy と Matplotlib は密接な関係を保持しており、pylab を用いて、from matplotlib.pylab import * とすることで、Matplotlib のプロット関数と Numpy の関数の両方を同時に利用することができる。標準的な方法としてこの方法を使うと何でもインポートすることができるが、名前空間の汚染のためお薦めしない。

Matplotlib の使用を開始する最善の方法の1つは、主要な Matplotlib のサイト上の豊富なプロットのオンラインギャラリーを閲覧することである。各プロットには対応するソースコードがあり、あなた自身のプロットの開始点として利用できる。1.4 節では、特にこれを簡単にするマジックコマンドについて説明する。毎年恒例の John Hunter：プロットコンテストでは、Matplotlib で実現可能な、魅力的で、優秀な科学技術計算用の可視化の例を提供する。

1.3.1　Matplotlib の代替

Matplotlib は、スクリプトによる描画には無敵であるが、興味のある学技術計算用のグラフィックスに特化した代替品もいくつか存在する。

Chaco は Enthought ツール・スイート（ETS）の一部であり、多くのリアルタイムのデータの可視化の概念と対応するウィジェットを実装している。これは、主要なプラットフォームのすべてで提供されており、活発にメンテナンスされ、十分なドキュメントが提供されている。Chaco はスクリプトベースのデータ可視化よりもむしろ、GUI アプリケーション開発を対象としている。また、ETS および Enthought Canopy で利用できる Traits パッケージに依存する。Canopy を利用したくない場合は、別途 Chaco とその依存関係をビルドする必要がある。Linux ではこれは簡単であるが、Christoph Gohlke のインストーラや Anaconda の conda パッケージマネージャがないと、Windows では悪夢となる。

量の多いデータの描画、および等値面を持つ複雑な3次元メッシュのためのリアルタイムデータの表示とそのツールを必要とする場合、PyQtGraph は選択肢となる。PyQtGraph は、純粋な Python のグラフィックスおよび GUI ライブラリで、Qt の GUI ライブラリ用の Python バインディング（すなわち、PySide または PyQt4）と Numpy に依存する。これは PyQtGraph は高負荷な大量計算と描画のために、これらの他のライブラリ（特に Qt の GraphicsView フレームワーク）に依存していることを意味する。このパッケージは活発にメンテナンスされているが、（包括的ではないが）良いマニュアルを有し、いまだかなり新しい。また、これを効果的に利用するためには、いくつかの Qt の GUI 開発の概念を把握する必要がある。Mayavi は VTK（3D 視覚化のためのオープンソース C++ ライブラリ）に基づいている Enthought でサポートされた別の 3D 可視化パッケージである。これは Chaco のように、スクリプトベースのプロットと違って、科学技術計算用の GUI 開発のためのツールキットである。これを効果的に利用するには、既にグラフィックス・パイプラインについて知っている（または学ぶことをいとわない）必要がある。このパッケージは、活発にサポートされ、十分なマニュアルが用意されている。

R のコミュニティに由来する代替方法は ggplot であり、R における統計グラフィックスの基

礎である ggplot2 パッケージの Python 用ポートである。Python の観点からの ggplot の主な利点は、Pandas データフレームとの緊密な統合であり、フォーマット化された統計グラフを美しく描画することが簡単になる。このパッケージの欠点は、複雑なグラフを接合するためによく考え抜かれた方法であるが、Python のセマンティクスによらないグラフィックスの文法[4]を利用していることである。当然のことながら、（とりわけ）R2Py モジュールを介した Python と R 間の双方向ブリッジが存在するため、ネイティブの ggplot2 レンダリングのために R に Numpy 配列を送り、計算したグラフィックを Python に戻して取得することも可能である。これは rmagic の拡張機能を介し IPython Notebook により潤滑に動作するワークフローである。したがって、IPython Notebook を介して、両方の長所を得ることが可能であり、この種の多言語ワークフローは、データ分析のコミュニティでは非常に一般的である。

1.3.2　Matplotlib の拡張

　当初、Matlab からの Matplotlib の利用を推奨するために、グラフィカルな感覚の多くの面で、ユーザの移行のためにその見た目や操作感を維持した。Matplotlib は、キャンバス上のほぼすべての要素をドリルダウンして調整できるために、現代的な感覚と美しいデフォルトのプロットが可能となっている。ただ、これを実施するのは面倒である可能性があり、いくつかの選択肢による救済を提供している。統計プロットについては、見るべき最初の場所は、バイオリンプロット、カーネル密度プロット、2 変量ヒストグラムなどの美しくフォーマットされたプロットの膨大な配列を含んでいる seaborn モジュールである。seaborn のギャラリーには、利用可能なプロット、およびそれを生成する対応するコードのサンプルが含まれている。すべてのプロットのデフォルト設定を、インポートしている seaborn が乗っ取ることに注意しよう。このため、与えられたセッションで、視覚化の（すべてではないが）一部を seaborn で使いたい場合には、調整が必要である。matplotlib.rcParams の辞書の中に、Matplotlib のデフォルトを見つけることができることに注意しよう。

　seaborn に似た prettyplotlib モジュールは、色の知覚について Cynthia Brewer の尽力に基づいており、適切なデフォルトの色のパレット（colorbrewer2.org を参照）を提供する。残念ながら、このツールはもう開発者にサポートされていないが、それでも美しいデータの視覚化を構築するプロットツールやデザインをプロットする素晴らしいセットを提供している。

1.4　IPython

　IPython[5]は、円滑なインタラクティブな科学用開発のための Python の基本的なインタプリタを強化するための方法として開始した。初期の頃には、最も重要な機能拡張は、動作空間の変数の動的なイントロスペクション*4 のためのタブ補完であった。たとえば、ipython とタイピ

---

*4 [訳 注]　メモリ上の他のモジュールや関数をオブジェクトとして参照し、それらの情報を取得し、あやつるためのコードのこと。

20 ●第 1 章　科学技術計算のための Python への入門 ●

ングして、コマンドラインで IPython を開始でき、その後、ターミナルでは次のように表示される。

```
Python 2.7.11 |Continuum Analytics, Inc.| (default, Dec  7 2015, 14:00
Type "copyright", "credits" or "license" for more information.

IPython 4.0.0 -- An enhanced Interactive Python.
?          -> Introduction and overview of IPython's features.
help       -> Python's own help system.
object?    -> Details about 'object', use 'object??' for extra details.

In [1]:
```

次に、表示のように文字列を作成し、ドットの文字の後、Tab キーを叩くと、すべての関数と x の文字列オブジェクトの属性を示す、イントロスペクションが開始する。

```
In [1]: x = 'this is a string'

In [2]: x.<TAB>
x.capitalize x.format      x.isupper     x.rindex      x.strip
x.center     x.index       x.join        x.rjust       x.swapcase
x.count      x.isalnum     x.ljust       x.rpartition x.title
x.decode     x.isalpha     x.lower       x.rsplit      x.translate
x.encode     x.isdigit     x.lstrip      x.rstrip      x.upper
x.endswith   x.islower     x.partition   x.split       x.zfill
x.expandtabs x.isspace     x.replace     x.splitlines
x.find       x.istitle     x.rfind       x.startswith
```

これらのいずれかのヘルプを取得するには、以下に示すように、末尾の文字に単純に？文字を追加する。

```
In [2]: x.center?
Type:          builtin_function_or_method
String Form:<built-in method center of str object at 0x03193390>
Docstring:
S.center(width[, fillchar]) -> string

Return S centered in a string of length width. Padding is
done using the specified fill character (default is a space)
```

そして、IPython は、組み込みのヘルプドキュメントを提供する。同様に、素の Python インタプリタで動作する help(x.center) を用いても、このドキュメンテーションを入手できることに注意しよう。

　動的なタブベースのイントロスペクションと迅速な対話型ヘルプの組み合わせにより、作業中に視線と指を 1 つの場所に保持することができるため、開発が加速される。これは、元々の IPython での経験様式であったが、それ以来 IPython は、これらの基本的な機能を保持し強化する豊富な科学技術計算のためのワークフローを提供するための完全なフレームワークに成長した。

1.4.1 IPython Notebook

ウェブ上でPythonを調べた時に気づくかもしれないが、ほとんどのPythonユーザは、科学分野のプログラマではなく、ウェブ技術のために非常に優れた開発を実施しているウェブ開発者である。IPython開発チームの天才は、現代的なウェブブラウザにIPythonを埋め込むことにより、科学技術計算のためにこれらの技術を活用することを可能にした。実際、この戦略は成功を納め、IPythonは、JupyterプロジェクトとしてPythonを越えてJuliaやRなどの他の言語へと発展した[4]。

次のコマンドラインに'jupyter notebook'とタイプすることでIPython Notebookを開始できる。notebookを開始した後に、ターミナルに以下のようなものが表示されるはずである。

```
[W 10:26:55.332 NotebookApp] ipywidgets package not installed.  Widgets
[I 10:26:55.348 NotebookApp] Serving notebooks from local directory: D:\
[I 10:26:55.351 NotebookApp] 0 active kernels
[I 10:26:55.351 NotebookApp] The IPython Notebook is running at: http://
[I 10:26:55.351 NotebookApp] Use Control-C to stop this server and shut
```

上記の1行目ではIPythonは、デフォルトの設定を検索する場所が表示される。次の行ではIPython Notebook形式でドキュメントを検索する場所が表示される。3行目はIPython Notebookが、ポート番号8888のローカルマシン上のWebサーバを開始することを示している(すなわち、127.0.0.1)。このアドレスをデフォルトのブラウザが自動的に開いているはずであるが、これはIPythonセッションが接続する必要があるブラウザのアドレスである。ポート番号およびその他の設定オプションは、コマンドライン、または1行目に示されているプロファイルファイルのいずれかで参照できる。Windowsプラットフォーム上で作業していて、ここまでの情報が取得できない場合は、おそらくWindowsのファイアウォールがポートをブロックしている。さらに設定のヘルプが必要である場合は、主要なIPythonサイト(www.ipython.org)を参照するか、または非常にレスポンスの良いIPythonメーリングリスト(ipython-dev@scipy.org)にE-mailするとよい。

IPythonの起動時には、ブラウザとのやりとりのためのWebソケットプロトコルを使用する、プロセス間通信のために高速ZeroMQメッセージパッシングフレームワークを使用した多くの小さなPythonプロセスが開始する。デフォルトのブラウザを回避してIPythonを起動するには、追加の—no-browserフラグを使用して、お気に入りのブラウザに手動でローカルホストアドレスhttp://127.0.0.1:8888を入力する。全部の設定が終了すると、以下の**図1.2**のようなものが表示される。

図1.2に示すようにNew Notebookボタンをクリックして新しい文書を作成することができる。その後、**図1.3**に示すようなものが参照できる。IPyhton Notebookの利用を開始するには、

---

[4] [原書注]　このテキストでは主にPythonに焦点を当てており、より一般的なJupyterプロジェクトを参照する代わりにIPythonとIPython Notebookを参照していく。本書の執筆時点では、IPythonからJupyterへのリファクタリングは完了していない。

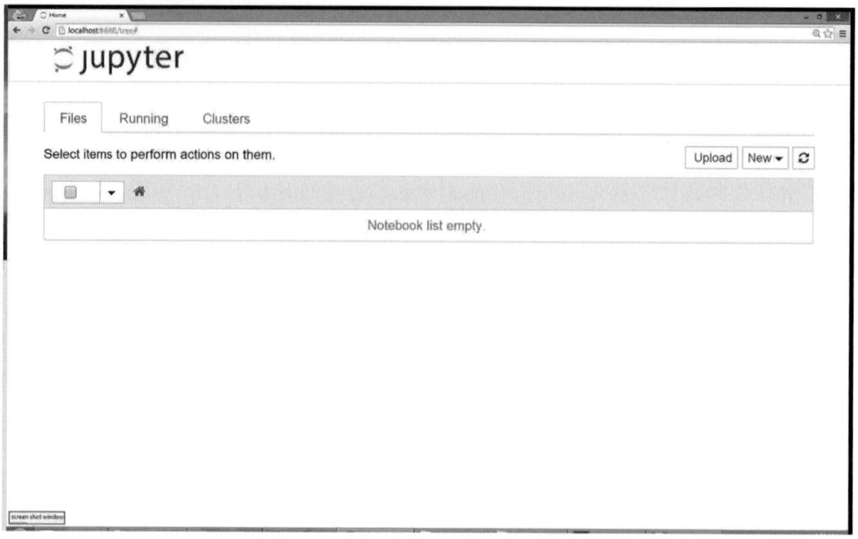

22 ●第1章　科学技術計算のための Python への入門 ●

図1.2　IPython Notebook ダッシュボード

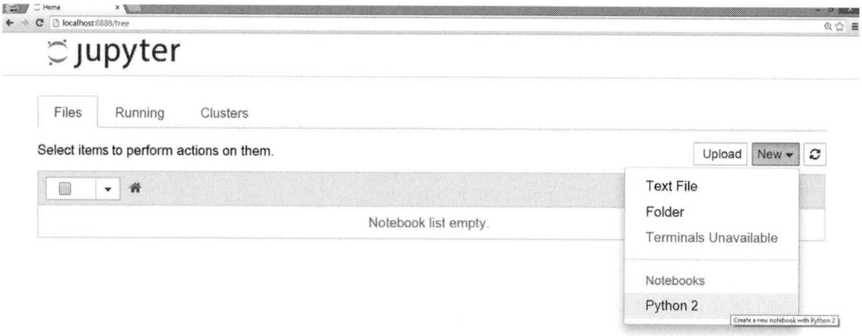

図1.3　新規の IPython Notebook

影のついたテキストボックスにコードをタイピングし、IPython のセル内でコードを実行するために、SHIFT+ENTER をタイプするだけである。**図 1.4** には、"x." をタイプした後に TAB を叩いたときの、プルダウンメニュー内の動的イントロスペクションを示す。コンテキストベースのヘルプは、接尾辞として？を後につけてタイプして、ブラウザウィンドウの下部にあるヘルプ・パネルを開くことで参照できる。様々なユーザ間でこの IPython Notebooks を共有する機能や、Amazon クラウド内で IPython Notebooks を実行する機能などの多くの素晴らしい機能があるが、これらの機能についての説明は、本書での範囲を越えている。これら最前線の最新作業については、ipython.org のウェブサイトやメーリングリストを覗いて確認して欲しい。

　IPython Notebook は、MathJaX を用いて高品質の数学的な組版をサポートしている。MathJaX は、ビデオやその他のリッチコンテンツと同様の、LATEX の JavaScript による実装である。数学的アルゴリズムの記述とそれらのアルゴリズムを実装したコードを共有可能な文書に

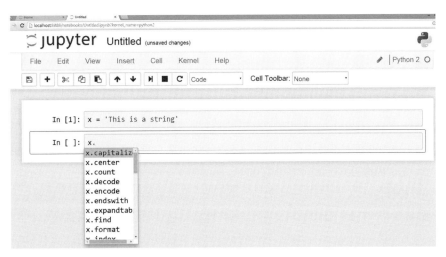

図1.4 IPython Notebook プルダウン補完メニュー

統合するという概念は、これら素晴らしい機能のすべてよりも重要である。アルゴリズムのドキュメンテーション（存在する場合）は通常1つのフォーマットで、それを実装するコードから完全に独立しているため、実際には、このことの重要性が全く理解されていない。この共通したやり方は、同期されていないドキュメントとコードを1つにまとめ、それらを無用のものとする。IPython Notebook は、オープンスタンダードになっていて自由に利用できるソフトウェアに基づいて、すべてを有効で共有可能なドキュメントに置くことでこの問題を解決する。IPython Notebook は、Python なしの静的な HTML 文書として保存することもできる！

最後に、IPython は、マクロの作成、プロファイリング、デバッグ、およびコードを表示するためのマジックコマンドの大規模セットを提供する。これらの完全なリストは、IPython で `%lsmagic` とタイピングすることで見ることができる。これらのどれかをヘルプとして、? 文字を接尾辞に用いて見ることができる。いくつかの頻繁に使用するコマンドには、`%cd` コマンド（現在の作業ディレクトリを変更するというコマンド）、`%ls` コマンド（現在の作業ディレクトリ内のファイル一覧を表示する）、`%hist` コマンド（(オプション検索を含む) これまでのコマンドのリストを表示するコマンド）などがある。新規ユーザに最も重要なのは、おそらく、`%loadpy` コマンドで、ローカルディスクまたは Web からスクリプトをロードすることを可能にするコマンドである。Matplotlib のギャラリーを探索するためにこれを用いて、プロットを試し、再利用するには最適の方法である。

1.5 Scipy

Scipy は、Numpy 配列をすべての基盤として広範囲のコンパイル済みライブラリを最初に統合化したモジュールであった。Scipy には、多くの特殊な関数（エアリー関数、ベッセル関数、

ヤコビの楕円関数など）や、QUADPACK Fortran ライブラリを介した強力な数値積分計算（scipy.integrate を参照）や、その他の求積法も含まれている。同じ関数のいくつかは、Scipy 内だけでなく Numpy 内の複数の場所にも存在することに注意しよう。さらに、Scipy は、微分方程式を解くための ODEPACK ライブラリへのアクセスを提供する。乱数発生器などの多くの統計関数、および多種多様な確率分布は、scipy.stats モジュールに含まれている。Fortran MINPACK 最適化ライブラリへのインタフェースは scipy.optimize を介して提供されている。これらは高次元の微分を含んだ、ないしは含まない求根、最小化、最適化問題のメソッドを含んでいる。内挿の方法は、FITPACK Fortran パッケージを介した scipy.interpolate モジュールで提供される。モジュールのいくつかは、とても巨大であることに注意し、import scipy を使ってすべてを一括でロードしてはいけない。それはロードに時間がかかりすぎるためである。たとえば、import scipy.interpolate で個別にインポートし、これらのパッケージの一部をロードするようにする必要がある。

　すでに説明したように、Scipy のモジュールは、既存の科学技術計算用のコードの拡張可能なリストでパッケージされている。そのために、scikit モジュール群は、すでに構築されているScipy モジュールに加える候補に格上げするための手段の1つとして元々は作られた。しかし、これらのモジュールの多くは、独自で成功を収めたため、Scipy には統合されないことになった。たとえば、機械学習のための scikit-learn（sklearn）や、画像処理のための scikit-image などがある。

1.6　Pandas

　Pandas[6] は、Numpy 上で最適化され、時系列形式やスプレッドシート形式のデータ分析（Excel のピボットテーブルを想像しよう）に特に適したデータ構造のセットを提供している強力なモジュールである。R 統計パッケージに精通している場合は、Numpy で強化された Python用のデータフレームを提供するのが Pandas と考えることができる。

1.6.1　シリーズ（Series）

　Pandas には、2 つの重要なデータ構造がある。1 つ目は、インデックスと対応するデータ値が結合したシリーズ（Series）オブジェクトである。

```
>>> import pandas as pd # 推奨する慣習
>>> x=pd.Series(index = range(5),data=[1,3,9,11,12])
>>> x
0     1
1     3
2     9
3    11
4    12
```

Pandas で心に留めておくべき主なことは、これらのデータ構造が元々は時系列データで動作するように設計されていたということである。その場合、データ構造内のインデックス（index）は、順序の付けられたタイムスタンプの列に対応する。一般的な例では、インデックスは、ソート可能な配列のような実態である必要がある。たとえば、以下に例を示す。

```
>>> x=pd.Series(index = ['a','b','d','z','z'],data=[1,3,9,11,12])
>>> x
a    1
b    3
d    9
z   11
z   12
```

引数（index）内の重複した z のエントリに注意しよう。いくつかの方法で Series のエントリを取得することができる。まず、以下のように選択のためにドット表記法を使用できる。

```
>>> x.a
1
>>> x.z
z   11
z   12
```

また、以下のように iloc メソッドを用いてエントリのインデックス上の位置を使用することができる。

```
>>> x.iloc[:3]
a    1
b    3
d    9
```

これは Numpy の配列と同じスライス加工構文を使用している。また、それは次のように loc メソッドを用いて数値でない場合であっても、インデックス全体でスライスすることができる。

```
>>> x.loc['a':'d']
a    1
b    3
d    9
```

通常のスライス表記から直接入手することもできる。

```
>>> x['a':'d']
a    1
b    3
d    9
```

　Python とは異なり、この方法でのスライス加工は、エンドポイント（終点）を含むことに注意しよう。それは非常に興味深いが、Pandas の主要な能力は、データを集約してグループ化す

26　●第1章　科学技術計算のための Python への入門●

る能力から来る。以下に、より興味深い Series オブジェクトを構築する。

```
>>> x = pd.Series(range(5),[1,2,11,9,10])
1     0
2     1
11    2
9     3
10    4
```

以下でこれらをグループ化する。

```
>>> grp=x.groupby(lambda i:i%2)  # 奇数ないし偶数
>>> grp.get_group(0)  # 偶数グループ
2     1
10    4
>>> grp.get_group(1)  # 奇数グループ
1     0
11    2
9     3
```

1行目のコマンドでは、インデックスが偶数か奇数であるか否かにより、シリーズオブジェクトの要素をグループ化する。ラムダ（lambda）関数は、対応するインデックスが偶数か奇数のどちらか否かに応じて、それぞれ 0 または 1 を返す。2行目のコマンドでは、0（偶数）のグループを示している。3行目のコマンドでは、1（奇数）のグループを示している。今、分離されたグループを持っており、各グループについていろいろな要約処理を行うことができる。1つの値に各グループを減少させるように、これらを考慮することができる。たとえば、以下では、各グループの最大値を取得できる。

```
>>> grp.max()  # 各グループの最大値
0     4
1     3
```

上記は、[0,1] の要素に対応するインデックスをもつ、他のシリーズオブジェクトを返す操作であることに注意しよう。

1.6.2　データフレーム（DataFrame）

　Pandas の DataFrame（データフレーム）オブジェクトは、2次元に拡張されたシリーズをカプセル化したものである。DataFrame オブジェクトを作成する1つの方法は、以下のように辞書（ディクショナリ:dictionary）を使用することである。

```
>>> df = pd.DataFrame({'col1': [1,3,11,2], 'col2': [9,23,0,2]})
>>> df
   col1  col2
0     1     9
1     3    23
2    11     0
3     2     2
```

入力ディクショナリのキーは、データフレーム（DataFrame）の列見出し（ラベル）であり、ディクショナリから対応する値のリストにマッチしたそれぞれの対応する列であることに注意しよう。シリーズオブジェクトと同様に、データフレームオブジェクトにもインデックスがあり、いちばん左側に [0,1,2,3] の列で示されている。以下に示すように、前述のような iloc メソッドを使用して、各列から要素を抽出することができる。

```
>>> df.iloc[:2,:2]  # セクションを得る
   col1  col2
0     1     9
1     3    23
```

以下のように、直接スライスシング、ないしドット表記を使用することもできる。

```
>>> df['col1']  # インデックス化
0     1
1     3
2    11
3     2
>>> df.col1  # ドット表記の使用
0     1
1     3
2    11
3     2
```

データフレームに続く操作は、以下のようにその列方向の構造を保持する。

```
>>> df.sum()
col1    17
col2    34
```

ここでは各列が合計された。データフレームによるグループ化と集約は、シリーズと比べてさらに強力である。では、次のデータフレームを構築してみる。

```
>>> df = pd.DataFrame({'col1': [1,1,0,0], 'col2': [1,2,3,4]})
>>> df
   col1  col2
0     1     1
1     1     2
2     0     3
3     0     4
```

28 ●第1章　科学技術計算のための Python への入門●

上記のデータフレームで、col1 の列は（1と0の）2つだけのエントリであることに注意しよう。
以下のように、この列（col1）を用いてデータをグループ化できる。

```
>>> grp=df.groupby('col1')
>>> grp.get_group(0)
   col1   col2
2     0      3
3     0      4
>>> grp.get_group(1)
   col1   col2
0     1      1
1     1      2
```

各グループは、col1 の2つの値のどちらかのエントリに対応していることに注意しよう。今、
シリーズオブジェクトと同様に、col1 にグループ化されており、以下のように関数的にグルー
プのそれぞれを要約することができる。

```
>>> grp.sum()
      col2
col1
0        7
1        3
```

ここで、各合計（sum）は各グループ内に属する値についてデータフレーム全体にわたって適用
される。上記の出力のインデックスは、元々の col1 内の各値（0か1）であることに注意しよう。
　以下に示すように、データフレームは、eval メソッドを用いて、既存の列に基づいて新しい
列を計算できる。

```
>>> df['sum_col']=df.eval('col1+col2')
>>> df
   col1   col2   sum_col
0     1      1         2
1     1      2         3
2     0      3         3
3     0      4         4
```

データフレームに新しい列の出力を代入することができることに注目しよう[5]。以下に示すよう
に、複数の列によってグループ化することができる。

```
>>> grp=df.groupby(['sum_col','col1'])
```

次のように、グループごとの合計処理（sum）ができる。

---

[5]［原書注］　通常の Numpy では、オンザフライでの（動的な）この種のメモリ拡張が不可能であることに注意しよう。た
とえば、x = np.array([1,2]); x[3]=3 はエラーを生成する。

```
>>> res=grp.sum()
>>> res
                col2
sum_col col1
2        1       1
3        0       3
         1       2
4        0       4
```

この出力は、これまで見てきたものよりも、はるかに複雑であるため、慎重にそれを見ていこう。ヘッダーの下の、最初の行 2　1　1 は、sum_col ＝ 2 であるものについての col1 のすべての値（すなわち、単に値 1）について示している。このとき、col2 の値は 1 である。次の行では、sum_col=3 についてのもので同じパターンのものが表示されている。col1 については、2 つの値をとる。すなわち、0 と 1 である。それぞれパターンの col2 での合計に対応する 2 つの値が各セルに記入されている。この階層表示は結果を見せる一つの手法である。上記の層構造は、均一な構造ではない。代わりに、前の結果を以下の表形式のビューで取得するために、この結果をスタックを解除（unstack）することができる。

```
>>> res.unstack()
          col2
col1       0    1
sum_col
2          NaN  1
3          3    2
4          4   NaN
```

NaN の値は、エントリがない場合（カテゴリ）の、テーブル内の位置を示している。たとえば、(sum_col=2,col2=0) の組については、2 つ前のコード例で確認できるようにデータフレームに対応する値が存在しない。(sum_col=4,col2=1) の組に対応する値も存在しない。そして、2 つ前のコード例での元々の表示は、これと同じもので、単に NaN と示された上記表記の欠落エントリであることを示している。

　本書は Pandas のできることをかろうじて取り上げただけに過ぎない。そして、この強力な機能である日時の管理を完全に無視してきた。Mckinney[6] による書籍は、Pandas の非常に網羅的な、読みやすい入門書である。主要なサイトの Pandas のオンラインキュメントやチュートリアルは、Pandas へより深く飛び込むのに最適である。

1.7　Sympy

　Sympy[7] は、Python における主要な計算機数式モジュールである。プラットフォームに依存しない純粋な Python パッケージである。Google Summer of Code のいろいろなスポンサーシップの支援を受けて、高速に動作するように作られ、Numpy や IPython など（その他のモジュー

30 ●第 1 章 科学技術計算のための Python への入門●

ルと）と強固に統合化された付帯的なプロジェクトを持つ強力な数式処理システムに成長した。Sympy のオンラインチュートリアルは優れたものであり、背景として Google App Engine（デベロッパー向け Google 開発環境）上でコードを実行することで、ブラウザでの埋め込みコードサンプルと対話的に操作できる。これは、Sympy を対話的に実験する優れた方法を提供する。

Sympy が遅すぎると感じたり、それが実装されていないアルゴリズムが必要であったりする場合は、SAGE が次の選択肢となる。SAGE プロジェクトは、計算機による数式および関連計算のための最高の 70 以上のオープンソースパッケージを統合したものである。Sympy と SAGE は相互に自由にコードを共有できるが、SAGE は基礎となるライブラリとの緊密な統合を容易にするための Python のカーネルの特殊なビルドである。したがって、計算機による数式のための純粋な Python のソリューションではなく（すなわち、移植できない）、独自の拡張構文をもつ Python の適切なスーパーセットである。SAGE か Sympy かの選択は、本当に主として SAGE で作業するか、単に既存の Python コードで時折計算機による数式のサポートを必要とするに過ぎないのかによって異なってくる。

SAGE に関する重要な新開発においては、追加設定をすることなく、ブラウザで完全に SAGE を使用することができて、ワシントン大学が主催している SAGE クラウド（https://cloud.sagemath.com/）が自由に利用できる。SAGE と Sympy の両方とも、MathJaX を用いたブラウザで、数学的な組版のための IPython Notebook との緊密な統合を提供している。

Sympy の開始にあたり、通常どおりモジュールをインポートする。

```
>>> import sympy as S # しばらく時間がかかる
```

Sympy は大きなパッケージであるため、インポートに少しかかる場合がある。次のステップは、以下のように Sympy 変数を作成することである。

```
>>> x = S.symbols('x')
```

以下のように、Sympy 関数と Python のロジックを用いて、これを操作することができる。

```
>>> p=sum(x**i for i in range(3)) # 2次多項式
>>> p
x**2 + x + 1
```

そして、Sympy 関数を用いて、この多項式の根を求めることができる。

```
>>> S.solve(p) # p == 0を解く
[-1/2 - sqrt(3)*I/2, -1/2 + sqrt(3)*I/2]
```

同じ出力を、辞書として提供する sympy.roots 関数もある。

```
>>> S.roots(p)
{-1/2 - sqrt(3)*I/2: 1, -1/2 + sqrt(3)*I/2: 1}
```

また、以下のように任意の式内に複数の記号的な要素を持つことができる。

```
>>> from sympy.abc import a,b,c  # 通常の記号を得る迅速な方法
>>> p = a* x**2 + b*x + c
>>> S.solve(p,x)  # 変数 x の特定の解法
[(-b + sqrt(-4*a*c + b**2))/(2*a), -(b + sqrt(-4*a*c + b**2))/(2*a)]
```

これは根についての通常の2次式である。Sympy も Sympy 変数で動作するように設計された多くの数学関数を提供する。たとえば、

```
>>> S.exp(S.I*a)  # Sympy の指数関数を使用
```

以下の様に、expand_complex を用いて展開できる。

```
>>> S.expand_complex(S.exp(S.I*a))
I*exp(-im(a))*sin(re(a)) + exp(-im(a))*cos(re(a))
```

これは複素指数についてのオイラーの公式を与える。Sympy 自体は、a が複素数であるか否かを知らないことに注意しよう。以下のように、a の構築の際に実数部を指定してこの問題を解決できる。

```
>>> a = S.symbols('a',real=True)
>>> S.expand_complex(S.exp(S.I*a))
I*sin(a) + cos(a)
```

a に追加条件を強制しているために、この時は、はるかに簡単に出力することに注目しよう。
　Sympy を使用する強力な方法としては、lambdify メソッドを介して Numpy を用いた後の評価ができる複雑な式を構築することがある。以下に例を示す。

```
>>> y = S.tan(x) * x + x**2
>>> yf= S.lambdify(x,y,'numpy')
>>> y.subs(x,.1)  # Sympy を用いた評価
0.0200334672085451
>>> yf(.1)  # Numpy を用いた評価
0.0200334672085451
```

以下に示すように、lambdify を用いて Numpy の関数を作成した後、入力として Numpy の配列を使用することができる。

```
>>> yf(np.arange(3))  # 入力は Numpy の配列
array([ 0.        ,  2.55740772, -0.37007973])
>>> [ y.subs(x,i).evalf() for i in range(3) ]  # Sympy のために追加の作業が必要
[0, 2.55740772465490, -0.370079726523038]
```

Sympy を用いて同じ出力を得ることができるが、それには Numpy がネイティブで実行するベクトル化の実行を指定する追加のプログラミングロジックが必要である。

32 ●第1章　科学技術計算のための Python への入門●

　また、本書では単に Sympy が可能であるものを表面的に取り上げたに過ぎず、オンラインの
インタラクティブなチュートリアルは、より多くを学ぶのに最適である。Sympy も IPython
Notebook 内に LᴬTᴇX を用いて自動的に数学的な組版が可能で、それにより構築されたノート
ブックは、ほぼ印刷可能な外観であり（sympy.latex を参照）、ipython nbconvert コマン
ドを用いてそれを実行できるようになっている。これで、Python コードと伝統的な数学記号の
間の認識のギャップを簡単に飛び越えることができる。

1.8　コンパイル済みライブラリのインタフェース

　ここまで議論してきたように、Python は科学技術計算のために、実際には、C や Fortran の
ようなコンパイル言語で書かれた他の科学技術計算用ライブラリと密接に関係して構成されてい
る。最終的には、既存の Python バインディングでは利用できないライブラリを使用したいこと
もある。これを実施するために、多くのオプションがある。最も直接的な方法は、コンパイル言
語からそれらを呼び出したかのようにライブラリの関数への入力／出力ポインタを提供するため
のツールを提供し、組み込みの ctypes モジュールを使用することである。これは、ライブラ
リ内の関数のシグネチャを正確に知る必要があることを意味する。すなわち、各入力が何バイト
で、各出力が何バイトかである。あなたは正確にライブラリが期待する方法で入力を構築し、結
果の出力を収集する責任を負う。これは面倒なようであっても、膨大なライブラリのための
Python バインディングは、このように構築されている。

　簡単な方法を利用したい場合には、SWIG は、Python に限らず言語の長いリストへのバイン
ディングを提供することができる自動ラッパ生成ツールである。そして、複数の言語のバイン
ディングが必要である場合は、これは最良かつ唯一のオプションである。SWIG の利用は、コン
パイル済みの Python ダイナミックリンク（動的にリンクされた）ライブラリ（Python PYD）
を Python インタプリタに容易にインポートできるようにするための、インタフェースファイル
を書くことにより成り立つ。Trilinos（サンディア国立研究所）のような巨大で複雑なライブラ
リは、SWIG を用いて Python にインタフェースされており、十分にテストされたオプションで
ある。SWIG はまた、Numpy の配列をサポートしている。

　しかし、SWIG モデルは、主に C/Fortran で開発を継続することを前提とし、ユーザビリティ
またはその他の理由で Python にフックされている。一方、Python でアルゴリズムの開発を開
始し、それらをスピードアップしたい場合、C 言語と Python の両方のコードが混在することが
可能な混合言語を提供するために、Cython は優れたオプションである。SWIG と同様に、最終
的にコンパイルされた C コードを生成する Cython を有するには、このハイブリッドな
Python/C の方言で追加のファイルを記述する必要がある。Cython の最良パーツは、コードが
遅い場合に、HTML レポートを生成することができるプロファイラであり、Cython への翻訳
により有益となる。IPython Notebook は、%cython マジックコマンドを介して Cython とうま
く統合されている。これは、IPython Notebook 内のセルに Cython のコードを書くことができ、

Notebook が実際に Cython の拡張をコンパイルするための中間ファイルの設定などの面倒な詳細事項のすべてを処理することを意味する。Cython はまた、Numpy の配列をサポートしている。

Cython と SWIG は、お気に入りのコンパイル済ライブラリ用の Python バインディングを作成する、まさに 2 つの筋道である。その他に、注目すべきであるが（あまり使われない）オプションには、FWrap、f2py、CFFI、weave などがある。Python 独自の API を直接使用することも可能であるが、これは、よく開発された代替法が非常に多く存在することを考えると、正当化することが困難なほど難しい仕事である。

1.9 統合開発環境

統合開発環境（IDE）を好む人のために、選択肢はたくさんある。最も包括的なものは Enthought Canopy で、豊富な、構文強調表示エディタ、統合化されたヘルプ、デバッガ、さらには統合されたトレーニングが含まれている。他のプロジェクトからすでに Eclipse に慣れている場合、または混在言語のプログラミングを行う場合は、Python のデバッガを用いた Eclipse からのすべての通常の機能が含まれている PyDev と呼ばれる Python のプラグインがある。Wingware は、デバッグモードで動作するマルチプロジェクト管理のサポートと非常に賢いコード補完をもつ手頃な価格のプロレベルの IDE を提供する。他のお気に入りの IDE には、複数の言語をサポートし、Django のような人気の Web フレームワークの強力なテンプレートを提供するために Python の Web 開発者の間で特に人気がある PyCharm がある。NinjaIDE は、比較的新しいが、その美しいインタフェースと簡単に始められるフレームワークであるため、Python の新規ツールの中でも強力な追従者として迅速に開発された。Vim のユーザである場合、Jedi のプラグインは、静的コード分析（すなわち、不足しているモジュールやタイプミスを識別する）を提供する pylint を用いて動作性に優れたコード補完を提供する。もちろん、Emacs は Python における開発のための多くの関連のプラグインを持っている。他にも多くのオプションがあるが、ここでは Python の初心者のために最も適したものを強調しようとしていることに注目してほしい。

1.10 パフォーマンスと並列プログラミングへのクイックガイド

Python のコードのパフォーマンスを改善するために利用可能な多くのオプションがある。最初に決めなければならないものとして、計算を制限しているものがある。これには、（あり得ない）CPU 速度や、メモリの限界（外部記憶装置から適宜、読み出して処理する計算）があり、あるいは、（データ処理のために待っているデータの）データ転送速度がある。Python のコードが純粋な Python のコードである場合は、実行時コンパイラを採用した Python の代替実装である Pypy で実行することができる。Pypy によりコードの大きなスピードアップが認められない

34 ●第1章　科学技術計算のための Python への入門●

場合は、それを減速させる何らかの外部要因（ディスクやネットワークへのアクセスなど）があると考える。Pypy がサポートしていない多くのコンパイル済みのモジュールを使用しているために、Pypy の使用が意味をなさない場合には、他の多くの診断ツールが利用できる。

　Python には、以下のように、コマンドラインから呼び出すことができる独自の組み込みのプロファイラ cProfile がある。

```
>>> python -m cProfile -o program.prof my_program.py
```

　プロファイラの出力は program.prof ファイルに保存される。このファイルは、コードが最も時間を費やしている場所に関する美しいグラフィカルな画像を得るために runsnakerun 内で可視化することができる。使用しているオペレーティング・システム上のタスクマネージャにより、プログラムがリソースをどの程度消費しているかを確認するために実行するよう、手がかりを提供することができる。Robert Kern の開発による line_profiler は、各タイミングでコードの各行に注釈を付けることで、コードがどの程度時間を費やしているかを確認する優れた方法を提供する。runsnakerun と組み合わせることで、関数レベルからコードの行レベルまで問題を絞り込むことができる。

　最も一般的な状況は、プログラムが、ディスクから、またはいくつかの混んでいるネットワークリソースからのデータを待っていることである。これは、ウェブプログラミングで一般的な状況であり、これに対処するために十分に確立されたツールがたくさんある。Python には、標準ライブラリの一部である multiprocessing モジュールが搭載されている。これは、中断可能な多数の子ワーカープロセスを起動し、大きな仕事の小さな部分を個々に処理することが容易であることを意味する。しかし、それでも、アルゴリズムにデータを分散させる方法を認知させるため、プログラマとして責任を負う必要がある。このモジュールの使用は、個々のプロセスが負荷の分散を担当するオペレーティング・システムによって管理されることを意味する。

　multiprocessing モジュールを使用するための基本的なテンプレートは以下のとおりである。

```
# ファイル名 multiprocessing_demo.py
import multiprocessing
import time
def worker(k):
    'worker function'
    print 'am starting process %d' % (k)
    time.sleep(10)  # 10秒待つ
    print 'am done waiting!'
    return
if __name__ == '__main__':
    for i in range(10):
        p = multiprocessing.Process(target=worker, args=(i,))
        p.start()
```

そして、次のようにターミナルで下記のプログラムを実行する。

●1.10 パフォーマンスと並列プログラミングへのクイックガイド● **35**

ターミナル > `python multiprocessing_demo.py`

ターミナルからこの方法でプログラムを実行することは極めて重要である。つまり、IPython内から対話的にこれを実行することはできない。オペレーティング・システム上のプロセスマネージャを見れば、10秒間動作している新しいPythonのプロセス数が表示されるはずである。また、上記のprint文の出力が表示される。当然のことながら、実際のアプリケーションでは、ワーカープロセスのそれぞれに、いくつかの意味のある仕事を割り当て、個々のワーカープロセス間に部分的に完成したピースを送信する方法を工夫することになる。これは複雑で間違えやすい。そのため、Python 3.2には便利なconcurrent.futuresモジュールがあり、ありがたいことにPython 2.7にバックポートされていて、pypiでも提供されている。

```python
# ファイル名: concurrent_demo.py
import futures
import time

def worker(k):
    'worker function'
    print 'am starting process %d' % (k)
    time.sleep(10) # 10秒待つ
    print 'am done waiting!'
    return

def main():
    with futures.ProcessPoolExecutor(max_workers=3) as executor:
        list(executor.map(worker,range(10)))

if __name__ == '__main__':
    main()
```

ターミナル > `python concurrent_demo.py`

ターミナルで、以下のようなものが表示されるはずである。明示的に3つにプロセス数を制限していることに注意しよう。

```
am starting process 0
am starting process 1
am starting process 2
am done waiting!
am done waiting!
...
```

futuresモジュールはmultiprocessingモジュール上に構築され、この種の簡単なタスクに使用しやすくなっている。同じような使用パターンを維持しながら、プロセスの代わりにスレッドを使用するバージョンも存在することに注目しよう。スレッドとプロセスの主要な違いは、プロセスは自分自身の区画化されたリソースを持っているということである。C言語のPython（すなわち、CPython）の実装では、内部のデータ構造にロックアップ状態からのスレッ

36 ●第1章　科学技術計算のための Python への入門●

ド発生を防ぐグローバルインタプリタロック（GIL）を使用している。これは、同時に複数スレッドの実行に関連するすべての記録を追跡する必要がないので、1つのスレッドを個別に高速に実行できるコースグレインロック（粒度の粗いロック）機構である。その欠点は、特定のタスクをスピードアップするために複数のスレッドを同時に実行することはできないということである。

プロセスに対応するロックには問題はないが、各プロセスはプロセス間の転送ができるようにするデータ構造であるために個別のプライベートワークスペースを作成する必要があるため、起動がやや遅くなる。しかし、各プロセスは、一度セットアップされるとすべてが確実に同時に独立して実行することができる。IronPython などの Python の特定の他の実装形態では、グローバルインタープリタロックではなく finer-grain threading（より細かい粒度のスレッド）である設計を用いていることに注意しよう。最後のコメントとして、マルチ（複数の）コアを搭載した最新システムでは、オペレーティング・システムが異なるコア間でスレッドを切り替える必要性があるため、マルチスレッドは実際に遅くなる可能性がある。これは、最終的に動作が遅くなるスレッド切り替え機構に追加のオーバーヘッドを形成する。

IPython 自体は、内部に組み込まれた並列プログラミングフレームワークを持っており、強力で使いやすい。最初のステップは、以下のようにターミナルで、別々の IPython エンジンを起動することである。

```
ターミナル> ipcluster start --n=4
```

そして、IPython ウィンドウに、クライアントが得られる。

```
In [1]: from IPython.parallel import Client
   ...: rc = Client()
```

クライアントは、ipcluster を使用する前に開始した各プロセスのそれぞれに接続されている。すべてのエンジンを使用するため、以下のように、クライアントから DirectView オブジェクトを割り当てる。

```
In [2]: dview = rc[:]
```

今、エンジンのそれぞれに関数を適用できる。たとえば、os.getpid 関数を用いてプロセス ID を取得することができる。

```
In [3]: import os
In [4]: dview.apply_sync(os.getpid)
Out[4]: [6824, 4752, 8836, 3124]
```

一度エンジンが稼働しだすと、データは scatter を用いてそれらに分散できる。

```
In [5]: dview.scatter('a',range(10))
Out[5]: <AsyncResult: finished>
In [6]: dview.execute('print a').display_outputs()
[stdout:0] [0, 1, 2]
[stdout:1] [3, 4, 5]
[stdout:2] [6, 7]
[stdout:3] [8, 9]
```

execute メソッドは、各エンジン内で与えられた文字列を評価することに注意しよう。今、データは、アクティブな（実行中の）エンジン間に振り分けられており、それらの上でさらに計算を実施できる。

```
In [7]: dview.execute('b=sum(a)')
Out[7]: <AsyncResult: finished>
In [8]: dview.execute('print b').display_outputs()
[stdout:0] 3
[stdout:1] 12
[stdout:2] 13
[stdout:3] 17
```

この例では、各エンジンに個々のサブリストを利用できるように加算している。以下のように、個々の結果を1つのリストに集めることができる。

```
In [9]: dview.gather('b').r
Out[9]: [3, 12, 13, 17]
```

これは、個々のエンジンに仕事を分散させ、結果を収集する最も簡単なメカニズムの1つである。議論してきた他の方法とは異なって、これを反復実施でき、どのように分散処理し、計算するかの実験も簡単である。IPython のマニュアルには、エンジンのクラウドリソースやスーパーコンピュータのクラスタ、および異種のネットワークコンピューティングリソース上での実行など、並列プログラミング型のさらに多くの例がある。他にも多くの専門の並列プログラミングのパッケージがあるが、IPython は、主要なプラットフォームのすべてで、複雑性に対する一般化のための最良のトレードオフを提供する。

1.11 その他のリソース

Python コミュニティは、非常に聡明で、驚くほど有益な人材で充ちている。科学技術計算のための Python で助けを得る最高の場所の1つが www.stackoverflow.com であり、Python 初心者を歓迎する活発な Q&A フォーラムが運営されている。主要な Python 開発者の何人かが、常時そこに参加しており、回答の質は非常に高い。重要なツール（Numpy、IPython、Matplotlib など）のいくつかのメーリングリストも、最新の開発に追従するのに最適である。Hans Petter Langtangen[8] によって書かれたものはすべて、特に物理学のバックグラウンドを

持っている人には優れたものである。オースティンで毎年開催される Scientific Python カンファレンスも、個人的にお気に入りの開発者に会って質問をしたり、ニッチなトピックで組織された多くの興味深いサブグループに参加したりするには絶好の場所である。PyData ワークショップは、大規模データ集約型処理のための Python に焦点を当てた年 2 回開催の会議である。PyVideo サイトは、世界中の Python に関連した講演やチュートリアルの動画へのリンクを提供する。科学用途の Python におけるベストプラクティスをまとめた素晴らしい記事が文献[9] である。

参考文献

1. H. Childs, E.S. Brugger, K.S. Bonnell, J.S. Meredith, M. Miller, B.J. Whitlock, N. Max, A contract-based system for large data visualization. IEEE Vis. **2005**, 190–198 (2005)

2. MIT Graduate Class Experimental Data. Interactive supercomputings star-p platform: Parallel MATLAB and MPI homework classroom study on high level language productivity (HPEC, 2006)

3. T.E. Oliphant, *A Guide to NumPy* (Trelgol Publishing, 2006)

4. L. Wilkinson, D. Wills, D. Rope, A. Norton, R. Dubbs, *The Grammar of Graphics. Statistics and Computing* (Springer, 2006)

5. F. Perez, B.E. Granger et al., *IPython Software Package for Interactive Scientific Computing.* http://ipython.org/

6. W. McKinney, *Python for Data Analysis: Data Wrangling with Pandas, NumPy, and IPython* (O'Reilly, 2012)[*5]

7. O. Certik et al., S*ymPy: Python Library for Symbolic Mathematics.* http://sympy.org/

8. H.P. Langtangen, Texts in Computational Science and Engineering, in *Python Scripting for Computational Science*, vol. 3, 3rd edn. (Springer, 2009)

9. D.A. Aruliah, C.T. Brown, N.P.C. Hong, M. Davis, R.T. Guy, S.H.D. Haddock, K. Huff, I. Mitchell, M.D. Plumbley, B. Waugh, E.P. White, G. Wilson, P. Wilson, Best practices for scientific computing. CoRR, (2012). arXiv:abs/1210.0530

[*5]［訳 注］　日本語訳：Python によるデータ分析入門—NumPy、pandas を使ったデータ処理. Wes McKinney 著. 小林儀匡、鈴木宏尚、瀬戸山雅人、滝口開資、野上大介 訳. オライリー・ジャパン（2013）

第2章

確 率

Probability

2.1 はじめに

本章は、確率の幾何学的見解に従っており、線形代数や幾何学でおなじみの概念と関連する。本章でのアプローチは、考え方の指針である確率における重要な抽象化への自然な幾何学的直感につながる。このことは、誤解しやすいので確率において特に重要である。指針として、ほんの少しの厳格さと、若干の直感が必要である。

小学校では、自然数（すなわち、$1, 2, 3, \ldots$）が登場し、加算、減算、乗算などの操作で扱う方法を習う。その後、正と負の数が登場し、またそれらを操作する方法を学ぶ。最終的に、実線の微分・積分が登場し、微分法や極限の取り方などを習う。この学習の進歩の課程で、段階的に抽象化していくだけでなく、うまく処理できる課題の分野が拡がる。同じことは、確率でも真である。確率を考える1つの方法は、そこに構築された不確かさを持つ特定の課題を処理できる新しい数の概念のようなものだ。そして、重要な概念は、x というある数値と、それに付随する $f(x)$ というものがあり、その付随する $f(x)$ は、曇ったガラス窓を通して x を眺めるように、その値 x の不確かさを表しているということである。窓の不透明度は、$f(x)$ で表現される。x を操作したい場合、$f(x)$ を用いて行うことを把握する必要がある。たとえば、$y = 2x$ を行いたい場合、$f(x)$ が $f(y)$ を生成する方法を理解する必要がある。

そのどこに「無作為（ランダム）な」部分があるのだろうか？　これを概念化するためには、やはり別の考察が必要である。$f(x)$ で表現したもので囲まれているミツバチの群れを考え、$f(x)$ はミツバチであると考える。群れは x を介して見ることができる。無作為な事象は、あなたを刺す特定のミツバチがどれかはわからないことを意味する。ひとたび、この事象（ミツバチがあなたを刺すという）が発生すると不確かさはなくなってしまう。この事象が発生するまで、最終的に蜂が刺す可能性のあると表現される群れの概念が、私たちが持っている概念のすべて（すなわち、ミツバチの密度）である。まとめると、確率の考え方の1つは、数学的な論理操作（加算、減算、極限を取るなど）によって変換できる可能性の概念をもち、その論理操作を介して実行す

© Springer International Publishing Switzerland 2016
J. Unpingco, *Python for Probability, Statistics, and Machine Learning*,
DOI 10.1007/978-3-319-30717-6_2

るやり方のようなものである。

2.1.1 確率密度の理解

　ルベーグ積分の理論に基づいて構築された現在の確率の真髄を理解するためには、基本的微積分から積分の概念を拡張する必要がある。はじめに、以下の**図2.1**に示すような区分関数（piecewise function）を考えてみよう。

$$f(x) = \begin{cases} 1 & \text{if } 0 < x \leq 1 \\ 2 & \text{if } 1 < x \leq 2 \\ 0 & \text{otherwise} \end{cases}$$

リーマン積分で学んだように、微積分では、これを以下のように適用できる。

$$\int_0^2 f(x)dx = 1 + 2 = 3$$

これは通常、$f(x)$で作成される2つの長方形の面積と解釈できる。ここまでは問題ないと思う。

　ルベーグ積分では、x軸に沿って移動する代わりに、y軸に焦点を当てた非常に類似した考え方をとる。問題となるのは$f(x) = 1$であり、これが真である場合にx値の集合はどうなるだろうか？　この例では、$x \in (0, 1]$のときにこれが真となる。ここでは、それぞれ関数の値（すなわち、1と2）と、これが真となるx値の集合（すなわち、$\{(0, 1]\}$と$\{(1, 2]\}$）が対応している。積分を計算するには、単に関数の値（すなわち、1, 2）をとり、以下のように対応する区間（interval）の大きさを測定するいくつかの方法（すなわち、μ）をとる。

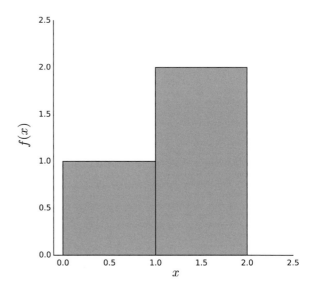

図2.1　単純な区分定数関数
(piecewise-constant function)

$$\int_0^2 f d\mu = 1\mu(\{(0, 1]\}) + 2\mu(\{(1, 2]\})$$

一般性を強調するために、上記の表記は一部を省略している。リーマン積分の場合には、$\mu=((0, 1])=\mu=((1, 2])=1$ のとき、同じ積分値が得られることに注意しよう。上記の区間の測定法として関数 μ を導入するにあたり、積分に自由度（degree of freedom）を導入した。これは、通常のリーマン積分の理論を用いた処理しやすくはないが奇妙な多くの関数に対応するが、詳細はルベーグ積分の適当な入門書を当たって欲しい[1]。しかし、先の説明において重要な段階は μ 関数の導入であり、いわゆる確率密度関数（probability density function）が再び登場することになる。

2.1.2 確率変数

確率の教科書の多くの導入部分では、まっすぐに確率変数に飛び、複雑な積分計算の仕方をする方法を説明する。このアプローチの問題は、思考過程の重要な機微をいくつかを飛ばしてしまうということである。残念ながら、確率変数という用語は、あまりよく説明できていない。より望ましい用語として、可測関数（measurable function）がある。これがなぜより望ましい用語であるかについて理解するには、簡単な例により確率論の定式化構造に飛び込む必要がある。

偏りのないサイコロを投げることを考える。起こりうる結果は次の 6 通りだけである。

$$\Omega = \{1, 2, 3, 4, 5, 6\}$$

ご存知の通り、偏りのないサイコロであれば、各結果の起こりうる確率は 1/6 である。定式的に表現すると、各集合（すなわち、$\{1\}, \{2\}, \ldots, \{6\}$）の測定値（measure）は、$\mu(\{1\})=\mu(\{1\})\ldots=\mu(\{6\})=1/6$ である。この場合、ここで説明した μ 関数は、通常確率質量関数（probability mass function、PMF）と呼び、$\mathbb{P}$ で表示する。可測関数は、集合の形で、実線上の数値に位置（写像）する。たとえば、$\{1\} \mapsto 1$ は、そのようなありふれた関数の 1 つである。

ここに興味を引くものがある。偏りのないサイコロから、偏りのないコインを作製するという依頼があったとしよう。すなわち、偏りのないコインを投げるかのように、サイコロを投げてその結果を記録したい。どうすればこれができるであろうか？ 1 つの方法は、サイコロが 3 以下の場合に表とし、それ以外を裏とする可測関数を定義することである。これは、非常に直感的であり、定式論的な用語としては非常に明確である。この方法は、2 つの別々の重複のない集合 $\{1, 2, 3\}$ と $\{4, 5, 6\}$ を形成する。各々の集合は、同じ確率の値を持っている。

$$\mathbb{P}(\{1, 2, 3\}) = 1/2$$
$$\mathbb{P}(\{4, 5, 6\}) = 1/2$$

これで、この問題は解決される。$\{1, 2, 3\}$ の値が出るたびに表と記録し、そうでない場合に裏と記録する。

42 ●第2章　確　率●

この方法は偏りのないサイコロからコインの試行を行う唯一の方法であろうか？　あるいは、
{1}, {2}, {3, 4, 5, 6} のような集合を定義することもできる。以下のような、各集合に対応する測定
値を定義する場合、これは偏りのないコインを作る問題の別解である。

$$\mathbb{P}(\{1\}) = 1/2$$
$$\mathbb{P}(\{2\}) = 1/2$$
$$\mathbb{P}(\{3, 4, 5, 6\}) = 0$$

これを実施するには、サイコロが 3,4,5,6 を示したときは無視し、再度投げ直すことが、行う
ことのすべてである。これは無駄が多いが、問題を解決できる。しかし、この理論ではロックさ
れた部品（3,4,5,6 の場合は機能していないことを意味する）により、ある課題から別の課題
に「不確かさ／可能性」の概念を実装する（たとえば、偏りのない「サイコロ」から偏りのない
「コイン」に変換する）枠組みをどのように提供するかを理解できることが期待できる。
　2つのサイコロを投げるもう少し面白い問題を考えよう。それぞれのサイコロ投げは、独立し
ていると仮定する。これは、1つの結果が他に影響しないことを意味する。この場合の集合は何
を意味するのであろうか？　2つのサイコロを投げる場合、可能性のある結果のすべての組合せ
は以下の通りである。

$$\Omega = \{(1, 1), (1, 2), \dots, (5, 6), (6, 6)\}$$

これらの集合の各測定値は、どうなるであろうか？　独立の仮定のもと、各測定値は、各要素の
各々の測定値の積である。たとえば、以下のような例がある。

$$\mathbb{P}((1, 2)) = \mathbb{P}(\{1\})\mathbb{P}(\{2\}) = \frac{1}{6^2}$$

上記のすべてが成り立つ場合に、「サイコロの合計が 7 に等しい確率は、どのくらいであろう
か？」という質問が可能である。先ほどのように、最初にすることは、以下のような可測関数 X
を特徴付けすることである。

$$X : (a, b) \mapsto (a + b)$$

次に、(a, b) 組の合計のすべてを考える。これは、以下に示すような、Python の辞書（ディクショ
ナリ、dictionary）で作成することができる。

```
d={(i,j):i+j for i in range(1,7) for j in range(1,7)}
```

次の段階は、2 から 12 までの可能性のある (a, b) 組の各値の合計をすべて集めることである。

```
from collections import defaultdict
dinv = defaultdict(list)
for i,j in d.iteritems():
    dinv[j].append(i)
```

> **プログラミングの コツ**
>
> 組み込みの collections モジュールの defaultdict オブジェクトは、新しいキーが与えられたときにデフォルト値で辞書を生成する。さもなければ、通常の辞書のために手動でデフォルト値を生成しなければならない。

たとえば、dinv[7] は合計して 7 になる組のリストを以下のように返す。

```
[(1, 6), (2, 5), (5, 2), (6, 1), (4, 3), (3, 4)]
```

次の段階は、これらの各項目で測定できる確率を計算することである。独立が仮定されているので、これは、dinv において各項目の確率の積の合計を計算しなければならないことを意味する。各結果は同様に確からしいとわかっているので、合計における各項目の確率は 1/36 に等しい。すなわち、dinv で各キーに対応するリストの項目の数を数えて、36 で割ることさえすればよい。たとえば、dinv[11] は [(5, 6), (6, 5)] を含んでいる。5+6=6+5=11 の確率は、各要素 (5,6),(6,5) の確率の合計からなる集合の確率である。この場合、$\mathbb{P}(11) = \mathbb{P}(\{(5, 6)\}) + \mathbb{P}(\{(6, 5)\}) = 1/36 + 1/36 = 2/36$ である。すべての要素についてこの手順を繰り返し、以下に示すような確率質量関数（probability mass function、PMF）を導くことができる。

```
X={i:len(j)/36. for i,j in dinv.iteritems() }
print X
{2: 0.027777777777777776,
 3: 0.05555555555555555,
 4: 0.08333333333333333,
 5: 0.1111111111111111,
 6: 0.1388888888888889,
 7: 0.16666666666666666,
 8: 0.1388888888888889,
 9: 0.1111111111111111,
 10: 0.08333333333333333,
 11: 0.05555555555555555,
 12: 0.027777777777777776}
```

44 ●第2章 確　率●

プログラミングの　コツ

先のコードでは、36. は、小数点が後についていることに注意する。これは Python 2.x は、割り算はデフォルトでは整数の割り算になってしまうために（ここでは意図していないものである）、つけておくとよい習慣である。これは、最初の行で from__future__ import division とすると修正できる。しかし、特に、コードを見通したときに、future の import で他のものが反映されない場合には、忘れやすい。

　上記の例は、この簡単な問題のために、露骨な数学的な詳細を意図的に抑えて、確率論の要素を遊びで示している。このフレームワークを用いて、「3つのサイコロの数の積の半分が、その合計を超える確率はいくらだろうか？」というような別の質問を発することができるだろうか？以下のように同じ方法で解くことができる。最初の図表（写像）を作成しよう。

```
d={(i,j,k):((i*j*k)/2>i+j+k) for i in range(1,7)
                                for j in range(1,7)
                                   for k in range(1,7)}
```

この辞書のキーは3つで、値は「3つのサイコロの数の積の半分が、その合計を超えているかどうか」という論理値である。ここで、対応するリストを集めるために、逆の図表（写像）を作成する。

```
dinv = defaultdict(list)
for i,j in d.iteritems(): dinv[j].append(i)
```

dinv は、True と False の2つのキーだけを含むことに注意しよう。また、サイコロは独立なので、どの3組の確率も $1/6^3$ である。最後に、各結果について以下のようにまとめる。

```
X={i:len(j)/6.0**3 for i,j in dinv.iteritems() }
print X
{False: 0.37037037037037035, True: 0.6296296296296297}
```

したがって、3つのサイコロの数の積の半分が、その合計を超えている確率は、136/(6.0**3)＝0.63 である。確率変数によって導かれる集合は2つだけで、真（True）か偽（False）かであり、その確率は $\mathbb{P}(\text{True}) = 136/216$、および $\mathbb{P}(\text{False}) = 1 - 136/216$ である。

　他の一般的実践例の最後に、2個のサイコロを用いた最初の問題で、合計が7となる確率を求めよう。しかし、サイコロは偏りがあると仮定する。偏りのあるサイコロの分布は次のようになる。

$$\mathbb{P}(\{1\}) = \mathbb{P}(\{2\}) = \mathbb{P}(\{3\}) = \frac{1}{9}$$

$$\mathbb{P}(\{4\}) = \mathbb{P}(\{5\}) = \mathbb{P}(\{6\}) = \frac{2}{9}$$

先の分析より、合計が7になる要素の組み合わせ（ペア）は、以下のとおりであるとわかっている。

$$\{(1,6),(2,5),(3,4),(4,3),(5,2),(6,1)\}$$

独立性を仮定しているので、変える必要があるのは各要素の確率の計算のみである。たとえば、最初のサイコロに偏りがあるとすると、以下が得られる。

$$\mathbb{P}((1,6)) = \mathbb{P}(1)\mathbb{P}(6) = \frac{1}{9} \times \frac{1}{6}$$

また、同様に $(2,5)$ については、以下が得られる。

$$\mathbb{P}((2,5)) = \mathbb{P}(2)\mathbb{P}(5) = \frac{1}{9} \times \frac{1}{6}$$

以下、同様である。これらの合計は以下のように得られる。

$$\mathbb{P}_X(7) = \frac{1}{9} \times \frac{1}{6} + \frac{1}{9} \times \frac{1}{6} + \frac{1}{9} \times \frac{1}{6} + \frac{2}{9} \times \frac{1}{6} + \frac{2}{9} \times \frac{1}{6} + \frac{2}{9} \times \frac{1}{6} = \frac{1}{6}$$

Python の辞書（ディクショナリ）の代わりに Pandas を用いてこれを計算してみよう。最初に、サイコロのすべての可能なペアからなるタプルのインデックスを用いて、DataFrame オブジェクトを作成する。

```
>>> from pandas import DataFrame
>>> d=DataFrame(index=[(i,j) for i in range(1,7) for j in range(1,7)],
...             columns=['sm','d1','d2','pd1','pd2','p'])
```

ここで、上記を、最初のサイコロの結果が d1 列、第2のサイコロの結果が d2 列であるように設定し、列に配置できる。

```
>>> d.d1=[i[0] for i in d.index]
>>> d.d2=[i[1] for i in d.index]
```

次に、sm 列でサイコロの合計を計算する。

```
>>> d.sm=map(sum,d.index)
```

これができると、データフレームは次のように表示される。

```
>>> d.head(5)  # 最初の5行
        sm d1 d2 pd1 pd2   p
(1, 1)   2  1  1 NaN NaN NaN
(1, 2)   3  1  2 NaN NaN NaN
(1, 3)   4  1  3 NaN NaN NaN
(1, 4)   5  1  4 NaN NaN NaN
(1, 5)   6  1  5 NaN NaN NaN
```

次に、偏りのあるサイコロ（d1）と偏りのないサイコロ（d2）の各面ごとに、確率を記入する。

```
>>> d.loc[d.d1<=3,'pd1']=1/9.
>>> d.loc[d.d1 > 3,'pd1']=2/9.
>>> d.pd2=1/6.
>>> d.head(10)
        sm d1 d2       pd1        pd2    p
(1, 1)   2  1  1 0.1111111 0.166667 NaN
(1, 2)   3  1  2 0.1111111 0.166667 NaN
(1, 3)   4  1  3 0.1111111 0.166667 NaN
(1, 4)   5  1  4 0.1111111 0.166667 NaN
(1, 5)   6  1  5 0.1111111 0.166667 NaN
(1, 6)   7  1  6 0.1111111 0.166667 NaN
(2, 1)   3  2  1 0.1111111 0.166667 NaN
(2, 2)   4  2  2 0.1111111 0.166667 NaN
(2, 3)   5  2  3 0.1111111 0.166667 NaN
(2, 4)   6  2  4 0.1111111 0.166667 NaN
```

最後に、示された面の合計の同時確率（joint probability）を以下のように計算できる。

```
>>> d.p = d.pd1 * d.pd2
>>> d.head(5)
        sm d1 d2       pd1        pd2          p
(1, 1)   2  1  1 0.1111111 0.166667 0.01851852
(1, 2)   3  1  2 0.1111111 0.166667 0.01851852
(1, 3)   4  1  3 0.1111111 0.166667 0.01851852
(1, 4)   5  1  4 0.1111111 0.166667 0.01851852
(1, 5)   6  1  5 0.1111111 0.166667 0.01851852
```

すべての計算がうまくいったら、次のようにgroupbyメソッドを用いて、すべてのサイコロの結果の密度を計算することができる。

```
>>> d.groupby('sm')['p'].sum()
>>> d.groupby('sm')['p'].sum()
sm
2     0.018519
3     0.037037
4     0.055556
5     0.092593
6     0.129630
7     0.166667
8     0.148148
9     0.129630
10    0.111111
11    0.074074
12    0.037037
Name: p, dtype: float64
```

これらの例は、確率論で集合とその集合の測定値をどのように分析し、これらの集合が新しい確率変数の確率質量関数を計算するためにどのように結合されるかを示している。

2.1.3 連続型確率変数

　同じ考え方は連続型確率変数でも有効であるが、離散型確率変数の集合と異なり、すでに実線には取り扱いに注意が必要な限定的な特徴がたくさんついており、その集合の扱いはさらに難しい。しかし、同様の考え方を説明する例から記述を開始する。単位区間において一様分布に従う確率変数 X を仮定する。変数が、1/2 未満の値を取る確率はいくらだろうか？

　離散型確率変数の例で、直感的に実行するために、偏りのないサイコロを投げる実験に戻ろう。サイコロの値の合計は、可測関数である。

$$Y: \{1, 2, \ldots, 6\}^2 \mapsto \{2, 3, \ldots, 12\}$$

すなわち、Y は、離散集合結果の集合の直積（cartesian product）を写像したものである。結果の集合の確率を計算するため、各サイコロに対する確率の測定値から、Y の確率の測定値 $\mathbb{P}_Y$ を導く必要がある。先の説明は、その仕組みを利用した。これは以下のようなことを意味する。

$$\mathbb{P}_Y: \{2, 3, \ldots, 12\} \mapsto [0, 1]$$

関数の定義と確率を計算する関数の目的変数が分離していることに注意しよう。もっとざっくりと表現すると、以下のような感じになる。

$$Y: A \mapsto B$$

これは、対応する以下の確率を伴っている。

$$\mathbb{P}_Y: B \mapsto [0, 1]$$

したがって、他の確率変数から導かれた $\mathbb{P}_Y$ を計算するために、その前身の集合 A という観点か

48 ●第2章 確 率●

ら B 内のそれに等価なクラスを表現する必要がある。

連続型変数の状況は同じパターンに従っている。しかし、ここでは省略しており、実際にはさらに深い多くの専門的事項がある。以下のような連続型の確率変数があるとする。

$$X : \mathbb{R} \mapsto \mathbb{R}$$

また、それに対応する確率の測定値は以下のとおりである。

$$\mathbb{P}_X : \mathbb{R} \mapsto [0, 1]$$

しかし、ここでは対応する集合はどれであろうか？ 数学的に言えば、これらはボレル集合であるが、それを区間と考えることができる。先の問題に戻って、単位間隔で一様分布に従う確率変数が 1/2 未満となる確率はいくらであろうか？ その枠組みに従いこの疑問を表現し直すと、以下の式が得られる。

$$X : [0, 1] \mapsto [0, 1]$$

これは以下のように対応する確率を伴う。

$$\mathbb{P}_X : [0, 1] \mapsto [0, 1]$$

この疑問に答えるため、単位区間で一様分布に従う確率変数の定義により、以下の積分を計算する。

$$\mathbb{P}_X([0, 1/2]) = \mathbb{P}_X(0 < X < 1/2) = \int_0^{1/2} dx = 1/2$$

ここでは、上式の積分の dx は集合 B 型の区間をなぞっていく（訳注：先の式 $Y : A \mapsto B$ の B、すなわち目的変数のとる区間をなぞっていく）。一様分布に従う確率変数の定義より、任意の dx 区間（すなわち、A 型の集合）の測定値は、dx に等しい（訳注：先の式 $Y : A \mapsto B$ の A、すなわち説明変数の集合）。すべての可動部分の結果を得るために、詳細な記述形式による積分を用いて、以下のように記述することもできる。

$$\mathbb{P}_X(0 < X < 1/2) = \int_0^{1/2} d\mathbb{P}_X(dx) = 1/2$$

では、もう少し複雑で興味深い例を考えてみよう。先と同様に、一様分布に従う確率変数 X があると仮定し、別の確率変数 Y を定義しよう。

$$Y = 2X$$

ここで、$0 < Y < \frac{1}{2}$ の確率はいくらであろうか？ 上記の枠組みでこれを定式化すると、次のようになる。

$$Y: [0, 1] \mapsto [0, 2]$$

これは対応する以下のような確率を伴う。

$$\mathbb{P}_Y: [0, 2] \mapsto [0, 1]$$

疑問に答えるためには、Y の確率の値が $\mathbb{P}_Y([0, 1/2])$ であるような集合 $[0, 1/2]$ を測定する必要がある。どうやってこれを実行できるだろうか？ 偏りのないサイコロを投げる実験を実施すると、確率変数 X から Y が得られるので、入力空間（すなわち、A 型の集合（訳注：先の式 $Y{:}A \mapsto B$ の A、すなわち説明変数の集合））を逆写像する目標空間に等価な集合（すなわち、B 型の集合（訳注：先の式 $Y{:}A \mapsto B$ の B、すなわち目標変数の集合））を生成しなければならない。すなわち、X の確率変数の観点から区間 $[0, 1/2]$ に等価な値は何であろうか？ 関数としては $Y = 2X$ であるため、B 型の区間 $[0, 1/2]$ は A 型の区間 $[0, 1/4]$ に対応している。X の確率の測定値から、この積分を計算する。

$$\mathbb{P}_Y([0, 1/2]) = \mathbb{P}_X([0, 1/4]) = \int_0^{1/4} dx = 1/4$$

ここで、要求水準を上げて、以下の確率変数を考える。

$$Y = X^2$$

X はやはり一様分布をしているが、区間 $[-1/2, 1/2]$ となっている。以下のような枠組みでこれを表せる。

$$Y: [-1/2, 1/2] \mapsto [0, 1/4]$$

また、これは以下のような確率をもつ。

$$\mathbb{P}_Y: [0, 1/4] \mapsto [0, 1]$$

$\mathbb{P}_Y(Y < 1/8)$ は、どのような値であろうか？ 言い換えれば、集合 $B_Y = [0, 1/8]$ の測定値は何であろうか？ 前述のように、X は一様分布に従う確率変数に由来するため、A 型の集合に集合 B_Y を写像する必要がある。理解しなければならないことは、X^2 はゼロに対して対称であるため、すべての B_Y の集合は 2 つの集合に逆写像される。これは、任意の集合 B_Y に対して、対応する $B_Y = A_X^+ \bigcup A_X^-$ が存在することを意味する。したがって、以下の式が得られる。

$$B_Y = \left\{ 0 < Y < \frac{1}{8} \right\} = \left\{ 0 < X < \frac{1}{\sqrt{8}} \right\} \bigcup \left\{ -\frac{1}{\sqrt{8}} < X < 0 \right\}$$

この観点から、次のような解が得られる。

$$\mathbb{P}_Y(B_Y) = \mathbb{P}(A_X^+)/2 + \mathbb{P}(A_X^-)2$$

$\frac{1}{2}$ は、$\mathbb{P}_Y$ を 1 に正規化することから来る。また、

$$A_X^+ = \left\{ 0 < X < \frac{1}{\sqrt{8}} \right\}$$

$$A_X^- = \left\{ -\frac{1}{\sqrt{8}} < X < 0 \right\}$$

である。そして、$\mathbb{P}(A_X^+) = \mathbb{P}(A_X^-) = 1/\sqrt{8}$ であるので、以下のようになる。

$$\mathbb{P}_Y(B_Y) = \frac{1}{2\sqrt{8}} + \frac{1}{2\sqrt{8}}$$

これが、微積分から通常の変数変換を用いて得られるか見てみよう。この方法を用いると、密度は、$f_Y(y) = f_X(\sqrt{y})/(2\sqrt{y}) = \frac{1}{2\sqrt{y}}$ となり、以下の結果が得られる。

$$\int_0^{\frac{1}{8}} \frac{1}{2\sqrt{y}} dy = \frac{1}{\sqrt{8}}$$

これは、集合の方法を用いて得たものである。実際には微積分の方法が好まれるということに注意すべきである。しかし、より深くその仕組みを理解することは重要である。なぜならば、通常の微積分の方法は、次の問題に示すように、時々上手くいかないこともあるからである。

2.1.4 微分積分を越えた変数の変換

単位区間で一様分布に従う X と Y を仮定し、以下のような Z を定義する。

$$Z = \frac{X}{Y - X}$$

$f(z)$ はどのようなものであろうか？ 通常の微積分法を用いて解こうとすると失敗する（試してみると良い！）。この問題は、微積分法が有効ではない数学的事例の 1 つである。

重要な知見は $Z \notin [-1, 0]$ である。これが可能ならば、X と Y が $[0, 1]$ 上で一様に分布すると仮定すると、X と Y は起こりえない異なる符号となる。$Z > 0$ の時を考える。この場合、$Y > X$ である。そうでなければ、Z は正にならない。密度関数について、集合 $\{0 < Z < z\}$ に興味がある。今回、以下を計算したい。

$$\mathbb{P}(Z < z) = \int\int_{B_1} dX dY$$

ただし、

$$B_1 = \{0 < Z < z\}$$

である。ここで、その区間から X と Y に関連する区間に変換しなければならない。$0<Z$ の場合、$Y > X$ である。$Z < z$ の場合、$Y > X(1/z + 1)$ である。これを合わせると、以下の式が得られる。

$$A_1 = \{\max(X, X(1/z + 1)) < Y < 1\}$$

これを Y で積分すると、以下の式が得られる。

$$\int_0^1 \{\max(X, X(1/z + 1)) < Y < 1\} dY = \frac{z - X - Xz}{z} \quad \text{ただし、} z > \frac{X}{1 - X}$$

また、X で1回以上積分すると、以下の式が得られる。

$$\int_0^{\frac{z}{1+z}} \frac{-X + z - Xz}{z} dX = \frac{z}{2(z + 1)} \quad \text{ただし、} z > 0$$

これが（確率密度関数ではなく）確率そのものの計算であることに注意すべきである。以下のような結果を得るためには、最後の式を微分すればよい。

$$f_Z(z) = \frac{1}{(z + 1)^2} \quad \text{ただし、} z > 0$$

ここで、$z < -1$ のとき同じ行程を用いて密度を計算する必要がある。$z < -1$ のとき区間 $Z < z$ を計算したい。固定された z に対しては、これは $X(1 + 1/z) < Y$ と等価である。z が負であるので、これは $Y < X$ となる。この観点から以下の積分が得られる。

$$\int_0^1 \{X(1/z + 1) < Y < X\} dY = -\frac{X}{z} \quad \text{ただし、} z < -1$$

そして、X で1回以上積分すると、以下が与えられる。

$$-\frac{1}{2z} \quad \text{ただし、} z < -1$$

$z < -1$ に対する密度を得るには、これを z で微分し以下の式を得る。

$$f_Z(z) = \frac{1}{2z^2} \quad \text{ただし、} z < -1$$

すべてを合わせると次の式が得られる。

$$f_Z(z) = \begin{cases} \frac{1}{(z+1)^2} & \text{if } z > 0 \\ \frac{1}{2z^2} & \text{if } z < -1 \\ 0 & \text{otherwise} \end{cases}$$

これを1つに統合することを示すことで、この練習問題を終了する。

2.1.5 独立確率変数

独立性は、標準的な仮定である。数学的には、2つの確率変数 X と Y の間の独立の必要十分条件は、以下のようになる。

$$\mathbb{P}(X, Y) = \mathbb{P}(X)\mathbb{P}(Y)$$

以下の式が成り立つとき、2つの確率変数 X と Y は、無相関である。

$$\mathbb{E}(X - \overline{X})\mathbb{E}(Y - \overline{Y}) = 0$$

ただし、$\overline{X} = \mathbb{E}(X)$ である。無相関確率変数（uncorrelated random variables）は、ときには直交確率変数（orthogonal random variables）と呼ばれることに注意しよう。しかし、無相関は、独立より弱い特性である。たとえば、集合 $\{1, 2, 3\}$ にわたって一様分布に従う離散型確率変数（discrete random variables）X および Y を考える。ここで、X と Y は以下の値をとる。

$$X = \begin{cases} 1 & \text{if } \omega = 1 \\ 0 & \text{if } \omega = 2 \\ -1 & \text{if } \omega = 3 \end{cases}$$

$$Y = \begin{cases} 0 & \text{if } \omega = 1 \\ 1 & \text{if } \omega = 2 \\ 0 & \text{if } \omega = 3 \end{cases}$$

そして、$\mathbb{E}(X) = 0$ で $\mathbb{E}(XY) = 0$ ならば、X と Y は無相関である。しかし、以下のような結果が得られることもある。

$$\mathbb{P}(X = 1, Y = 1) = 0 \neq \mathbb{P}(X = 1)\mathbb{P}(Y = 1) = \frac{1}{9}$$

その場合、これら2つの確率変数は独立ではない。したがって、無相関は一般的に独立性を意味するものではないが、それが成り立つ場合はガウス確率変数（Gaussian random variables）となる重要な例である。これを確認するために、平均が0で、分散が1であるガウス確率変数 X と Y の2つの確率密度関数（Probability density function）を考える。

$$f_{X,Y}(x, y) = \frac{e^{\frac{x^2 - 2\rho xy + y^2}{2(\rho^2 - 1)}}}{2\pi\sqrt{1 - \rho^2}}$$

ここで、$\rho := \mathbb{E}(XY)$ は相関係数である。無相関の場合、$\rho = 0$ であり、以下のように確率密度関数の係数（probability density function factors）が決まる。

$$f_{X,Y}(x, y) = \frac{e^{-\frac{1}{2}(x^2 + y^2)}}{2\pi} = \frac{e^{-\frac{x^2}{2}}}{\sqrt{2\pi}}\frac{e^{-\frac{y^2}{2}}}{\sqrt{2\pi}} = f_X(x)f_Y(y)$$

ここで、X と Y は独立である。

独立と条件付き独立は、以下のように密接に関連している。

$$\mathbb{P}(X, Y|Z) = \mathbb{P}(X|Z)\mathbb{P}(Y|Z)$$

これは、Z の条件において X と Y は独立である。条件付き独立確率変数は、その独立が壊れている。たとえば、2つの独立したベルヌーイ分布に従う確率変数 $(X_1, X_2 \in \{0, 1\})$ を考える。ここで、$Z = X_1 + X_2$ を定義する。$Z \in \{0, 1, 2\}$ であることに注意しよう。$Z = 1$ の場合、以下の確率を得る。

$$\mathbb{P}(X_1|Z = 1) > 0$$
$$\mathbb{P}(X_2|Z = 1) > 0$$

X_1 と X_2 は独立であるが、Z の条件下、以下のような等式が得られる。

$$\mathbb{P}(X_1 = 1, X_2 = 1|Z = 1) = 0 \neq \mathbb{P}(X_1 = 1|Z = 1)\mathbb{P}(X_2 = 1|Z = 1)$$

このように、Z の条件付けは、X_1 と X_2 の独立を破壊する。これは、反対方向にも動作する。すなわち、条件付けは、非独立の確率変数を独立しているようにすることができる。独立した整数の値をとる確率変数 X_i をもつ $Z_n = \sum_i^n X_i$ を定義する。変数 X_i を同じように展望した集合の積み重ねであるため、変数 Z_n は独立ではない。以下のような数式を考える。

$$\mathbb{P}(Z_1 = i, Z_3 = j|Z_2 = k) = \frac{\mathbb{P}(Z_1 = i, Z_2 = k, Z_3 = j)}{\mathbb{P}(Z_2 = k)} \tag{2.1.5.1}$$

$$= \frac{\mathbb{P}(X_1 = i)\mathbb{P}(X_2 = k - i)\mathbb{P}(X_3 = j - k)}{\mathbb{P}(Z_2 = k)} \tag{2.1.5.2}$$

この因数分解は、変数 X_i の独立から生じる。条件付き確率の定義から以下の式が得られる。

$$\mathbb{P}(Z_1 = i|Z_2) = \frac{\mathbb{P}(Z_1 = i, Z_2 = k)}{\mathbb{P}(Z_2 = k)}$$

さらに、式 **2.1.5** の拡張を続けることができる。

$$\mathbb{P}(Z_1 = i, Z_3 = j | Z_2 = k) = \mathbb{P}(Z_1 = i | Z_2)\frac{\mathbb{P}(X_3 = j - k)\mathbb{P}(Z_2 = k)}{\mathbb{P}(Z_2 = k)}$$

$$= \mathbb{P}(Z_1 = i | Z_2)\mathbb{P}(Z_3 = j | Z_2)$$

ここで、$\mathbb{P}(X_3 = j - k)\mathbb{P}(Z_2 = k) = \mathbb{P}(Z_3 = j, Z_2)$ である。したがって、確率変数間の依存関係は、条件付きの独立な確率変数を作成する条件によって破壊される可能性があることを理解しよう。いままで見てきたように、条件付けが独立にどのように影響するかが重要であり、それが確率的グラフィカルモデル（Probabilistic Graphical Models）研究の主要課題である。それは、多くのアルゴリズムを持つ分野で、これらの条件付きの独立の考え方を確率変数のグラフによる表現形式から抽出する概念である。

2.1.6 折れた竿の古典的事例

次に古典的な問題を考えることで、この方法が有効である最新例を示す。単位長さ当たりにつき、2か所で独立して、無作為に折れた竿を考える。3つの残った部品（折れた竿）を集めて三角形を作ることができるという確率は、いくらだろうか？ 最初に実施する作業は、適用しやすい制約（constraint）として三角形の表現法を見つけることである。以下のようなことを、やってみたい。

$$\mathbb{P}(\text{三角形の存在}) = \int_0^1 \int_0^1 \{\text{三角形の存在}\} dX dY$$

上式では、X と Y は単位区間内において独立で一様分布に従っている。三角形の面積はヘロンの公式を用いて以下のように求める。

$$\text{面積} = \sqrt{(s - a)(s - b)(s - c)s}$$

ただし、$s = (a + b + c)/2$ である必要がある。これは平方根内の各項がゼロ以上のときのみ、有効な面積が得られるということである。そこで、以下のような式があり、

$$a = X$$
$$b = Y - X$$
$$c = 1 - Y$$

$Y > X$ であると仮定する。すると、有効な三角形が得られるための基準は、以下のように落ち着くことになる。

$$\{(s > a) \wedge (s > b) \wedge (s > c) \wedge (X < Y)\}$$

少し計算操作を実施し、これは次のように合わせることができる。

$$\left\{ \frac{1}{2} < Y < 1 \bigwedge \frac{1}{2}(2Y - 1) < X < \frac{1}{2} \right\}$$

最初に dX で積分して以下を得る。

$$\mathbb{P}(\text{三角形の存在}) = \int_0^1 \int_0^1 \left\{ \frac{1}{2} < Y < 1 \bigwedge \frac{1}{2}(2Y - 1) < X < \frac{1}{2} \right\} dX dY$$

$$\mathbb{P}(\text{三角形の存在}) = \int_{\frac{1}{2}}^1 (1 - Y) dY$$

最後に $Y > X$ のとき dY で積分して以下を得る。

$$\mathbb{P}(\text{三角形の存在}) = \frac{1}{8}$$

対称的に、$Y > X$ の場合も同様の結果が得られる。そして、最終的な結果は以下のようになる。

$$\mathbb{P}(\text{三角形の存在}) = \frac{1}{8} + \frac{1}{8} = \frac{1}{4}$$

Python を用いて、$Y > X$ の場合についてこの結果を用いて以下のコードで示すように、すぐに確認できる。

```
>>> import numpy as np
>>> x,y = np.random.rand(2,1000) # 一様分布に従う確率変数
>>> a,b,c = x,(y-x),1-y # 3辺
>>> s = (a+b+c)/2
>>> np.mean((s>a) & (s>b) & (s>c) & (y>x)) # およそ 1/8=0.125
0.115
```

プログラミングの **コツ**

上式の鎖状に機能している論理記号 & は、Numpy では論理演算は要素ごとに動作すると考えることを意味している。

2.2 写像法

写像の概念は、条件付き確率についての直観力を養うのに重要である。すでに誰しも、晴天の日に物体の影を見ることによって、自然な直観を持っている。以下で説明するように、簡単な考え方で、最適化と数学に関する多くの抽象的観念が強化される。**図2.2** を考える。そして、黒四

図2.2 点 y（黒四角）がある場合に、それに最も近い直線に沿った x を求めよう。グレーの円は、y からの一定の距離内の点の位置である。

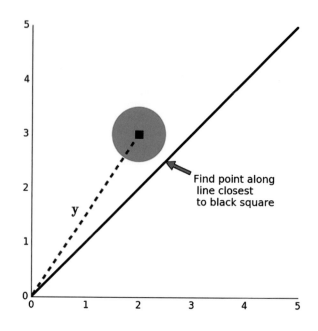

角（つまり、y）に最近傍の黒い線に沿った点（つまり、x）を求めたい。言い換えれば、ちょうど黒い線に接するまでグレーの円を膨らませたい。円の境界は、ある ϵ の値を計算するための以下のような式に対する点の集合であることを思い出そう。

$$\sqrt{(\mathbf{y}-\mathbf{x})^T(\mathbf{y}-\mathbf{x})} = \|\mathbf{y}-\mathbf{x}\| = \epsilon$$

そして、ϵ の最小値を求めるために、これを満たす直線に沿った点 x を求めたい。そして、この点は、黒四角から黒い直線上までの最近傍（最も近くの）点である。これは図から明白であるかもしれないが、黒四角から黒い直線への線分は直線上の最近傍点であり、直線に対して垂直である。この点で、グレーの円は黒い直線に接する。これは次の**図2.3**で示される。

> **プログラミングのコツ**
>
> 図 2.2 は、matplotlib.patches モジュールを使用する。このモジュールは、複雑なグラフィックスを組み立てることができるような円、楕円、長方形などの基本的な形状を含んでいる。この章に対応する IPython Notebook のコードで示されるように、特定の形状をインポートした後に add_patch メソッドを用いてその形状を既存の軸に配置することができる。そのパッチ自体は、color や alpha のような通常のフォーマット用のキーワードを用いてスタイルを整えることで動作できる。

ここで、起きていることが理解でき、分析によって解が得られる。次のような黒い直線に沿った

図2.3 直線が円に接触するときに、直線上の最近傍点ができる。この時、黒い直線と線（最小距離）は垂直である。

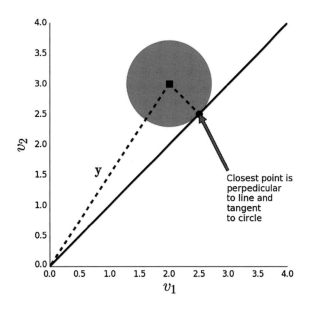

任意の点で表現できる。

$$\mathbf{x} = \alpha \mathbf{v}$$

ここで、$\alpha \in \mathbb{R}$ である。これは、以下のような直線を上下に移動する点である。

$$\mathbf{v} = [1, 1]^T$$

定式的にみると、$\mathbf{v}$ は、写像させたい $\mathbf{y}$ に対する部分空間である。最近傍点で、$\mathbf{y}$ と $\mathbf{x}$ の間のベクトル（上記のエラー・ベクトル）は、直線と垂直である。これは、以下の式を意味する。

$$(\mathbf{y} - \mathbf{x})^T \mathbf{v} = 0$$

そして、この項を置換し、計算すると以下が得られる。

$$\alpha = \frac{\mathbf{y}^T \mathbf{v}}{\|\mathbf{v}\|^2}$$

エラー（誤差ベクトル）は、$\alpha \mathbf{v}$ と $\mathbf{y}$ の間の距離である。これは直角三角形であり、このエラーの長さの2乗を計算するために、以下のようにピタゴラスの定理を使うことができる。

$$\epsilon^2 = \|(\mathbf{y} - \mathbf{x})\|^2 = \|\mathbf{y}\|^2 - \alpha^2 \|\mathbf{v}\|^2 = \|\mathbf{y}\|^2 - \frac{\|\mathbf{y}^T \mathbf{v}\|^2}{\|\mathbf{v}\|^2}$$

ただし、$\|\mathbf{v}\|^2 = \mathbf{v}^T \mathbf{v}$ である。$\epsilon^2 \geq 0$ であるので、これは次式を意味することにも注目しよう。

$$\|\mathbf{y}^T\mathbf{v}\| \le \|\mathbf{y}\|\|\mathbf{v}\|$$

これは、後に利用する、有名で便利なコーシー=シュワルツの不等式である。最後に、これらのすべてを写像演算子にまとめることができる。

$$\mathbf{P}_v = \frac{1}{\|\mathbf{v}\|^2}\mathbf{v}\mathbf{v}^T$$

この演算子を用いると、どんな $\mathbf{y}$ でもとることができ、以下を実行することにより、$\mathbf{v}$ 上の最近傍点を求めることができる。

$$\mathbf{P}_v\mathbf{y} = \mathbf{v}\left(\frac{\mathbf{v}^T\mathbf{y}}{\|\mathbf{v}\|^2}\right)$$

ここで、カッコ内の項は先に計算した α であると理解できる。これは、ベクトル（$\mathbf{y}$）をとり、もう 1 つのベクトル（$\alpha\mathbf{v}$）を生成するために、演算子と呼ばれる。このように、写像は幾何学と最適化を統一する。

2.2.1 重み付きの距離

この写像演算子は、$\mathbf{y}$ と部分空間 $\mathbf{v}$ の間の距離の値を重み付けする例に、簡単に拡張できる。写像演算子を書き換えることにより、これらの重み付け距離を求めることができる。

$$\mathbf{P}_v = \mathbf{v}\frac{\mathbf{v}^T\mathbf{Q}^T}{\mathbf{v}^T\mathbf{Q}\mathbf{v}} \tag{2.2.1.1}$$

ここで、$\mathbf{Q}$ は正定値行列（positive definite matrix）[*1] である。先の例では、点 $\mathbf{y}$ に始まり、それがちょうど $\mathbf{v}$ で定義される直線に接するまで、$\mathbf{y}$ を中心とする円を膨らませた。そして、この接点は直線上で $\mathbf{y}$ に最も近い点であった。今度は（円でなく）楕円を膨らませることを除けば、楕円が線に触れるまでに同じことが重み付け距離を用いた一般的な例で起こる。

図 2.4 においてエラーベクトル（$\mathbf{y} - \alpha\mathbf{v}$）は、この重み付け距離を用いた空間において、直線（部分空間 $\mathbf{v}$）に対してやはり垂直であることに注目しよう。（円からの一様な距離を用いた）最初の写像と（楕円からの重み付け距離を用いた）一般的な例の違いは、2 つの例の間の内積（inner product）である。たとえば、最初の例では、$\mathbf{y}^T\mathbf{v}$ であるのに対し、楕円の例では $\mathbf{y}^T\mathbf{Q}^T\mathbf{v}$ である。一様な円の例から重み付けされた楕円の例に移るにあたって、やるべきことは、ベクトルの内積をすべて変換させることだけである。本節を終了する前に、次のような写像の数式的な特性を知る必要がある。

[*1]［訳 注］ 正定値行列（positive definite matrix）とは、長さ n の任意の実数値ベクトル x について、$x^TAx > 0$ を満たす $n \times n$ 行列 A を正定値行列と言い、A のすべての固有値が正であることと等価である。

図2.4 重み付けされた例では、直線上の最近傍点は楕円に接しており、重み付け距離の観点からはやはり垂直である。

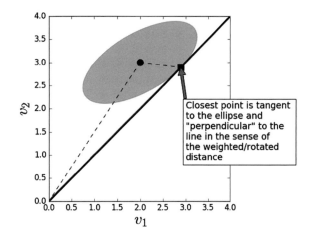

$$\mathbf{P}_v \mathbf{P}_v = \mathbf{P}_v$$

これは、一度部分空間に写像させた場合に、基本的に以降の写像が同じ部分空間に残すといわれる冪等*[2]性特性として知られている。式 2.2.1 を計算することで、これを確かめることができる。

このように、写像は最小化問題（直線への最も近い点、最近傍点）を代数の概念（内積）に結びつける。これらの線形代数[2]からの同じ幾何学的な概念を条件付きの期待値に変換できることがわかる。これがどのように動作するかが、次の節の主題である。

2.3 写像としての条件付き期待値

今、幾何学的に写像法を理解できたので、これを条件付き確率に応用することが可能となる。これは、確率を幾何学、最適化および線形代数と結びつける重要な概念である。

確率変数のための内積

（n 次元の有理数空間の直線に関する）$\mathbb{R}^n$ におけるベクトルの写像についての先の解説から、写像と最小平均二乗誤差（Minimum Mean Squared Error, MMSE）がどのように関連しているかについて、幾何学的によく理解できる。1つの抽象的なステップにより、すべての幾何学的な解釈を確率変数の空間に伝達できる。たとえば、先の考察では、写像の点で、以下の直角条件（すなわち、垂直ベクトル perpendicular vectors）の状態があった点に注目した。

$$(\mathbf{y} - \mathbf{v}_{opt})^T \mathbf{v} = 0$$

これは、$\langle \mathbf{x}, \mathbf{y} \rangle = \mathbf{x}^T \mathbf{y}$ のような内積により、やや抽象的に表記でき、次のような式で表せる。

---

*2 [訳 注] 冪等：大雑把に言って、ある操作を1回行っても複数回行っても結果が同じであることをいう概念である。

$$\langle \mathbf{y} - \mathbf{v}_{opt}, \mathbf{v} \rangle = 0$$

確率変数 X および Y については、内積の定義より以下のように書ける。

$$\langle X, Y \rangle = \mathbb{E}(XY)$$

同様に以下の関係がある。

$$\langle X - h_{opt}(Y), Y \rangle = 0$$

そして、それは $\mathbb{R}^n$（n 次元の有理数空間）のベクトルに対して維持されているものではなく、確率変数 X と Y、およびそれらの確率変数の関数に対して維持されている。正確にこれが真である理由は数学的なものであるが、内積として期待値（expectation）を用いることにより、このようにすべての確率論を構築できる[3]ことがわかる。

また、内積の概念を外部に抽出することによって、最小平均二乗誤差（Minimum Mean Squared Error, MMSE）最適化問題、幾何学および確率変数を結びつけた。それにより、抽出結果を得ることで多くの蓄積が有り、実際の問題に対処するためにこれらの解釈の間を移動できる。早速、いくつかの例を実施してみるが、最初に、この抽象概念から自然に生じる最も重要な結果を集めてみる。

写像としての条件付き期待値

条件付き期待値は、以下のような問題に関する最小平均二乗誤差（MMSE）の解である[‡1]。

$$\min_h \int_{\mathbb{R}} (x - h(y))^2 dx$$

最小化された $h_{opt}(Y)$ は以下の式で表せる。

$$h_{opt}(Y) = \mathbb{E}(X|Y)$$

これは、いわば $h(Y)$ の取りうるすべての関数の中で、平均二乗誤差（MSE）が最小になるものが $\mathbb{E}(X|Y)$ であるという、もう 1 つの解法である。先の写像に関する考察から、これら MMSE の解は、Y を特徴づける部分空間への写像と考えることができることに気づく。たとえば、先の例で、写像の点についての考察から以下のような垂直項があることに気づいている。

$$\langle X - h_{opt}(Y), Y \rangle = 0 \tag{2.3.0.2}$$

しかし、以下のように MMSE の解がわかっているので、

---

‡1［原書注］　コーシー＝シュワルツの不等式を用いた証明に関しては、付録を参照。

$$h_{opt}(Y) = \mathbb{E}(X|Y)$$

直接の代入により以下のような式が得られる。

$$\mathbb{E}(X - \mathbb{E}(X|Y), Y) = 0 \tag{2.3.0.3}$$

その最後の計算行程はかなり無害で意味をなさない感じがするが、条件付き期待値と内部の写像抽出を MMSE に結びつけている。そして、その実施過程で、確率変数についての写像演算子である条件付き期待値が明らかになる。これをさらに展開していく前に、すぐにわかる事項をいくつか拾っておこう。先の式から、期待値の線形性から以下の式が得られる。

$$\mathbb{E}(XY) = \mathbb{E}(Y\mathbb{E}(X|Y))$$

これは俗に言う期待値の塔定理（tower property）と呼ばれているものである。条件付き期待値の定式的な定義を用いることで、以下のような式が得られる。

$$\mathbb{E}(X|Y) = \int_{\mathbb{R}^2} x \frac{f_{X,Y}(x,y)}{f_Y(y)} dxdy$$

以下のように、総当たり的に直接積分を行う。

$$\begin{aligned}
\mathbb{E}(Y\mathbb{E}(X|Y)) &= \int_{\mathbb{R}} y \int_{\mathbb{R}} x \frac{f_{X,Y}(x,y)}{f_Y(y)} f_Y(y) dxdy \\
&= \int_{\mathbb{R}^2} xy f_{X,Y}(x,y) dxdy \\
&= \mathbb{E}(XY)
\end{aligned}$$

これは、幾何学的にはあまり直観的ではない。幾何学的な直観が欠けると、これらの概念を利用して、その関係を追跡するのが難しくなる。

この類似性を追求し続けることで、MMSE の解の直交性から、以下のように誤差項の長さ（大きさ）を得ることができる。

$$\langle X - h_{opt}(Y), X - h_{opt}(Y) \rangle = \langle X, X \rangle - \langle h_{opt}(Y), h_{opt}(Y) \rangle$$

そして、表記法をすべて変えることで、以下の式を得る。

$$\mathbb{E}(X - \mathbb{E}(X|Y))^2 = \mathbb{E}(X)^2 - \mathbb{E}(\mathbb{E}(X|Y))^2$$

これは、積分により直接計算することが難しい。

$\mathbb{E}(X|Y)$ が、実際に写像演算子であるということを定式的に確立するためには冪等性を示す必要がある。冪等とは、何かを部分空間に写像した場合、更なる写像は何もないことを意味することを思い出そう。確率変数の空間において、$\mathbb{E}(X|\cdot)$ は次のように表記できる冪等写像である。

$$h_{opt} = \mathbb{E}(X|Y)$$

これは純粋にYの関数である。そこでYは固定されているので、以下のように記述できる。

$$\mathbb{E}(h_{opt}(Y)|Y) = h_{opt}(Y)$$

これは、冪等の確認になっている。このように、条件付き期待値は、確率変数について対応する写像演算子である。我々は、ベクトル（**v**）の確率変数（X）への写像を幾何学的な解釈を実行することを継続できる。この重要な結果を用いて、最適化MMSE関数を求めるために、総当たり法を用いて得られる条件付き期待値の例を、新規の条件付き期待値の見解を用いる例と同様に、いくつか考察してみる。

> 例　確率変数Xがあると仮定し、平均二乗誤差の観点からXに最も近い定数を求めよう。すなわち、定数$c(\in \mathbb{R})$は以下のような平均二乗誤差を最小にするものである。

$$\mathrm{MSE} = \mathbb{E}(X - c)^2$$

これを多くの解法で実行できる。最初に微分法に基づいた最適化を行ってみる。

$$\mathbb{E}(X - c)^2 = \mathbb{E}(c^2 - 2cX + X^2) = c^2 - 2c\mathbb{E}(X) + \mathbb{E}(X^2)$$

まず、cについての一次導関数を取り、これを以下のように解く。

$$c_{opt} = \mathbb{E}(X)$$

Xは多くの値を潜在的に取る可能性があることを思い出そう。しかし、これは最小二乗誤差の観点からXに最も近い数値が$\mathbb{E}(X)$であることを意味している。これは、直観的にはわかりやすい。次に、内積を用いてこの同じ問題を解く。式**2.3.0.3**より、写像の点について以下のようなことがわかっている。

$$\mathbb{E}((X - c_{opt})1) = 0$$

ここで、1は写像による定数の空間を表している。期待値の線形性により以下の式が得られる。

$$c_{opt} = \mathbb{E}(X)$$

写像法を用いる場合、$\mathbb{E}(X|Y)$は$Y = \Omega$（背景の全確率空間）の条件下での写像演算子であるので、条件付き期待値の定義を用いて以下が得られる。

$$\mathbb{E}(X|Y = \Omega) = \mathbb{E}(X)$$

これは、すべてのΩ空間上の確率変数が定数としてのみ存在できるという微妙な事実による。このように、まさに同じ問題を3つの解法（最適化、直交内積、写像）で解くことができた。

●2.3 写像としての条件付き期待値● **63**

例　確率密度 $f_{X,Y} = x+y$（ただし、$(x, y) \in [0, 1]^2$）を用いて以下のような例を考え、定義から下に示すような直接条件付き確率を計算する。

$$\mathbb{E}(X|Y) = \int_0^1 x \frac{f_{X,Y}(x, y)}{f_Y(y)} dx = \int_0^1 x \frac{x+y}{y+1/2} dx = \frac{3y+2}{6y+3}$$

密度関数は非常に単純なので、それを解くことはとても易しい。ここでは、最小平均二乗誤差を直接求める難しい方法を実施してみよう。すなわち、以下の式を用いる。

$$\text{MSE} = \min_h \int_0^1 \int_0^1 (x - h(y))^2 f_{X,Y}(x, y) dx dy$$
$$= \min_h \int_0^1 yh^2(y) - yh(y) + \frac{1}{3}y + \frac{1}{2}h^2(y) - \frac{2}{3}h(y) + \frac{1}{4} dy$$

ここで、これを最小化する関数 h を求める必要がある。関数の解法は、数値の解法と違って一般的にはかなり難しい。しかし、有限区間の積分を実施しており、変分法におけるオイラー=ラグランジュ方程式を用いて、関数 $h(y)$ についての被積分関数の導関数を取り、それをゼロに設定できる。オイラー=ラグランジュ方程式を用いて、以下の結果を得る。

$$2yh(y) - y + h(y) - \frac{2}{3} = 0$$

これにより以下のような解が得られる。

$$h_{opt}(y) = \frac{3y+2}{6y+3}$$

これは以前に得られたものである。最後に、この問題を以下のように式 **2.3.0.2** における内積を用いて解くことができる。

$$\mathbb{E}((X - h(Y))Y) = 0$$

これは、以下のような記述を与える。

$$\int_0^1 \int_0^1 (x - h(y))y(x + y) dx dy = \int_0^1 \frac{1}{6}y(-3(2y+1)h(y) + 3y + 2) dy = 0$$

そして、被積分関数は 0 にならなければならない。

$$2y + 3y^2 - 3yh(y) - 6y^2 h(y) = 0$$

$h(y)$ についてのこの解法は、次のように同様の解を与える。

$$h_{opt}(y) = \frac{3y + 2}{6y + 3}$$

このように、定義、最適化、または内積からの総当たり積分により実行することで同じ解答が得られる。両方とも潜在的に、困難か不可能な積分、最適化または関数方程式の解を含んでいるために、これらの方法は必ずしも最も簡単であるというわけではない。重要な点は、現在（Pythonによるライブラリという）強力なツールボックスがあり、困難な問題に適用したいツールを、選択し使用できるということである。

　この例題を終了する前に、Sympy を用いて、この例題で先に求めた誤差関数の長さ（大きさ）を確認してみよう。

$$\mathbb{E}(X - \mathbb{E}(X|Y))^2 = \mathbb{E}(X)^2 - \mathbb{E}(\mathbb{E}(X|Y))^2$$

これはピタゴラスの定理に基づいている。最初に周辺密度を計算する必要がある。

```
>>> from sympy.abc import y,x
>>> from sympy import integrate, simplify
>>> fxy = x + y                    # 結合密度
>>> fy = integrate(fxy,(x,0,1)) # 周辺密度
>>> fx = integrate(fxy,(y,0,1)) # 周辺密度
```

次に、条件付き期待値を表示する必要がある。

```
>>> EXY = (3*y+2)/(6*y+3) # 条件付き期待値
```

次に、以下のように左辺 $(\mathbb{E}(X - \mathbb{E}(X|Y))^2)$ を計算できる。

```
>>> # 定義より
>>> LHS=integrate((x-EXY)**2*fxy,(x,0,1),(y,0,1))
>>> LHS # 左辺
-log(216)/144 + log(72)/144 + 1/12
```

同様に、以下のように右辺 $(\mathbb{E}(X)^2 - \mathbb{E}(\mathbb{E}(X|Y))^2)$ を計算できる。

```
>>> # ピタゴラスの定理を利用
>>> RHS=integrate((x)**2*fx,(x,0,1))-integrate((EXY)**2*fy,(y,0,1))
>>> RHS # 右辺
-log(216)/144 + log(72)/144 + 1/12
```

最後に、左辺と右辺がマッチしていることを確認できる。

```
>>> print simplify(LHS-RHS)==0
True
```

　本節では、n 次元の有理数空間（$\mathbb{R}^n$）におけるベクトルから、写像の幾何学的な表記を結びつ

けるために、前節からの写像と最小二乗最適化の概念をすべて合わせて引用した。これは、条件付き期待値が実際に確率変数の写像演算子であることを顕著に実感する結果となった。これがわかると、特定条件においてより直感的かつ扱いやすい方法により、いろいろな方法で困難な問題を解決することが可能となる。実際、正しい問題解決法を見つけることは、最も困難な部分であるため、同じ概念を見ている多くの方法を知っていることは重要である。

さらに詳細な展開について、Mikosch[4]の書籍は、同様の幾何学的概念を持つ題材の多くをカバーした優れたセクションを含んでいる。Kobayashi[5]の書籍も同様である。Nelson[3]の書籍にもまた、超実数（hyper-real numbers）に基づいた同様の記述がある。

2.3.1 付録

条件付き期待値が、以下のような最小平均二乗誤差の最小化関数であることを証明したい。

$$J = \min_h \int_{\mathbb{R}^2} |X - h(Y)|^2 f_{X,Y}(x, y) dx dy$$

これは以下のように展開できる。

$$J = \min_h \int_{\mathbb{R}^2} |X|^2 f_{X,Y}(x, y) dx dy + \int_{\mathbb{R}^2} |h(Y)|^2 f_{X,Y}(x, y) dx dy \\ - \int_{\mathbb{R}^2} 2X h(Y) f_{X,Y}(x, y) dx dy$$

これを最小化するためには、以下のような最大化を行わなければならない。

$$A = \max_h \int_{\mathbb{R}^2} X h(Y) f_{X,Y}(x, y) dx dy$$

以下のように、条件付き期待値の定義を用いて積分を分解する。

$$A = \max_h \int_{\mathbb{R}} \left(\int_{\mathbb{R}} X f_{X|Y}(x|y) dx \right) h(Y) f_Y(y) dy \tag{2.3.1.1}$$

$$= \max_h \int_{\mathbb{R}} \mathbb{E}(X|Y) h(Y) f_Y(Y) dy \tag{2.3.1.2}$$

コーシー＝シュワルツ不等式の性質から、$h_{opt}(Y) = \mathbb{E}(X|Y)$である時に最大値が得られることが理解でき、そのため以下のような最適化$h(Y)$関数を求めることができた。

$$h_{opt}(Y) = \mathbb{E}(X|Y)$$

これは、最適化関数が条件付き期待値であることを示している。

2.4 条件付き期待値と平均二乗誤差

　本節では、条件付き期待値と最適化法を用いて詳細な例に取り組む。2つの偏りのない六面体のサイコロ（X と Y）があり、$Z = X + Y$ として2つの変数の合計を測定したとしよう。さらに、Z が存在する場合、平均二乗法を用いて X の最適な推定量を求めたい。そのため、以下を最小化したい。

$$J(\alpha) = \sum (x - \alpha z)^2 \mathbb{P}(x, z)$$

ここで、$\mathbb{P}$ はこの問題の確率質量関数である。この考え方は、この問題を解く際に、X の最小平均二乗誤差（MMSE）推定量となる Z の関数を得るということである。関数 J において Z に代入して次の式を得る。

$$J(\alpha) = \sum (x - \alpha(x + y))^2 \mathbb{P}(x, y)$$

次のように Sympy を用いたステップを実施する。

```
>>> import sympy as S
>>> from sympy.stats import density, E, Die
>>> x=Die('D1',6)  # 1番目の六面体のサイコロ
>>> y=Die('D2',6)  # 2番目の六面体のサイコロ
>>> a=S.symbols('a')
>>> z = x+y         # 1番目と2番目のサイコロの合計
>>> J = E((x-a*(x+y))**2) # 期待値
>>> print S.simplify(J)
329*a**2/6 - 329*a/6 + 91/6
```

そのすべてをセットアップすることで、目的関数 J を最小化する基本的微分を使用できる。

```
>>> sol,=S.solve(S.diff(J,a),a)  # 最小化のための微分を使用
>>> print sol # 解は1/2である
1/2
```

> **プログラミングの　コツ**
>
> Sympy には、確率密度および期待値を含む式を用いていくつかの基本的動作ができる stats モジュールがある。上記のコードでは、期待値を計算するために E 関数を用いる。

　これは、$z/2$ は、Z が与えられた場合の X の平均二乗誤差（MSE）推定量であることを意味しており、幾何学的には、与えられた z が得られる場合に、$z/2$ が x に近づくことを意味する（MSEを確率質量関数で重みづけした二乗距離として解釈する）。

図2.5 Zの値は、軸上で対応するXとYの値に対して黄色で示している。グレースケールの色は、基礎となる同時確率密度を示す。（口絵参照）

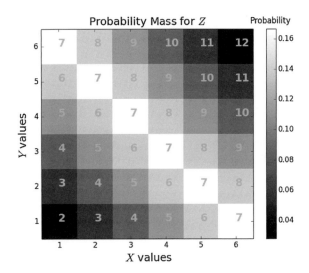

条件付き期待値演算子$\mathbb{E}(\cdot|z)$を用いて同様の問題を見て、それをZの定義に適用しよう。そして、期待値の線形性を用いて、次の式を得る。

$$\mathbb{E}(z|z) = \mathbb{E}(x+y|z) = \mathbb{E}(x|z) + \mathbb{E}(y|z) = z$$

問題の対称性によって（すなわち、2つの同一のサイコロ）、次の式が得られる。

$$\mathbb{E}(x|z) = \mathbb{E}(y|z)$$

これを組み込んで、次のように解くことができる。

$$2\mathbb{E}(x|z) = z$$

これは再び、次の式を与える。

$$\mathbb{E}(x|z) = \frac{z}{2}$$

この式は、平均二乗誤差（MSE）の最小化により見出された推定量にまさに等しい。このことを**図2.5**によってさらに探索しよう。図2.5は、軸上に対応するXとYの値に対して黄色で示したZの値を示す。$z = 2$の場合、最も近いXの値は$X = 1$であり、$\mathbb{E}(x|z) = z/2 = 1$を与える。$Z = 7$の場合、何が起こるだろうか？ この場合、この値は$X$軸に沿って対角線に広がるため、もし$X = 1$ならば$Z$は6単位離れ、$X = 2$ならば$Z$は5単位離れ、以下同様となる。

ここでもとの疑問に戻り、$Z = 7$の場合に、Xを用いて推定量に対してできる限り近づけたい場合、Zからただ1単位しか離れていない$X = 6$を選択しないのはなぜだろうか？ それをすることの問題は、$X = 6$の値は全時間の1/6でのみ起こるため、その時間の他の5/6では推定値を

68 ●第 2 章 確　率●

正しく得られそうにない。そのため、その時間の 1/6 では 1 単位離れるが、その時間の他の 5/6 では 1 単位よりずっと遠くに離れる。これは、MSE の値が悪化することを意味する。1 から 6 までの X 値は同様に確からしいため、安全に行うためには、推定量として 7/2 を選ぶ。これは条件付き期待値が示唆するものである。

　Sympy を用いて標本によりこの示唆を次のように確認できる。

```
>>> import numpy as np
>>> from sympy import stats
>>> # 等式でZの値を限定する
>>> samples_z7 = lambda : stats.sample(x, S.Eq(z,7))
>>> # 推定量として6を使用
>>> mn= np.mean([(6-samples_z7())**2 for i in range(100)])
>>> # 7/2 が平均二乗誤差 (MSE) 推定量
>>> mn0= np.mean([(7/2.-samples_z7())**2 for i in range(100)])
>>> print 'MSE=%3.2f using 6 vs MSE=%3.2f using 7/2 ' % (mn,mn0)
MSE=10.85 using 6 vs MSE=2.29 using 7/2
```

プログラミングの　コツ

`stats.sample(x, S.Eq(z,7))` の関数は、標本である、z 変数上の条件に従う x 変数を呼び出す。言い換えると、サイコロ x とサイコロ y の出力結果の合計が加算して z==7 となる場合に、サイコロ x の無作為な標本を生成する。

$\mathbb{E}(x|z)$ が最小の MSE を毎回与えていると確信するまで、本節に対応する Jupyter/IPython Notebook[*3] で上記のコードを繰り返し実行してほしい。その理由を説明するために、サイコロの偏りのために 6 の出力結果が他の出力結果より 10 倍起こりやすいという場合を考えてみよう。すなわち、以下のような場合である。

$$\mathbb{P}(6) = 2/3$$

それに対し、$\mathbb{P}(1) = \mathbb{P}(2) = ... = \mathbb{P}(5) = 1/15$ となる。これは次のように Sympy によって確認できる。

```
>>> # ここでは 6 は他の出力結果より 10 倍起こりやすい。
>>> x=stats.FiniteRV('D3',{1:1/15., 2:1/15.,
...                        3:1/15., 4:1/15.,
...                        5:1/15., 6:2/3.})
```

前述のように、2 個のサイコロの合計を生成して、**図 2.6** において対応する確率質量関数をプロットする。図 2.5 に比べて、確率質量はより小さい数値にシフトする。

---

*3 ［訳　注］ https://github.com/unpingco/Python-for-Probability-Statistics-and-Machine-Learning を参照。

図2.6 Z の値は軸上の対応する X と Y の値に応じて黄色で示す。（口絵参照）

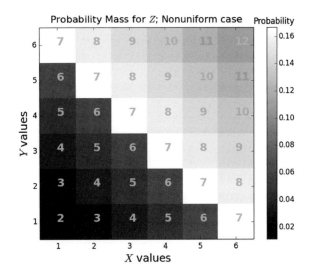

条件付き期待値が何を意味するかを、Z の値からどのように X の値を推定できるかについてから見てみよう。

```
>>> E(x, S.Eq(z,7) # 条件付き期待値E(x|z=7)
5.00000000000000
```

$\mathbb{E}(x|z=7) = 5$ であるので、前述のように標本を作成し、これが最小平均二乗誤差（MMSE）推定量を与えるかどうかを確認することができる。

```
>>> samples_z7 = lambda : stats.sample(x, S.Eq(z,7))
>>> # 推定値として 6 を使用
>>> mn= np.mean([(6-samples_z7())**2 for i in range(100)])
>>> #5 が最小平均二乗誤差（MMSE）である
>>> mn0= np.mean([(5-samples_z7())**2 for i in range(100)])
>>> print 'MSE=%3.2f using 6 vs MSE=%3.2f using 5 ' % (mn,mn0)
MSE=2.69 using 6 vs MSE=2.33 using 5
```

簡単な例を用いて、最小平均二乗誤差の問題と条件付き期待値の関係を強調した。この最後の 2 つの図が確率密度の役割を明らかにするのに役立つと期待する。次に、条件付き期待値の真のパワーを明らかにしていき、そこから得られる幾何学的直観をさらに発展させる。

2.5　条件付き期待値と平均二乗誤差最適化の実施例

Brzezniak[6] の出版した書籍は、一連の練習問題を通じて条件付き期待値にアプローチするために優れた書籍であるので、本節ではその練習問題を実行してみる。主な違いは、Brzezniak のほうが同じ問題に対して、より抽象的な方法論的アプローチを取っていることである。確率にお

70 ●第2章　確　率●

ける先進的な領域については方法論を理解する必要がある。しかし、本書でこれまで扱ってきた事項について、本書の方法を用いて Brzezniak の書籍の同一問題を実行することは光明を示すことであることに注目しよう。それは常に、どんな問題でも複数の解決策を有することを支援する。Brzezniak の書籍のコピーを取るか、少なくとも Google Books（Google ブックス）で一部のページを見ることを勧める。本書では、Brzezniak の書籍に対応して実施例に数字を付け、その表記に従うことを試みている。

2.5.1　実施例

本例は Brzezniak の書籍からの例 2.1 である。10p、20p、50p という 3 枚のコインを投げる。表が上向きに落ちたコインの数値を合計する。2 枚のコインについて表が上向きに落ちた場合の合計数値の期待値はいくつだろうか。この実施例では、以下のような $\mathbb{E}(\xi|\eta)$ を計算したい。

$$\xi := 10X_{10} + 20X_{20} + 50X_{50}$$

ここで $X_i \in \{0, 1\}$ であり、X_{10} は 10p のコインに対応するベルヌーイ分布に従う確率変数である（以下、同様に続く）。そして、ξ は表になったコインの合計数値を表す。η は 3 枚のコインのうち 2 枚だけが表になった状態を表し、3 枚のコインのうち 2 枚だけが表になった時のみゼロでないという関数である、

$$\eta := X_{10}X_{20}(1 - X_{50}) + (1 - X_{10})X_{20}X_{50} + X_{10}(1 - X_{20})X_{50}$$

それぞれの 3 つの項は、この 3 つの場合の各確率を表している。たとえば、第 1 項は 10p と 20p が表で 50p が裏であるときのものと等しい。その場合に、残りの項はゼロとなる。

条件付き期待値を計算するために、平均二乗誤差（MSE）を最小化する η の関数 h を求める次の式を用いる。

$$\text{MSE} = \sum_{X \in \{0,1\}^3} \frac{1}{2^3} (\xi - h(\eta))^2$$

ここで合計は、$\{X_{10}, X_{20}, X_{50}\}$ に対して出力結果の可能なすべての 3 つの組をとる。3 枚のコインが表になる確率はそれぞれ 1/2 だからである。

ここでの問題点は、どのようにして関数 $h(\eta)$ を特徴づけられるかということである。$\eta \mapsto \{0, 1\}$ である場合には、h はただ 2 つの値をとることに注意しよう。そのため、内積の直交条件は次のようになる。

$$\langle \xi - h(\eta), \eta \rangle = 0$$

しかし、興味があるのは $\eta = 1$ の場合だけなので、これは次のように簡単になる。

$$\langle \xi - h(1), 1 \rangle = 0$$
$$\langle \xi, 1 \rangle = \langle h(1), 1 \rangle$$

これは評価するにはそんなに難しくは見えないが、$\eta = 1$ の集合全部について積分を計算しなければならない。言い換えると、$\eta = 1$ の場合の 3 つの組 $\{X_{10}, X_{20}, X_{50}\}$ について集合の計算が必要である。それは、次のような式で計算できる。

$$\int_{\{\eta=1\}} \xi dX = h(1) \int_{\{\eta=1\}} dX$$

これは Brezezniak の書籍で実施している方法である。その代わりに本書では、$h(\eta) = \alpha\eta$ を定義し、α を求める。この直交条件を書き直すと次のようになる。

$$\langle \xi - \eta, \alpha\eta \rangle = 0$$
$$\langle \xi, \eta \rangle = \alpha \langle \eta, \eta \rangle$$
$$\alpha = \frac{\langle \xi, \eta \rangle}{\langle \eta, \eta \rangle}$$

ここでは、以下の式が成り立っている。

$$\langle \xi, \eta \rangle = \sum_{X \in \{0,1\}^3} \frac{1}{2^3} (\xi\eta)$$

ここでは、3 つの組 $\{X_{10}, X_{20}, X_{50}\}$ となるすべてについて網羅できただけであることに注意しよう。それは、ともかくも $\eta = 0$ の時には、$h(\eta)$ の定義はゼロになるためである。やるべきことは、考えられる結果をすべて代入して解くことだけである。このような単純な作業を、Sympy は完全にこなすことができる。

```
>>> import sympy as S
>>> X10,X20,X50 = S.symbols('X10,X20,X50',real=True)
>>> xi = 10*X10+20*X20+50*X50
>>> eta = X10*X20*(1-X50)+X10*(1-X20)*(X50)+(1-X10)*X20*(X50)
>>> num=S.summation(xi*eta,(X10,0,1),(X20,0,1),(X50,0,1))
>>> den=S.summation(eta*eta,(X10,0,1),(X20,0,1),(X50,0,1))
>>> alpha=num/den
>>> print alpha # alpha=160/3
160/3
```

これは、

$$\mathbb{E}(\xi|\eta) = \frac{160}{3}\eta$$

72 ●第 2 章 確　率●

であることを意味し、以下のように迅速なシミュレーションで確認できる。

```
>>> import pandas as pd
>>> d = pd.DataFrame(columns=['X10','X20','X50'])
>>> d.X10 = np.random.randint(0,2,1000)
>>> d.X10 = np.random.randint(0,2,1000)
>>> d.X20 = np.random.randint(0,2,1000)
>>> d.X50 = np.random.randint(0,2,1000)
```

> **プログラミングの コツ**
>
> 上記のコード（訳注：2 行目）は、名前を持つ列からなる空の Pandas データフレームを作成する。その下の 4 行のコマンドは、各列に数値を割り当てる。

上記のコードは 3 枚のコインを 1,000 回投げることをシミュレートする。データフレームの各列は、裏あるいは表が出た場合に対応し、それぞれは 0 か 1 となる。ここでの条件は、3 枚のコインのうち 2 枚が表を上にして落ちたということである。次に、コインの合計によって列をグループ分けできる。表が 0 枚の場合、表が 1 枚の場合、以後同様……、の各場合に対応して、合計は $\{0, 1, 2, 3\}$ の中にのみ含まれていることに注意しよう。

```
>>> grp=d.groupby(d.eval('X10+X20+X50'))
```

> **プログラミングの コツ**
>
> Pandas データフレームの eval 関数は名前のついた列をとり、与えられた式を評価する。本書の執筆時点では、単純な操作を含む簡単な式のみを実施可能である。

次に、表を正確に上にして落ちた 2 枚のコインに対応する第 2 グループを得て、コインの値の合計を評価できる。最終的に、これらの合計の平均が得られる。

```
>>> grp.get_group(2).eval('10*X10+20*X20+50*X50').mean()
52.719999999999999
```

この結果は 160/3=53.33 に近く、先の分析結果を支持している。次のコードは、純粋に Numpy のみを用いて同じシミュレーションを実行できることを示す。

```
>>> import numpy as np
>>> from numpy import array
>>> x=np.random.randint(0,2,(3,1000))
>>> print np.dot(x[:,x.sum(axis=0)==2].T,array([10,20,50])).mean()
52.698998418555611
```

この例では、表のコインの数値を計算するために Numpy のドット積（dot product）を用いた。sum(axis=0)==2 の部分は、2枚が表となったコインに対応する列を選択する。

同じ問題で、取りうる別の方法としては、無作為抽出部分に先立ち、Python の標準ライブラリ内の itertools モジュールを排他的に用いて、すべての可能な場合のみを考慮することである。

```
>>> import itertools as it
>>> list(it.product((0,1),(0,1),(0,1)))
[(0, 0, 0),
 (0, 0, 1),
 (0, 1, 0),
 (0, 1, 1),
 (1, 0, 0),
 (1, 0, 1),
 (1, 1, 0),
 (1, 1, 1)]
```

ここでは、it.product 内の繰り返し（イテレーション）を惹起するために上記のように list 関数を呼び出す必要がある。これは、itertools モジュールがジェネレータベースであるため、（この事例では、list によって）繰り返し（イテレーション）が終了するまで、実際には繰り返し（イテレーション）を行わないためである。ここでは、0と1はそれぞれ裏面と表面を示す場合のすべての可能な3つの組 (X_{10}, X_{20}, X_{50}) を示している。次のステップは、以下のように、2枚の表が出るコインに対応する場合を分離することである。

```
>>> list(it.ifilter(lambda i:sum(i)==2,it.product((0,1),(0,1),(0,1)))))
[(0, 1, 1), (1, 0, 1), (1, 1, 0)]
```

次に、コインの合計数値を計算するために、先のコードを結合する必要がある。

```
>>> map(lambda k:10*k[0]+20*k[1]+50*k[2],
...                    it.ifilter(lambda i:sum(i)==2,
...                          it.product((0,1),(0,1),(0,1))))
[70, 60, 30]
```

出力結果の平均は 53.33 であり、これは同じ結果を得るための別解である。この実施例に対し、Sympy、Numpy、Pandas を用いて可能となる方法の完全なリストを示せた。同じ問題にアプローチして、その出力結果を相互に確認できる方法を複数持つことは、常に有益である。

2.5.2 実施例

本事例は、Brzezniak の書籍にある例 2.2 である。3枚のコインである 10p、20p および 50p を先の例のように投げる。10p と 20p のコインのみで示された値を合計数値とする場合に、3枚のコインで示された合計量の条件付き期待値は何だろうか。この問題に対して次のような式が成り立つ。

●第2章　確　率●

$$\xi := 10X_{10} + 20X_{20} + 50X_{50}$$
$$\eta := 30X_{10}X_{20} + 20(1 - X_{10})X_{20} + 10X_{10}(1 - X_{20})$$

これはコインが4つの数値 $\eta \mapsto \{0, 10, 20, 30\}$ をとる場合に、10p と 20p のコインのみを考慮する。先の問題と対照的に、ここでは η のすべての数値についての $h(\eta)$ に興味がある。当然、これら4つの値のそれぞれに対応した $h(\eta)$ について4つの値しかない。まず $\eta = 10$ を考える。その場合、直交条件は、以下のようになる。

$$\langle \xi - h(10), 10 \rangle = 0$$

$\eta = 10$ に対応する領域は、下記のような期待値から積分できる $\{X_{10} = 1, X_{20} = 0, X_{50}\}$ である。

$$\mathbb{E}_{\{X_{10}=1, X_{20}=0, X_{50}\}}(\xi - h(10))10 = 0$$
$$\mathbb{E}_{\{X_{50}\}}(10 - h(10) + 50X_{50}) = 0$$
$$10 - h(10) + 25 = 0$$

これにより $h(10) = 35$ が得られる。$\eta \in \{20, 30\}$ について同じ行程を繰り返すと、それぞれ $h(20) = 45$ と $h(30) = 55$ が得られる。これは Brzezniak の書籍がとったやり方である。一方で、アフィン関数[*4] $h(\eta) = a\eta + b$ だけを見て、総当たり計算を行うことができる。

```
>>> from sympy.abc import a,b
>>> h = a*eta + b
>>> eta = X10*X20*30 + X10*(1-X20)*(10)+ (1-X10)*X20*(20)
>>> MSE=S.summation((xi-h)**2*S.Rational(1,8),(X10,0,1),
...                 (X20,0,1),
...                 (X50,0,1))
>>> sol=S.solve([S.diff(MSE,a),S.diff(MSE,b)],(a,b))
>>> print sol
{b: 25, a: 1}
```

> **プログラミングの　コツ**
>
> Sympy コードの `Rational` 関数は、Sympy が操作できる有理数を表記する。これは `1/8.` のような分数を指定する場合とは異なり、Python は浮動小数点表示（すなわち `0.125`）として自動的に計算する。`Rational` 関数を使用する利点は、Sympy が後に出力結果として有理数を生成できることで、これは時に意味を取ることが簡単になる。

これは次のことを意味する。

[*4]［訳　注］　一次関数の別名 $f(x) = ax + b$ などの形をとる関数のこと。

$$\mathbb{E}(\xi|\eta) = 25 + \eta \qquad (2.5.2.1)$$

η は $\{0, 10, 20, 30\}$ という 4 つの値しかとらないため、これを次のように明確に記述することができる。

$$\mathbb{E}(\xi|\eta) = \begin{cases} 25 & \text{for } \eta = 0 \\ 35 & \text{for } \eta = 10 \\ 45 & \text{for } \eta = 20 \\ 55 & \text{for } \eta = 30 \end{cases} \qquad (2.5.2.2)$$

別法として、以下のような条件を記述するために、内積の直交性を利用できる。

$$\langle \xi - h(\eta), \eta \rangle = 0 \qquad (2.5.2.3)$$

$$\langle \xi - h(\eta), 1 \rangle = 0 \qquad (2.5.2.4)$$

これらを書き出し、a と b について解くことは、Sympy にとっては単純で完璧にこなせる作業である。まず、式 **2.5.2.3** から開始すると、以下のように解ける。

```
>>> expr = expr=S.expand((xi-h)*eta)
>>> print expr
-100*X10**2*a + 100*X10**2 - 400*X10*X20*a + 400*X10*X20 + 500*X10*X50
- 10*X10*b - 400*X20**2*a + 400*X20**2 + 1000*X20*X50 - 20*X20*b
```

その後、$\mathbb{E}(X_i^2) = 1/2 = \mathbb{E}(X_i)$ であるため、次の代入を実行する。

```
>>> expr.xreplace({X10**2:0.5, X20**2:0.5,X10:0.5,X20:0.5,X50:0.5})
-350.0*a - 15.0*b + 725.0
```

プログラミングの コツ

Sympy 記号はハッシュ可能であるため、上記の xreplace 関数のように Python の辞書（ディクショナリ）ではキーとして使用できる。

式 **2.5.2.4** における別の内積の直交性について、次のように実行できる。

```
>>> print S.expand((xi-h)*1).xreplace({X10**2:0.5,
...                                     X20**2:0.5,
...                                     X10:0.5,
...                                     X20:0.5,
...                                     X50:0.5})
-15.0*a - b + 40.0
```

そして、この結果を先の結果と結合させて a と b について解くと、以下のような解が得られる。

```
>>> print S.solve([-350.0*a-15.0*b+725.0,-15.0*a-b+40.0])
{b: 25.0000000000000, a: 1.00000000000000}
```

これにより、再び以下の最終的な解が得られる。

$$\mathbb{E}(\xi|\eta) = 25 + \eta$$

以下の例は、この行程を示す迅速なシミュレーションである。先の実施例で用いた Pandas データフレームを作成して、以下に示すような 10p および 20p のコインの合計についての新しい列を作ることができる。

```
>>> d['sm'] = d.eval('X10*10+X20*20')
```

これを合計の値によってグループ分けできる。

```
>>> d.groupby('sm').mean()
    X10 X20        X50
sm
0     0   0   0.484000
10    1   0   0.479839
20    0   1   0.503876
30    1   1   0.524590
```

しかし、ここでは以下のようにコインの値の期待値が欲しい。

```
>>> d.groupby('sm').mean().eval('10*X10+20*X20+50*X50')
sm
0     24.200000
10    33.991935
20    45.193798
30    56.229508
```

この結果は、式 2.5.2.2 における分析結果に非常に近い。

2.5.3　実施例

　この例は、Brzezniak の書籍から抽出した実施例 2.3 である。[0, 1] 上に一様分布する X を仮定した場合に、次のような関数について、期待値 $\mathbb{E}(\xi|\eta)$ を求める[*5]。

[*5]〔訳　注〕[0, 1] の範囲をとる一様分布に従う連続型の確率変数 X があり、これに対し X の要素の x が [0, 1/3] のとき 1、(1/3, 2/3] のとき 2、(2/3, 1] のとき 3、の 3 通りの値 {0, 1, 2} をとる $\eta(x)$ がある場合を考える。このとき、$\xi(x) = 2x^2$ の関係が成り立つ ξ が存在する場合に、η の条件下での ξ の期待値 $\mathbb{E}(\xi|\eta)$ を求める、という問題である。

$$\xi(x) = 2x^2$$

$$\eta(x) = \begin{cases} 1 & \text{if } x \in [0, 1/3] \\ 2 & \text{if } x \in (1/3, 2/3) \\ 0 & \text{if } x \in (2/3, 1] \end{cases}$$

この問題は、η を特徴づける集合が離散点である代わりに（訳注：連続的な）区間であるため、先の2つの問題とは異なるものであることに注意しよう。にもかかわらず、$\eta \mapsto \{0, 1, 2\}$ であるため、$h(\eta)$ に対して実際には3つの値を得る。$\eta = 1$ に対して、以下のような直交条件を持っている。

$$\langle \xi - h(1), 1 \rangle = 0$$

これは要約して、

$$\mathbb{E}_{\{x \in [0, 1/3]\}}(\xi - h(1)) = 0$$

$$\int_0^{\frac{1}{3}} (2x^2 - h(1))dx = 0$$

となり、これを $h(1)$ について解くことで、$h(1) = 2/24$ を得る。これがこの問題を処理する時の Brzezniak のとった解法である。別の解法として、$h(\eta) = a + b\eta + c\eta^2$ を用いて総当たり計算ができる。Sympy の Piecewise オブジェクトは、開発自体が現時点で完了しておらず、次のように例外的に詳細に記述する必要があることに注意してほしい。

```
x,c,b,a=S.symbols('x,c,b,a')
xi = 2*x**2

eta=S.Piecewise((1,S.And(S.Gt(x,0),
                     S.Lt(x,S.Rational(1,3)))),  #  0 < x < 1/3
            (2,S.And(S.Gt(x,S.Rational(1,3)),
                     S.Lt(x,S.Rational(2,3)))), # 1/3 < x < 2/3,
            (0,S.And(S.Gt(x,S.Rational(2,3)),
                     S.Lt(x,1)))) # 1/3 < x < 2/3
h = a + b*eta + c*eta**2
J=S.integrate((xi-h)**2,(x,0,1))
sol=S.solve([S.diff(J,a),
         S.diff(J,b),
         S.diff(J,c),
        ],
        (a,b,c))

>>> print sol
{c: 8/9, b: -20/9, a: 38/27}
>>> print S.piecewise_fold(h.subs(sol))
Piecewise((2/27,And(x<1/3,x>0)),
        (14/27,And(x<2/3,x>1/3)),(38/27,And(x<1,x>2/3)))
```

そして、これらの結果を集計すると、以下のような結果を得る。

$$\mathbb{E}(\xi|\eta) = \frac{38}{27} - \frac{20}{9}\eta + \frac{8}{9}\eta^2$$

これは、以下のように x の区分関数に書きかえられる。

$$\mathbb{E}(\xi|\eta(x)) = \begin{cases} \frac{2}{27} & \text{for } 0 < x < \frac{1}{3} \\ \frac{14}{27} & \text{for } \frac{1}{3} < x < \frac{2}{3} \\ \frac{38}{27} & \text{for } \frac{2}{3} < x < 1 \end{cases} \quad (2.5.3.1)$$

さらに別の解法として、$h(\eta) = c + \eta b + \eta^2 a$ を選択することで、以下のように内積の直交条件を直接使用できる。

$$\langle \xi - h(\eta), 1 \rangle = 0$$
$$\langle \xi - h(\eta), \eta \rangle = 0$$
$$\langle \xi - h(\eta), \eta^2 \rangle = 0$$

その後、a, b, c について解くことができる。

```
>>> x,a,b,c,eta = S.symbols('x,a,b,c,eta',real=True)
>>> xi  = 2*x**2
>>> eta=S.Piecewise((1,S.And(S.Gt(x,0),
...                     S.Lt(x,S.Rational(1,3)))),   # 0 < x < 1/3
...                 (2,S.And(S.Gt(x,S.Rational(1,3)),
...                     S.Lt(x,S.Rational(2,3)))), # 1/3 < x < 2/3,
...                 (0,S.And(S.Gt(x,S.Rational(2,3)),
...                     S.Lt(x,1)))) # 1/3 < x < 2/3
>>> h = c+b*eta+a*eta**2
```

そして、直交条件は以下のようになる。

```
>>> S.integrate((xi-h)*1,(x,0,1))
-5*a/3 - b - c + 2/3
>>> S.integrate((xi-h)*eta,(x,0,1))
-3*a - 5*b/3 - c + 10/27
>>> S.integrate((xi-h)*eta**2,(x,0,1))
-17*a/3 - 3*b - 5*c/3 + 58/81
```

ここで以下のように、まさに3つの等式を結合して各パラメータを解く。

```
>>> eqs=[ -5*a/3 - b - c + 2/3,
...    -3*a - 5*b/3 - c + 10/27,
...     -17*a/3 - 3*b - 5*c/3 + 58/81]
>>> sol=S.solve(eqs)
>>> print sol
{a: 0.888888888888889, c: 1.40740740740741, b: -2.22222222222222}
```

●2.5 条件付き期待値と平均二乗誤差最適化の実施例● **79**

解に代入することで最終結果を集合できる。

```
>>> print S.piecewise_fold(h.subs(sol))
Piecewise((0.0740740740740740, And (x < 1/3, x > 0)),
          (0.518518518518518, And (x < 2/3, x > 1/3)),
           (1.40740740740741, And (x < 1, x > 2/3)))
```

これは式 2.5.3.1 における分析結果と同じであるが、ただし 10 進数形式（decimal format）である。

> **プログラミングの コツ**
>
> Sympy の区分的関数の定義は、Python が不等式の記述を解析する方法を取っているために、冗長になっている。本書の執筆時点で、これは Sympy に取り込まれていないため、冗長な定義を使用する必要がある。

今までの結果を補強するため、Pandas を用いて迅速なシミュレーションを実行しよう。

```
>>> d = pd.DataFrame(columns=['x','eta','xi'])
>>> d.x = np.random.rand(1000)
>>> d.xi = 2*d.x**2
```

ここで、以下のように x の値をグループ分けするために pd.cut 関数を使用できる。

```
>>> pd.cut(d.x,[0,1/3,2/3,1]).head()
0        (0.667, 1]
1        (0, 0.333]
2        (0.667, 1]
3       (0.333,0.667]
4       (0.333,0.667]
Name: x, dtype: category
Categories (3, object): [(0, 0.333) < (0.333, 0.667) < (0.667, 1)]
```

上記の head() の呼び出しは、表示する出力結果を限定するためだけに使用していることに注意しよう。リストされたカテゴリは、[0,1/3,2/3,1] のリストを用いて特定した eta についての各区間である。ここで、pd.cut の使用法がわかっているので、以下のように各グループについて平均を計算できる。

```
>>> d.groupby(pd.cut(d.x,[0,1/3,2/3,1])).mean()['xi']
x
(0, 0.333]        0.069240
(0.333, 0.667]    0.520154
(0.667, 1)        1.409747
Name: xi, dtype: float64
```

80 ●第2章 確　率●

これは式 **2.5.3.1** における分析結果にかなり近い。別の解法として、sympy.stats モジュール
は同様の計算のために、いくつかの限定されたツールを有する。

```
>>> from sympy.stats import E, Uniform
>>> x=Uniform('x',0,1)
>>> E(2*x**2,S.And(x < S.Rational(1,3), x > 0))
2/27
>>> E(2*x**2,S.And(x < S.Rational(2,3), x > S.Rational(1,3)))
14/27
>>> E(2*x**2,S.And(x < 1, x > S.Rational(2,3)))
38/27
```

これにより、再び別の解法で同じ結果を得る。

2.5.4　実施例

　本実施例は、Brzezniak の書籍における例 2.4 である。以下のような式に対する期待値 $\mathbb{E}(\xi|\eta)$
を求めよう。

$$\xi(x) = 2x^2$$

$$\eta = \begin{cases} 2 & \text{if } 0 \leq x < \frac{1}{2} \\ x & \text{if } \frac{1}{2} < x \leq 1 \end{cases}$$

先の例と同じく、X は単位区間内で一様分布に従っている。η は各領域で離散型ではないことに
注意しよう。領域 $0 < x < 1/2$ では、$h(2)$ は唯一の値（ここでは 2）をとる。この領域に対して、
直交条件は次のようになる。

$$\mathbb{E}_{\{\eta=2\}}((\xi(x) - h_0)2) = 0$$

これは以下のように簡便化できる。

$$\int_0^{1/2} 2x^2 - h_0 dx = 0$$
$$\int_0^{1/2} 2x^2 dx = \int_0^{1/2} h_0 dx$$
$$h_0 = 2 \int_0^{1/2} 2x^2 dx$$
$$h_0 = \frac{1}{6}$$

　式 **2.5.4** において、$\{\eta = x\}$ の場合であるもう 1 つの領域について、再び以下のように直交条件
を用いる。

$$\mathbb{E}_{\{\eta=x\}}((\xi(x) - h(x))x) = 0$$

$$\int_{1/2}^{1} (2x^2 - h(x))x\,dx = 0$$

$$h(x) = 2x^2$$

解を集合させると、結果は η の関数として明示的に記述されていないが、以下のようになる。

$$\mathbb{E}(\xi|\eta(x)) = \begin{cases} \frac{1}{6} & \text{for } 0 \le x < \frac{1}{2} \\ 2x^2 & \text{for } \frac{1}{2} < x \le 1 \end{cases}$$

2.5.5 実施例

本実施例は、Brzezniak の書籍における例 2.6 である。以下のような式が与えられた場合に、X が単位区間内で一様分布に従っている場合に、期待値 $\mathbb{E}(\xi|\eta)$ を求めよう。

$$\xi(x) = 2x^2$$

$$\eta(x) = 1 - |2x - 1|$$

これは次のように区分関数として記述できる。

$$\eta = \begin{cases} 2x & \text{for } 0 \le x < \frac{1}{2} \\ 2 - 2x & \text{for } \frac{1}{2} < x \le 1 \end{cases}$$

不連続性は $x = 1/2$ のところにある。$\{\eta = 2x\}$ 領域から計算を開始しよう。

$$\mathbb{E}_{\{\eta=2x\}}((2x^2 - h(2x))2x) = 0$$

$$\int_{0}^{1/2} (2x^2 - h(2x))2x\,dx = 0$$

変数を変形することにより関数 η を明示的に表示でき（$\eta = 2x$）、以下の式が得られる。

$$\int_{0}^{1} (\eta^2/2 - h(\eta))\frac{\eta}{2}d\eta = 0$$

そして、この領域について $h(\eta) = \eta^2/2$ となる。変数の変形に従って、$h(\eta)$ は $\eta \in [0, 1]$ にわたって有効に定義されることに注意しよう。

もう 1 つの領域である $\{\eta = 2 - 2x\}$ について、以下の式を得る。

$$\mathbb{E}_{\{\eta=2-2x\}}((2x^2 - h(2 - 2x))(2 - 2x)) = 0$$

$$\int_{1/2}^{1} (2x^2 - h(2 - 2x))(2 - 2x)\,dx = 0$$

82 　●第 2 章　確　率●

また再び、変数の変形により $\eta = 2 - 2x$ を用いて η の依存性を明示し、以下の式を得る。

$$\int_0^1 ((2 - \eta)^2/2 - h(\eta))\frac{\eta}{2}d\eta = 0$$
$$h(\eta) = (2 - \eta)^2/2$$

さらに、変数の変形は、この解が $\eta \in [0, 1]$ にわたって有効であることを意味する。そして、両区間は同じ領域 $\eta \in [0, 1]$ にわたって有効であるため、それらを加えて最終的な解を得る。

$$h(\eta) = \eta^2 - 2\eta + 2$$

以下の迅速なシミュレーションは、この結果を支持している。

```
>>> from pandas import DataFrame
>>> import numpy as np
>>> d = DataFrame(columns=['xi','eta','x','h','h1','h2'])
>>> # 100 個の無作為な標本
>>> d.x = np.random.rand(100)
>>> d.xi = d.eval('2*x**2')
>>> d.eta =1-abs(2*d.x-1)
>>> d.h1=d[(d.x<0.5)].eval('eta**2/2')
>>> d.h2=d[(d.x>=0.5)].eval('(2-eta)**2/2')
>>> d.fillna(0,inplace=True)
>>> d.h = d.h1+d.h2
>>> d.head()
        Xi       eta        x         h        h1        h2
0  1.728372  0.140768  0.929616  1.728372  0.000000  1.728372
1  0.200187  0.632751  0.316376  0.200187  0.200187  0.000000
2  0.067652  0.367838  0.183919  0.067652  0.067652  0.000000
3  0.083690  0.409121  0.204560  0.083690  0.083690  0.000000
4  0.644623  0.864550  0.567725  0.644623  0.000000  0.644623
```

スライスの (d.x<0.5) インデックスを用いて個々の解をどこに適用するかは注意深くしなければならないことを念頭に入れておこう。fillna メソッドの部分で、空行のエントリに入力されるデフォルトの NaN 値は、個々の解を結合する前にゼロに確実に置換しておく。そうでなければ、NaN の値が残りの計算を通じて循環することになる。以下は、**図 2.7** を描画するのに重要なコードである。

```
from matplotlib.pyplot import subplots
fig,ax=subplots()
ax.plot(d.xi,d.eta,'.',alpha=.3,label='$\eta$')
ax.plot(d.xi,d.h,'k.',label='$h(\eta)$')
ax.legend(loc=0,fontsize=18)
ax.set_xlabel('$2 x^2$',fontsize=18)
ax.set_ylabel('$h(\eta)$',fontsize=18)
```

図2.7 対角線は条件付き期待値が ξ 関数と等しい場所を示す。

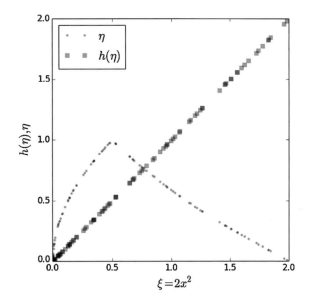

> **プログラミングの コツ**
>
> 基本的な LaTeX 形式は、図 2.7 内のラベルで動作する。legend 関数の loc=0 は、凡例内のラベルを最善に配置するためのコードである。個々のラベルは、要素を描く場合に個別に指定する必要がある。そうしないと、後で分離することが困難になる。これは、plot コマンド内の label キーワードを用いて実行できる。

図 2.7 は、η と $h(\eta) = \mathbb{E}(\xi|\eta)$ に対してプロットした ξ のデータである。対角線上の点は、ξ と $\mathbb{E}(\xi|\eta)$ がマッチする場所である。ドットで示すように、生の η データと ξ との間に一致はない。そのため、条件付き期待値について考察する 1 つの方法は、対角線上の曲線を曲げる関数的な変換としてである。黒いドットは $\mathbb{E}(\xi|\eta)$ に対して ξ をプロットし、この 2 つは対角線に沿っていたるところでマッチする。これは期待されることであり、その理由は、条件付き期待値が η のすべての関数において ξ に対する MSE の最適な推定量であるからである。

2.5.6 実施例

これは Brzezniak の書籍における例 2.14 である。ここでは $\mathbb{E}(\xi|\eta)$ を求めたい。ただし、次の式が成り立っており、X は単位区間で一様分布に従っている。

$$\xi(x) = 2x^2$$

$$\eta = \begin{cases} 2x & \text{if } 0 \leq x < \frac{1}{2} \\ 2x - 1 & \text{if } \frac{1}{2} < x \leq 1 \end{cases}$$

これは直前の実施例と同じであり、唯一の相違点は η が前のように $x = \frac{1}{2}$ のところで連続していないことである。最初の部分は、直前の実施例の最初の部分と全く同じであるため、ここでは省略する。2番目の部分は直前の実施例のように同じ理屈に従うため、以下のように $\{\eta = 2x - 1\}$ の場合について解答を書くだけにする。

$$h(\eta) = \frac{(1+\eta)^2}{2}, \ \forall \eta \in [0, 1]$$

その後に直前の実施例のようにこれらを加えると、以下のような完全な解答が得られる。

$$h(\eta) = \frac{1}{2} + \eta + \eta^2$$

この実施例について興味深い部分を、**図 2.8** に示す。ドットは、η は不連続であるが、それでも $h(\eta) = \mathbb{E}(\xi|\eta)$ の解が ξ と等しい場所を示す(すなわち、対角線でマッチしている)。これは内積の直交条件による方法のパワーを示しており、この方法は解を計算するのに連続性あるいは複雑な集合論的な議論を必要としない。対照的に、そのような方法が必要なこの問題に対しては

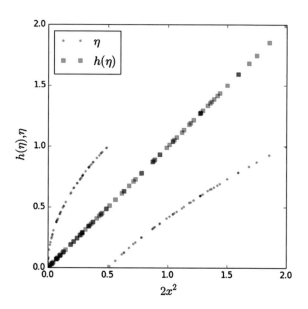

図2.8 対角線は条件付き期待値が ξ 関数と等しい場所を示す。

●2.6 情報エントロピー● **85**

Brzezniak の解法を考えることをお奨めする。

　確率変数に対して写像法を拡張することは、条件付き期待値の問題に対する解を計算するための複数の解法を提供する。本節では、いろいろな Python モジュールを用いて、それに関連するシミュレーションも実施した。可能性がある解法を相互に確認するためには、2つ以上の手法を手元に持っておくことを常にお奨めしている。同じ問題を複数の方法で解くことを示すため、本書籍の方法を用いて Brzezniak の書籍に掲載されたいくつかの実施例を実行した。Brzezniak の測度論的手法を我々のより抽象的でない方法と比較することは、両方の概念を理解する優れたやり方であり、確率論過程における先進的な研究には重要である。

2.6 情報エントロピー

　現在我々は、情報エントロピーを考えるポジションにいる。これは、どのように情報が各試行の間を行き来するかについて有益な視点を与え、特定の機械学習アルゴリズムには重要であることを理解することになる。

　TV のゲームショー番組で、司会者が3つの扉のうちの1つに賞品を隠しておき、コンテスト挑戦者がその扉の1つを選択するというものがあった。しかし、挑戦者の選択したドアを開ける前に、司会者は他の扉のうちの1つを開けて見せ、その後に選択を変えたいかどうかを挑戦者に聞く。これは古典的モンティホールの問題である。ここで問題は、司会者が示したものを見た後で、挑戦者がもともとの選択にとどまるべきか、あるいは変えるべきか、ということである。情報理論の視点から、司会者が1つの扉の後ろに何があるかを示した時に情報環境は変化するだろうか？　ここで重要な詳述点は、挑戦者の選択にかかわらず、司会者は賞品が後にあるドアを決して開けないということである。すなわち、司会者は賞品がどこにあるか知っているが、挑戦者にその情報を直接は見せない。これは、情報理論が扱う基本的な問題である。すなわち、部分的な情報をどうやって収集して理由付けするか。この種の疑問に応える情報の概念が必要である。

2.6.1 情報理論の概念

　ある結果 x についての、シャノンの情報量を以下のように定義する。

$$h(x) = \log_2 \frac{1}{P(x)}$$

ここで、$P(x)$ は x の確率である。それらを合わせた X のエントロピーを、シャノンの情報量と定義し、次式のように示す。

$$H(X) = \sum_x P(x) \log_2 \frac{1}{P(x)}$$

エントロピーは、$h(x)$ の期待値としてこの関数の形式をもっていることは偶然ではない。これか

ら、深くて強力な情報理論が導かれる。

情報エントロピーの意味について何らかの直観を得るために、個々のビットが同様に確からしい3ビットの数列を仮定する。そして、1ビットの情報量は、$h(x) = \log_2(2) = 1$である。エントロピーの単位はビットであり、単一ビットの情報量は1ビットである。3つのビット数は相互に独立で、同様に確からしいため、3つのビット数の情報エントロピーは$h(X) = 2^3 \times \log_2(2^3) /8 = 3$である。そして、少なくともこの段階では、情報量の基礎的概念は意味を成している。

この質問の解釈でさらに良い方法は、任意の3つのビット数を個別にコード化するのに、必要な情報量はいくらかということである。この場合に、3つの質問に答える必要がある。1番目のビットは0か1か？ 2番目のビットは0か1か？ 3番目のビットは0か1か？ これらの質問に答えると、未知の3つのビット数がただ1つに決まる。ビットは相互に独立であるため、どのビットの状態を知っても、残りの情報は得られない。

次に、この相互の独立性がない状況を考える。他の9個が同一の玉の群で、重い玉が1個だけあると仮定する。また、一方が他より重いか、軽いか、あるいは同じかを示す測定尺度もある。他より重いボールは、どうやって同定できるであろうか。まず、状態の不確かさを測定する情報量は、$\log_2(9)$である。これは、9つの玉のうち1つが重いためである。**図2.9**に、1つの戦略を示す。玉のうち1つ（四角で示す）を任意に選択し、残りの8個で均衡を見る。黒く太い横線は尺度を示す。この線の上下のものは、尺度が均衡している側を示す。

運が良ければ、尺度を用いることで、均衡している各側の上にある4つの壁をもつグループの重量が等しいことが示されるだろう。これは、除かれた玉が重い玉であることを意味する。これは斜線で示した左向きの矢印で示される。この場合、すべての不確かさが消え、重量を計測した

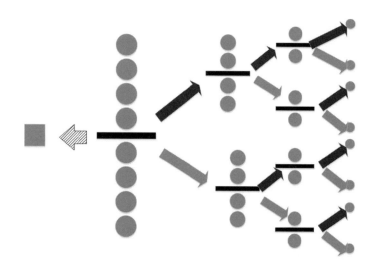

図2.9 1個の重い玉が同一の8個の玉の中に隠れている。連続的に各群の重さを測定することにより、重い玉を決定できる。

ものの情報の価値は $\log_2(9)$ に等しい。言い換えると、尺度により不確かさがゼロに低下した（すなわち、重い玉を発見した）。一方、尺度により、4つの玉のうち上方のグループのほうが重い（黒い上向き矢印）、あるいは軽い（グレーの下向き矢印）ことを表示できる。この場合は、左から右に移動するに従い、示されたすべての重量測定を行うまで重い玉を分離することができないだろう。特に、重い側の4つの玉は、重い玉が同定できるまで、その後の重量測定によって2つの玉、その後に1つの玉へと分割する必要がある。したがって、この行程は重量測定を3回実施する。最初の測定では情報量は $\log_2(9/8)$、次の測定では $\log_2(4)$、最後の測定では $\log_2(2)$ である。これらをすべて $\log_2(9)$ に合計する。したがって、重い玉が最初の重量測定で分離されるかどうかで、この戦略では重い玉を発見するために、必ず $\log_2(9)$ ビットを消費する。

しかし、これは唯一の戦略ではない。**図2.10** には別の方法を示している。この方法では、9個のボールは3個ずつの3つのグループに分けられる。2つのグループの重量を測定する。それが同じ重量なら、重いボールは左側のグループに取り出されたことを意味する（斜線で示した矢印）。その後、このグループを2つのグループに分け、1つだけは左に取り出す。尺度上の2つの玉が同じ重量なら、除いたボールが重いことになる。そうでなければ、重い玉は尺度上のボールのうちの1つである。最初に重量を測定したグループのうち1つのほうが重い（黒い上向き矢印、あるいは軽い（グレーの下向き矢印）場合は、同じプロセスを行う。先ほどのように、この状態の情報量は $\log_2(9)$ である。最初の重量測定では、状態の不確かさが $\log_2(3)$ 低下し、その後の重量測定ではさらに $\log_2(3)$ 低下する。先ほどのように、これらの合計は $\log_2(9)$ であるが、ここで必要な重量測定は2回のみである。一方、図2.9の最初の戦略では、平均して $1/9 + 3*8/9 \approx 2.78$ 回の重量測定を行い、これは2回を超える。

なぜ2番目の戦略の方が重量測定の回数が少ないのだろうか。重量の測定回数を減らすためには、確率が等しい状態を判定できる回数ができる限り多くなるように、各重量測定を行う必要がある。最初に9つの玉のうち1つを選択すること（すなわち、図2.9の戦略）は、正しいボールを選択する確率が1/9であるために実施しない。このやり方は、プロセス中に同じ確率の状態を

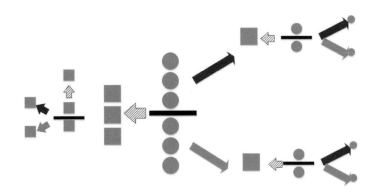

図2.10 この戦略では、玉の群は同じ大きさの3つのグループに分けられ、そのあと重量を測定する。

作らない。2番目の戦略はすべての段階において確率が等しい状態となるため（図2.10を参照）、各重量測定から最大限の情報を抽出する。したがって、情報量から、各戦略を用いて解決するのにどのくらいの情報量のビットを必要とするかがわかる（すなわち、この例では$\log_2(9)$）。また、それによりどの程度効果的に不確かさが除去されるかが明らかになる。すなわち、確率が等しい状態を判定できる回数が、できる限り多くなるようにするのである。

2.6.2 情報エントロピーの性質

ここで、この概念の特徴がわかったので、情報エントロピーの以下のような性質を考えよう。

$$H(X) \geq 0$$

これは、正確に1つの結果であるxについて、$P(x) = 1$のときに限り等価となる。直感的には、これは、集合内の各事項のうち1つだけが絶対確実に起こること（すなわち、$P(x) = 1$である）が知られていることを意味し、不確かさがゼロになる。また、Pが集合内の要素全体にわたって一様分布する場合に、エントロピーが最大となることに注意しよう。2つの結果を持つ事例を**図2.11**に示す。言い換えれば、情報エントロピーは2つの対立する選択肢が等しく確からしい場合に最大となる。これは、先ほどの例で、重量の測定行程を省略するために、なぜ確率が等しい状態を判定できるように尺度を用いることが有用であるのか、を示す数学的理由である。

最も重要なことは、エントロピーの概念は、以下のように結合して拡張できる。

$$H(X, Y) = \sum_{x,y} P(x, y) \log_2 \frac{1}{P(x, y)}$$

XとYが独立である場合に限り、以下のようにエントロピーは加算可能となる。

$$H(X, Y) = H(X) + H(Y)$$

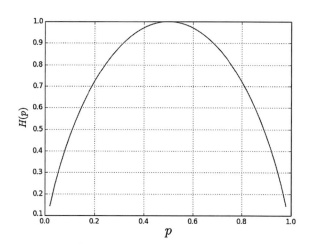

図2.11 情報エントロピーは、$p = 1/2$の時に最大となる。

2.6.3 カルバック・ライブラー情報量

情報エントロピーの概念から、機械学習法で重要となる確率分布の間の距離の概念が導かれる。同じ集合で定義され、2つの確率分布である P と Q の間のカルバック・ライブラー情報量（Kullback–Leibler divergence）を以下のように定義する。

$$D_{KL}(P, Q) = \sum_x P(x) \log_2 \frac{P(x)}{Q(x)}$$

$P = Q$ のときに限り、$D_{KL}(P, Q) \geq 0$ が等しくなることに注意しよう。カルバック・ライブラー情報量はカルバック・ライブラー距離と呼ばれることもあるが、P と Q は対称ではないので定式的な距離の測定基準ではない。カルバック・ライブラー情報量は、相対的なエントロピーを、Q の観点から P をモデル化する場合に情報の損失として定義する。カルバック・ライブラー情報量を直感的に解釈し、その対称性がないことを理解する直観的な方法がある。各確率が以下のように対応している、伝達するメッセージの集合があると仮定する。

$$\{(x_1, P(x_1)), (x_2, P(x_2)), \ldots, (x_n, P(x_n))\}$$

情報エントロピーの知見に基づいて、メッセージの長さ（大きさ）を $\log_2 \frac{1}{p(x)}$ ビットによってコード化（表現）することは理にかなっている。この倹約的な戦略は、メッセージ頻度が多いほど、少ないビット数でコード化できることを意味する。そのため、先に示したように、その状態のエントロピーを以下のように書き直すことができる。

$$H(X) = \sum_k P(x_k) \log_2 \frac{1}{P(x_k)}$$

ここで、同様のメッセージの集合を伝達したいが、確率の重みが異なる集合 $\{(x_1, Q(x_1)), (x_2, Q(x_2)), \ldots, (x_n, Q(x_n))\}$ を伴うことを仮定する。この状態での、交差エントロピー（クロスエントロピー、cross entropy）を以下のように定義する。

$$H_q(X) = \sum_k P(x_k) \log_2 \frac{1}{Q(x_k)}$$

コード化されたメッセージの相互の長さだけが変化し、そのメッセージの確率は変化しないことに注意しよう。以下で示すこの2つの間の違いがカルバック・ライブラー情報量である。

$$D_{KL}(P, Q) = H_q(X) - H(X) = \sum_x P(x) \log_2 \frac{P(x)}{Q(x)}$$

この点から見て、カルバック・ライブラー情報量は、異なる2つの確率レジームにおける同じメッセージの集合のコード化された長さの平均の差である。これは、カルバック・ライブラー情

90 ●第2章 確 率●

報量の対称性がないことの説明を助けるに違いない。その状態では、P と Q は別々に最適な長さがコード化されるが、各メッセージ（$Q(x_i)$ 対 $P(x_i)$）の情報の価値を各（確率）レジームがどのように割り付けるかについて、必ずしも対称性は存在しない。各々のコード化（された長さ）がそれ自身の（確率）形態下で最適の長さであるということは、少なくとも別の（確率）レジームでは部分的な最適の状態である可能性を意味しており、このためカルバック・ライブラー情報量が生じる。全メッセージがコード化された長さが2つの（確率）体制において同じである場合には、カルバック・ライブラー情報量はゼロである[‡2]。

2.7 積率母関数

積率（モーメント）の生成には、計算が非常に難しい積分が含まれている。積率母関数（moment-generating function）はこれを非常に簡単に行う。積率母関数は次のように定義される。

$$M(t) = \mathbb{E}(\exp(tX))$$

1次の積率は平均であり、これは $M(t)$ から以下のように簡単に計算できる。

$$
\begin{aligned}
\frac{dM(t)}{dt} &= \frac{d}{dt}\mathbb{E}(\exp(tX)) = \mathbb{E}\frac{d}{dt}(\exp(tX)) \\
&= \mathbb{E}(X\exp(tX))
\end{aligned}
$$

ここで、$t = 0$ と指定する必要があり、以下のように平均が得られる。

$$M^{(1)}(0) = \mathbb{E}(X)$$

この微分過程を再度継続すると、以下のように2次の積率が得られる。

$$
\begin{aligned}
M^{(2)}(t) &= \mathbb{E}(X^2\exp(tX)) \\
M^{(2)}(0) &= \mathbb{E}(X^2)
\end{aligned}
$$

こうして、分散が以下のように容易に計算できる。

$$\mathbb{V}(X) = \mathbb{E}(X^2) - \mathbb{E}(X)^2 = M^{(2)}(0) - M^{(1)}(0)^2$$

[‡2]［原書注］ この題材に関する最善でわかりやすいものは、Mackay による教科書[7] の第4章である。他の良い参照文献は、文献[8] の第4章である。

●2.7 積率母関数● **91**

例 お気に入りの二項分布に戻って、Sympy によりいくつかの積率を計算しよう。

```
>>> import sympy as S
>>> from sympy import stats
>>> p,t = S.symbols('p t',positive=True)
>>> x=stats.Binomial('x',10,p)
>>> mgf = stats.E(S.exp(t*x))
```

ここで、通常の積分法と積率母関数を用いて1次の積率（平均）を計算しよう。

```
>>> print S.simplify(stats.E(x))
10*p
>>> print S.simplify(S.diff(mgf,t).subs(t,0))
10*p
```

あるいは、以下のようにこれを直接計算できる。

```
>>> print S.simplify(stats.moment(x,1)) # 平均
10*p
>>> print S.simplify(stats.moment(x,2)) # 2次の積率（モーメント）
10*p*(9*p + 1)
```

一般的に、二項分布についての積率母関数は以下のようになる。

$$M_X(t) = \left(p\left(e^t - 1\right) + 1\right)^n$$

　積率母関数の重要な点は、確率分布の一意の識別子であることである。一意性の定理により、2つの確率変数 X と Y がある場合、それらの積率母関数が等しければ対応する確率分布関数は等しい。

例 以下の問題を考えるために一意性の定理を使おう。$U = p$ の条件が与えられた時の X の確率分布が、母数 n と p をもつ二項分布であるとわかっていると仮定する。たとえば、X を n 回コインを投げて表の出た回数であるとすると、表の出る確率は p で与えられる。X の無条件の場合の分布を求めたい。積率母関数を以下のように記述する。

$$\mathbb{E}(e^{tX}|U = p) = (pe^t + 1 - p)^n$$

U は単位区間で一様分布に従っているため、この部分は積分可能である。

$$\begin{aligned}
\mathbb{E}(e^{tX}) &= \int_0^1 (pe^t + 1 - p)^n dp \\
&= \frac{1}{n+1} \frac{e^{t(n+1)-1}}{e^t - 1} \\
&= \frac{1}{n+1}(1 + e^t + e^{2t} + e^{3t} + \cdots + e^{nt})
\end{aligned}$$

92 ●第 2 章 確 率●

そして、X の積率母関数が、$0, 1, \ldots, n$ のいずれの値においても同様に確からしい確率変数の関数に相当する。これは、X の分布が、$\{0, 1, \ldots, n\}$ にわたる離散型一様分布であることをいう別の言い方である。具体的に、個々の表の出る確率が未知であるコインの箱があり、その箱を床に落としてコインをすべてばらまいたと仮定する。その後、表の出たコインの数を計数した場合、その分布は一様分布に従う。

積率母関数は、独立した確率変数の合計の分布を求めるのに便利である。X_1 と X_2 が独立であり、$Y = X_1 + X_2$ であると仮定する。そして、Y の積率母関数は、期待値の性質から以下のようになる。

$$
\begin{aligned}
M_Y(t) = \mathbb{E}(e^{tY}) &= \mathbb{E}(e^{tX_1 + tX_2}) \\
&= \mathbb{E}(e^{tX_1} e^{tX_2}) = \mathbb{E}(e^{tX_1})\mathbb{E}(e^{tX_2}) \\
&= M_{X_1}(t) M_{X_2}(t)
\end{aligned}
$$

[例]　正規分布に従う 2 つの確率変数 $X_1 \sim \mathcal{N}(\mu_1, \sigma_1)$、および $X_2 \sim \mathcal{N}(\mu_2, \sigma_2)$ があると仮定する。これを Sympy で探索し、時間を節約できる。

```
>>> S.var('x:2',real=True)
(x0, x1)
>>> S.var('mu:2',real=True)
(mu0, mu1)
>>> S.var('sigma:2',positive=True)
(sigma0, sigma1)
>>> S.var('t',positive=True)
t
>>> x0=stats.Normal(x0,mu0,sigma0)
>>> x1=stats.Normal(x1,mu1,sigma1)
```

プログラミングの　コツ

S.var 関数は変数を定義し、それをグローバルな名前空間に導入する。これは、全くの怠惰である。変数を x = S.symbols('x') のように明示的に定義するほうがより表現的である。また、mu と sigma 変数についてギリシャ名を使用していることに注意しよう。LaTeX でこれらの記号をどのように組版するかを理解しておくと、Jupyter/IPython Notebook に数式を渡したいときに、あとで便利である。var('x:2') は、x0 と x1 の 2 つのシンボルを生成する。この様式でコロン : を使用することで、シンボルの配列様の数列を生成することが容易になる。

次のブロックで、積率母関数を計算する。

```
>>> mgf0=S.simplify(stats.E(S.exp(t*x0)))
>>> mgf1=S.simplify(stats.E(S.exp(t*x1)))
>>> mgfY=S.simplify(mgf0*mgf1)
```

個々の正規分布に従う確率変数の積率母関数は以下のとおりである。

$$e^{\mu_0 t + \frac{\sigma_0^2 t^2}{2}}$$

係数 t に注意しよう。Y が正規分布に従っていることを示すために、Y の積率母関数をこの形式に一致させたい。以下の式は Y の積率母関数の形式である。

$$M_Y(t) = e^{\frac{t}{2}(2\mu_0 + 2\mu_1 + \sigma_0^2 t + \sigma_1^2 t)}$$

Sympy を用いて指数を抽出し、以下のコードを用いて変数 t を収集できる。

```
>>> S.collect(S.expand(S.log(mgfY)),t)
t**2*(sigma0**2/2 + sigma1**2/2) + t*(mu0 + mu1)
```

したがって、一意性の定理から、Y は $\mu_Y = \mu_0 + \mu_1$ と $\sigma_Y^2 = \sigma_0^2 + \sigma_1^2$ をもつ正規分布に従っている。

プログラミングの コツ

Jupyter/IPython Notebook を使用するとき、ブラウザで動作する数学的組版（タイプセット）を生成するために `S.init_printing` を使用することができる。そうでなければ、生の数式を維持して、LᴬTᴇX に選択的に渡したい場合には、`from IPython.display import Math` を実行した後に、`Math(S.latex(expr))` を用いて数式のタイプセット版を生成することができる。

2.8 モンテカルロサンプリング法

これまで、確率変数を変換する分析方法と、Python を用いてこれらの方法を拡張する方法を検討してきた。これらすべての内容にかかわらず、実際の問題を解くために純粋な数値計算法に頼らねばならないことは多い。うまく行くならば、より深く理論を検討してきたため、これらの数値計算法のほうがより具体的に感じられる。すでに一様分布 $U[0, 1]$ から標本を生成できるようになっている場合に、与えられた密度 $f(x)$ に従う標本を生成したいとする。無作為な標本 v が $f(x)$ 分布に由来することを、どのように確認できるだろうか。1 つの方法は、標本 v のヒストグラムが $f(x)$ に近似するかどうかを確認することである。特に、次のことを確認する。

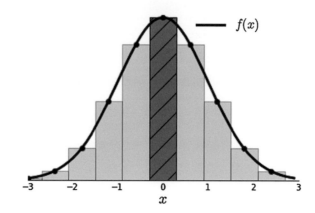

図2.12 ヒストグラムは目標確率密度に近似する。

$$\mathbb{P}(v \in N_\Delta(x)) = f(x)\Delta x \tag{2.8.0.1}$$

これは、標本が x の近辺の N_Δ あたりに存在する確率が、およそ $f(x)\Delta x$ であるということを意味する。**図2.12** は、目標確率密度関数 $f(x)$ と、それに近似するヒストグラムを示す。ヒストグラムは標本 v から生成される。中央の陰をつけた長方形は、式 2.8.0.1 を示す。この長方形の面積は、この場合は $x = 0$ のとき、およそ $f(x)\Delta x$ である。この長方形の幅は $N_\Delta(x)$ である。この近似の品質は視覚的に明らかであるが、標本 v が $f(x)$ で特徴づけられることを確認するためには、式 2.8.0.1 の記述が必要であり、これは、陰のついた長方形を満たす標本 v の割合が、$f(x)\Delta x$ にほぼ等しいことを意味している。

ここで、密度 $f(x)$ によって特徴づけられた標本 v の評価方法が理解できたので、離散型および連続型確率変数の両方についての標本生成法を考えよう。

2.8.1　離散型変数のための逆 CDF 法

正六角形のサイコロから標本を生成したいと仮定する。今回発生させた一様乱数は単位区間内で連続的に定義されており、正六角形のサイコロは離散型の数値である。まず、連続型確率変数 u とサイコロの離散型の結果の間で対応付け（マッピング）を作成する必要がある。このマッピングは**図2.13**に示され、単位区間はそれぞれ長さが 1/6 の断片に分けられる。個別の各断片はサイコロの結果の 1 つに割り当てられる。たとえば、$u \in [1/6, 2/6)$ ならば、そのサイコロの結果は 2 である。サイコロは偏りがないために、単位区間内の全断片は同じ長さである。そのため、新しい確率変数 v はこの割り当てにより u から導かれる。

たとえば、$v = 2$ については以下のようになる。

$$\mathbb{P}(v = 2) = \mathbb{P}(u \in [1/6, 2/6)) = 1/6$$

ただし、式 2.8.0.1 の言語で言うと、$f(x) = 1$（一様分布）、$\Delta x = 1/6$、および $N_\Delta(2) = [1/6, 2/6)$

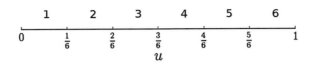

図2.13 単位区間上の一様分布に従う確率変数はこれらの断片を用いて偏りのないサイコロの 6 つの結果に割り当てられる。

である。当然、このパターンは $\{1, 2, 3, \ldots, 6\}$ の中のすべての他のサイコロの結果に適用される。これを具体化にする迅速なシミュレーションを考えよう。以下のコードにより、一様乱数に従う標本を生成し、それらが Pandas のデータフレーム内に積み上げられる。

```
import pandas as pd
import numpy as np
from pandas import DataFrame
u= np.random.rand(100)
df = DataFrame(data=u,columns=['u'])
```

次のブロックでは、個別の標本を集合 $\{1, 2, \ldots, 6\}$ をラベルした v にマップするために pd.cut を使用する。

```
labels = [1,2,3,4,5,6]
df['v']=pd.cut(df.u,np.linspace(0,1,7),
            include_lowest=True,labels=labels)
```

以下は、データフレームが含むものである。v 列は偏りのないサイコロから得られた標本を含んでいる。

```
>>> df.head()
          u  v
0  0.876426  6
1  0.360385  3
2  0.427294  3
3  0.833833  6
4  0.112139  1
```

以下は、各群の標本の計数結果である。サイコロは偏りがないため、各群の標本数はほぼ同じになるはずである。

```
>>> df.groupby('v').count()
    u
v
1  18
2  12
3  20
4  13
5  15
6  22
```

96 ●第2章 確 率●

ここまでは良好である。ここでは、一様分布に従う確率変数から偏りのないサイコロをシミュレーションする方法を有している。

これを偏りのあるサイコロに拡張するためには、このコードに小さな調整をいくつか施すだけでよい。たとえば、$\mathbb{P}(1) = \mathbb{P}(2) = \mathbb{P}(3) = 1/12$、および$\mathbb{P}(4) = \mathbb{P}(5) = \mathbb{P}(6) = 1/4$の偏りのあるサイコロを作りたいとしよう。実施すべき唯一の変更は、以下のように pd.cut を用いることである。

```
df['v']=pd.cut(df.u,[0,1/12,2/12,3/12,2/4,3/4,1],
               include_lowest=True,labels=labels)

>>> df.groupby('v').count()/df.shape[0]
      u
v
1   0.08
2   0.10
3   0.09
4   0.23
5   0.19
6   0.31
```

ここで、これらは各番号の個別の確率である。個別の確率をよりはっきりと見るためには100を超える標本を生成することできるが、それらを生成する仕組みは同様である。この方法は、先の事例のCDF（すなわち、[0,1/12,2/12,3/12,2/4,3/4,1]）で、標本生成のために逆転している（pd.cut法を用いている）ため、逆CDF[‡3]法と呼ばれる。逆転は連続変数で確認するほうが簡単であり、以下でこれを考えてみよう。

2.8.2 連続変数のための逆CDF法

前述の方法では連続型確率変数に適用したが、そこでやるべきことは、区間を個々の点に絞り込むことであった。前述の例では、逆関数は一様乱数に従う標本に対して処理される区分関数であった。本節の事例では、区分関数は連続型の逆関数に帰結する。逆数になれるCDFについて無作為標本を生成したい。前述のように、適切な標本vを生成する基準は以下のとおりである。

$$\mathbb{P}(F(x) < v < F(x + \Delta x)) = F(x + \Delta x) - F(x) = \int_x^{x+\Delta x} f(u)du \approx f(x)\Delta x$$

これは、標本vがΔx区間に含まれる確率が、その点での密度関数$f(x)\Delta x$にほぼ等しいことを意味している。繰り返すと、重要な点は、これらの標本を作成するために一様乱数に従う標本uと逆CDF $F(x)$を使用することである。一様乱数に従う確率変数$u \sim \mathcal{U}[0, 1]$に対し、次のような式が成り立っていることに注意しよう。

[‡3] ［原書注］ 累積密度関数（Cumulative density function）、すなわち$F(x) = \mathbb{P}(X < x)$。

$$\mathbb{P}(x < F^{-1}(u) < x + \Delta x) = \mathbb{P}(F(x) < u < F(x + \Delta x))$$
$$= F(x + \Delta x) - F(x)$$
$$= \int_{x}^{x+\Delta x} f(p)dp \approx f(x)\Delta x$$

これは、$v = F^{-1}(u)$ が $f(x)$ に従って分布することを意味し、今回求めようとしていたものである。

指数分布から標本を生成するために、以下のようにこれを実施しよう。

$$f_\alpha(x) = \alpha e^{-\alpha x}$$

これは、以下のような CDF とその逆関数に対応する逆数を有する。

$$F(x) = 1 - e^{-\alpha x}$$

$$F^{-1}(u) = \frac{1}{\alpha} \ln \frac{1}{(1-u)}$$

ここでしなければならないことは、いくつかの一様分布に従う無作為な標本を生成してそれを F^{-1} で処理することである。

```
>>> from numpy import array, log
>>> import scipy.stats
>>> alpha = 1.    # 分布のパラメータ
>>> nsamp = 1000 # 標本数
>>> # 一様分布に従う無作為変数を定義する
>>> u=scipy.stats.uniform(0,1)
>>> # 逆関数を定義
>>> Finv=lambda u: 1/alpha*log(1/(1-u))
>>> # 標本に逆関数を適用
>>> v = array(map(Finv,u.rvs(nsamp)))
```

ここで、指数分布からの標本があるが、それに応じて分布した標本に対してその方法が間違いないことをどのように確認するのだろうか？ 幸いにも、scipy.stats はすでに指数分布を有するため、確率プロット（あるいは、Q-Q プロットともいう）を用いて参照したい分布に対してその動作を確認できる。次のコードでは scipy.stats より、確率プロットを実施する。

```
fig,ax=subplots()
scipy.stats.probplot(v,(1,),dist='expon',plot=ax)
```

確率プロットを描画するために axes オブジェクト（ax）を提供する必要がある。その結果を**図2.14** に示す。標本の線が対角線に一致すればするほど、それらは参照分布と一致する（すなわち、本事例では指数分布）。また、正規分布が参照分布であるときに何が起こるかを知るために、上記のコードで、dist=norm を指定して実行したくなるであろう。

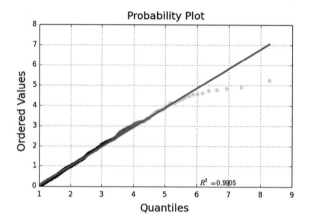

図2.14 逆CDF法を用いて作成した標本は指数参照分布と一致する。

2.8.3 棄却法

一部の事例では、CDFを逆にすることが不可能である。棄却法はこの状況を処理できる。その考え方は、以下で示される一様分布に従う2つの確率変数 $u_1, u_2 \sim \mathcal{U}[a, b]$ を抽出することである。

$$\mathbb{P}\left(u_1 \in N_\Delta(x) \bigwedge u_2 < \frac{f(u_1)}{M}\right) \approx \frac{\Delta x}{b-a} \frac{f(u_1)}{M}$$

ここで $x = u_1$ であり、$f(x) < M$ をとる。これは2段階の工程である。まず、区間 $[a, b]$ から一様乱数 u_1 を引き出す。2番目にそれを $f(x)$ に流し込み、$u_2 < f(u_1)/M$ であるならば、$f(x)$ について妥当な標本を持つことになる。そのため、u_1 は u_2 に依存して棄却されるか、あるいは棄却されない f に由来する提案標本である。定数 M の唯一の作用は $f(x)$ を縮小することなので、変数 u_2 はその範囲にまで及ぶ可能性がある。この方法の効率は、以下のように、上記の近似を積分することに由来する u_1 の受理確率である。

$$\int \frac{f(x)}{M(b-a)} dx = \frac{1}{M(b-a)} \int f(x) dx = \frac{1}{M(b-a)}$$

これは、必要以上に大きい M は必要ないことを意味する。なぜなら、標本をより多く棄却処分しがちであるからである。

次のように、連続関数の逆数を持たない密度分布でこの方法を実施しよう[‡4]。

---

‡4［原書注］ 本事例の密度は、確率密度関数のように必ずしも正確には1で積分されていないことに注意する。しかし、このための正規化定数は、ここでの目的を防害している。

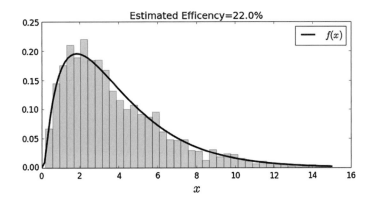

図2.15 棄却法は目標分布によく一致するヒストグラムの標本を生成する。残念ながら、効率は良好ではない。

$$f(x) = \exp\left(-\frac{(x-1)^2}{2x}\right)(x+1)/12$$

ここで、$x > 0$ である。以下のコードは棄却の計画を実行する。

```
>>> import numpy as np
>>> x = np.linspace(0.001,15,100)
>>> f= lambda x: np.exp(-(x-1)**2/2./x)*(x+1)/12.
>>> fx = f(x)
>>> M=0.3                              # スケール因子
>>> u1 = np.random.rand(10000)*15      # 一様乱数標本はスケール化される
>>> u2 = np.random.rand(10000)         # 一様乱数標本
>>> idx,= np.where(u2<=f(u1)/M)        # 棄却基準
>>> v = u1[idx]
```

図2.15 は確率密度関数に良く当てはまっており、そのようにして生成された標本のヒストグラムを示す。図の標題の数字は効率を示し、これは不良である。このことは、提案された標本のほとんどが棄却処分されたことを意味する。そのため、この結果は概念的には何も悪くないけれども、現実の問題として、この低い効率を修正すべきである。**図2.16** は提案された標本が棄却された場所を示す。曲線の下側の標本は保持されている（すなわち、$u_2 < \frac{f(u_1)}{M}$）。しかし、標本の主要な大部分はこの傘の外側にある。

棄却法は、$f(x)$ の領域に沿った選択をするために u_1 を使用し、一様分布に従う他の確率変数 u_2 を受理するか否かを決定する。1つの考え方は、u_1 を選択することである。そして、x の値は、特に尾部近くの一様な領域内のどこか確率の低いところではなく、$f(x)$ の頂点近くに偏った値に偶然にも一致する。ここでの秘訣は、確率密度が同程度の濃度を持つものから標本抽出するために新しい密度関数 $g(x)$ を求めることである。それを実施する方法の1つは、調節可能なパラメータと迅速な無作為標本生成器を既に保持している確率密度関数に精通することである。多くの探

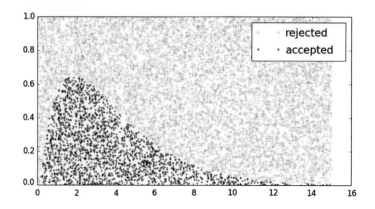

図2.16 曲線下の提案標本は受理され、その他は受理されなかった。これは、標本の大部分が棄却されたことを示す。

索する場所があり、機会がある。問題に対するそのような生成器はすでにありそうである。さもなければ、β 密度（分布）のファミリーが良い生成開始場所である。

わかりやすくするために、求めたいものは $u_1 \sim g(x)$ であるため、以下のような先ほどの議論に戻る。

$$\mathbb{P}\left(u_1 \in N_\Delta(x) \bigwedge u_2 < \frac{f(u_1)}{M}\right) \approx g(x)\Delta x \frac{f(u_1)}{M}$$

しかし、これはここで求めようとしているものではない。問題は論理式の and 記号（∧）結合部の2番目の部分にある。$f(x)$ に比例するものを与える何かをそこに代入する必要がある。そこで、以下の式を定義しよう。

$$h(x) = \frac{f(x)}{g(x)} \tag{2.8.3.1}$$

領域上で対応する最大値は h_{max} で、先の例に戻り、括弧内の第2の部分を以下のように構築する。

$$\mathbb{P}\left(u_1 \in N_\Delta(x) \bigwedge u_2 < \frac{h(u_1)}{h_{max}}\right) \approx g(x)\Delta x \frac{h(u_1)}{h_{max}} = f(x)/h_{max}$$

この基準を満たすということは、$u_1 = x$ を意味することを思い出そう。先の例のように、u_1 の受理確率を $1/h_{max}$ と見積もることができる。

ここで、式 2.8.3.1 の分母内の $g(x)$ 関数をどのように生成するのだろうか？ いくつかの標準的な確率密度に習熟することがうまくやるところ（秘訣）である。本事例では、χ 二乗分布を選択する。以下に、$g(x)$ と $f(x)$（左のグラフ）、およびそれに対応する $h(x) = f(x)/g(x)$（右のグ

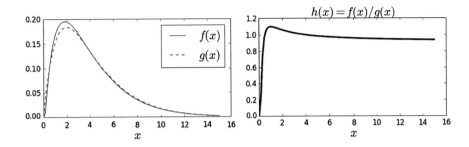

図2.17 右のグラフは$h(x) = f(x)/g(x)$を示し、左のグラフは$f(x)$と$g(x)$とを個別に示す。

図2.18 更新した方法を用いると、ヒストグラムは高い効率で標的確率密度関数に一致する。

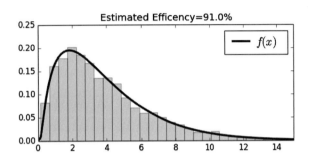

ラフ）のグラフを描画する。$g(x)$と$f(x)$の頂点がほぼ一致し、これは我々が探しているものである（**図2.17**）。

```
>>> ch=scipy.stats.chi2(4)    # χ二乗分布
>>> h = lambda x: f(x)/ch.pdf(x)  # h関数
```

ここで、棄却法によりχ二乗分布から標本をいくつか生成しよう。

```
>>> hmax=h(x).max()
>>> u1 = ch.rvs(5000)         # χ二乗分布の標本
>>> u2 = np.random.rand(5000) # 一様分布の標本
>>> idx = (u2 <= h(u1)/hmax)  # 棄却基準
>>> v = u1[idx]               # これだけが保持される
```

棄却法に対するχ二乗分布の使用により、少なくとも80%を廃棄した前の事例に比べて、生成した標本を廃棄するのは10%未満となった。これは劇的に効率的である。**図2.18**は、ヒストグラムと確率密度関数が一致することを示す。完全を期するために、**図2.19**はそれらを選択するために使用した対応する閾値$h(x)/h_{max}$を持つ標本を示す。

　本節では、離散型または連続型にかかわらず、与えられた分布から無作為標本を生成する方法を検討した。連続型の場合には、重要な問題点は累積密度関数が連続型の逆関数を持つかどうかであった。さもなければ、棄却法に戻って、棄却閾値の一部として用いるために容易に標本抽出できる適切な関連の密度を求める必要がある。そのような関数を求めることは1つの技である

図2.19 この事例では棄却された提案点は少なく、効率がより良いことを意味する。

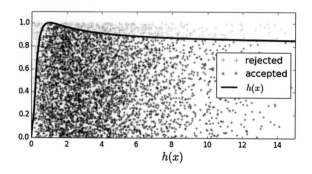

が、すでに高速な乱数生成器があり、長年にわたって確率密度の多数のファミリーが研究されてきた。

棄却法は、領域の注意深い分割と、特殊な事例に用いる多くの特別な方法を含む、複雑な拡張機能を多く持つ。にもかかわらず、これらの高度な技術のすべてが、ここで示したのと同様の基本的課題の変法に過ぎない[9, 10]。

2.9 有用な不等式

実際に、データ分析で計算できる量は少ない。制限のある不等式のいくらかの知識は、解決の可能な大体の範囲を見つけるのを助ける。本節では、確率、統計、機械学習に重要な3つの重要な不等式について説明する。

2.9.1 マルコフの不等式

Xを負ではない確率変数とし、$\mathbb{E}(X) < \infty$ であると仮定する。すると、任意の $t > 0$ について、以下の式が成立する。

$$\mathbb{P}(X > t) \leq \frac{\mathbb{E}(X)}{t}$$

これは、他の不等式への踏み石として利用される基本的な不等式である。証明するのは容易である。$X > 0$ であるため、以下の式が得られる。

$$\mathbb{E}(X) = \int_0^\infty x f_x(x) dx = \underbrace{\int_0^t x f_x(x) dx}_{\text{これを除く}} + \int_t^\infty x f_x(x) dx$$

$$\geq \int_t^\infty x f_x(x) dx \geq t \int_t^\infty x f_x(x) dx = t \mathbb{P}(X > t)$$

不等式が成立する段階は、$\int_0^t x f_x(x) dx$ を除く部分である。区間 $[0, t]$ の周辺に集中した特定の $f_x(x)$ については、除かれるものがたくさんある可能性がある。そのため、マルコフの不等式は隙間の

図2.20 χ_1^2密度は左側に多くの重みがあり、これはマルコフの不等式の成立では除外される。

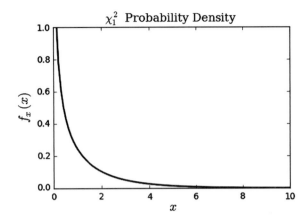

図2.21 陰影領域はマルコフの不等式の曲線間の領域である。

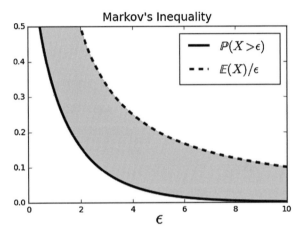

大きい不等式と考えられ、不等式の両辺の間にかなりの隙間があることを意味する。たとえば、**図2.20** に示すように、χ二乗分布では左辺に多くの内容量があり、これはマルコフの不等式では省略されるだろう。**図2.21** はマルコフの不等式で成立した2つの曲線を示す。グレーの陰影の領域は2つの項の間の隙間であり、この事例の境界（広い陰影の領域）の隙間の大きい傾向を示す。

2.9.2 チェビシェフの不等式

チェビシェフの不等式は、マルコフの不等式から導出できる。$\mu = \mathbb{E}(X)$とし、$\sigma^2 = \mathbb{V}(X)$とする。すると、以下の式が成り立つ。

$$\mathbb{P}(|X - \mu| \geq t) \leq \frac{\sigma^2}{t^2}$$

正規化した場合、$Z = (X - \mu)/\sigma$であり、$\mathbb{P}(|Z| \geq k) \leq 1/k^2$が得られる。特に、$\mathbb{P}(|Z| \geq 2) \leq 1/4$である。Sympyの統計モジュールによってこの不等式を示すことができる

```
>>> import sympy
>>> import sympy.stats as ss
>>> t=sympy.symbols('t',real=True)
>>> x=ss.ChiSquared('x',1)
```

チェビシェフの不等式の左辺を得るには、以下のような条件付き確率として書く必要がある。

```
>>> r = ss.P((x-1) > t,x>1)+ss.P(-(x-1) > t,x<1)
```

これは、絶対値の関数に関してその展開における点での統計モジュールに一定の限界があるためである。上の式をとることができ、これは t の関数で、積分の計算を試みるが、非常に長時間を要する（式は非常に長く複雑であるため、上記からは省略した）。その理由は、Sympy がバックエンドでいかなる C レベルの最適化も用いない純粋な python モジュールであるからである。この状態では、（項をいくらか再編集したあとで）以下のように組込みの累積密度関数を用いるほうがよい。

```
>>> w=(1-ss.cdf(x)(t+1))+ss.cdf(x)(1-t)
```

このグラフを描画するために、.subs 代入法を用いて種々の t 値でそれを評価できるが、式を関数に変換するには lambdify メソッドを用いるほうが便利である。

```
>>> fw=sympy.lambdify(t,w)
```

その後、以下の**図 2.22** を作成するには、次のようにしてこの関数を計算できる。

```
>>> map(fw,[0,1,2,3,4])
[1.0,0.157299207050285,0.08326451666355039,0.04550026389635875,0.0253473186774682]
```

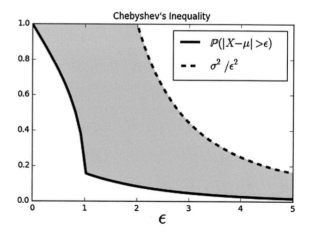

図2.22 陰影の領域はチェビシェフの不等式の両辺の曲線間の領域を示す。

> **プログラミングのコツ**
>
> `lambdify` 関数についてはベクトルの入力を使用できないことに注意しよう。なぜなら、それは Sympy のみで使用できる組み込み関数を含むからである。そうでなければ、Numpy における対応する関数を指定するために `lambdify(t,fw,numpy)` を用いて、式に使用することができる。

2.9.3 ヘフディングの不等式

ヘフディングの不等式は、マルコフの不等式に似ているが、両辺の隙間は少ない。$X_1, \ldots, X_n$ を、$\mathbb{E}(X_i) = \mu$ で、かつ $a \leq X_i \leq b$ となるような、独立等分布（iid）であると仮定する。すると、任意の $\epsilon > 0$ について以下の式が成立する。

$$\mathbb{P}(|\overline{X}_n - \mu| \geq \epsilon) \leq 2\exp(-2n\epsilon^2/(b-a)^2)$$

ここで、$\overline{X}_n = \frac{1}{n}\sum_i^n X_i$ である。個別の確率変数に、さらに境界が設けられていることに注意しよう。

系 $X_1, \ldots, X_n$ が $\mathbb{P}(a \leq X_i \leq b) = 1$ で、かつすべての値で $\mathbb{E}(X_i) = \mu$ であり、独立である場合に以下の式を得る。

$$|\overline{X}_n - \mu| \leq \sqrt{\frac{c}{2n}\log\frac{2}{\delta}}$$

ここで、$c = (b-a)^2$ である。この不等式は機械学習の章で再び登場する。**図 2.23** は、10 個の当分布でかつ一様分布に従う確率変数 $X_i \sim \mathcal{U}[0,1]$ の場合についての、マルコフおよびヘフディ

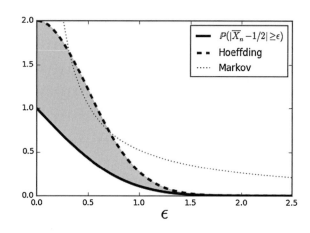

図2.23 この図は、10 個の等分布かつ一様分布に従う確率変数の事例についての、マルコフおよびヘフディングの境界を示す。

ング境界を示す。実線は $\mathbb{P}(|\overline{X}_i - 1/2| > \epsilon)$ を示す。ヘフディング不等式はマルコフ不等式より緊密で、ϵ が十分大きい時はその両方が同じになることに注意しよう。

参考文献

1. F. Jones, *Lebesgue Integration on Euclidean Space*, Jones and Bartlett Books in Mathematics（Jones and Bartlett, London, 2001）

2. G. Strang, *Linear Algebra and Its Applications*（Elsevier Science, 2014）. https://books.google. com/ books?id=9A7jBQAAQBAJ, ISBN 9781483265117

3. E. Nelson, *Radically Elementary Probability Theory*, Annals of Mathematics Studies（Princeton University Press, Princeton, 1987）

4. T. Mikosch, *Elementary Stochastic Calculus with Finance in View*, Advanced Series on Statistical Science & Applied Probability（World Scientific, Singapore, 1998）

5. H. Kobayashi, B.L. Mark, W. Turin, *Probability, Random Processes, And Statistical Analysis: Applications To Communications, Signal Processing, Queueing Theory And Mathematical Finance*, Engineering Pro Collection （Cambridge University Press, Cambridge, 2011）

6. Z. Brzezniak, T. Zastawniak, *Basic Stochastic Processes: A Course Through Exercises*, Springer Undergraduate Mathematics Series（Springer, London, 1999）

7. D.J.C. MacKay, *Information Theory, Inference and Learning Algorithms*（Cambridge University Press, Cambridge, 2003）

8. T. Hastie, R. Tibshirani, J. Friedman, *The Elements of Statistical Learning: Data Mining, Inference, and Prediction*, Springer Series in Statistics（Springer, New York, 2013）

9. W.L. Dunn, J.K. Shultis, *Exploring Monte Carlo Methods*（Elsevier Science, Boston, 2011）

10. N.L. Johnson, S. Kotz, N. Balakrishnan, *Continuous Univariate Distributions*, vol. 2, Wiley Series in Probability and Mathematical Statistics: Applied Probability and Statistics（Wiley & Sons, New York, 1995）

第**3**章

統 計
Statistics

3.1 はじめに

統計について考慮するにあたり3つの有名な問題を考える。

- バッグの中に色付きのビー玉がたくさん入っていると仮定する。目を閉じてバッグの中から ビー玉を一握り分取り出す時、バッグの中にあるものをどのように表現するだろうか？
- 知らない町に到着し、タクシーが必要になった。窓の外を見て、暗闇の中でタクシーの屋根の 上の数字をかろうじて見つけることができる。この町では、連続的にタクシーに番号がついて いることがわかっている。この町に何台のタクシーがあるだろうか？
- 既に入試を2回受験しているとする。得点が伸びることを期待して3回目を受ける価値がある かどうか知りたいと思っている。最後に受けた得点が通知され、3回目に受験すると悪い結果 になるのではないかと心配しているとする。どのようにして再度試験を受けるかどうかを決め るのか？

統計は、これら各々の問題のそれぞれに対応する構造化された方法を提供する。これは重要であ る。なぜなら、バイアスや直感によってだまされやすいためである。残念ながら、統計の分野は このために単一の方法が提供されるのではなく、統計の書籍の重みできしんでいる多くの図書館 の棚に解説がある。これは、多くの統計量は計算するのは簡単ではあるけれども、正当化したり、 説明したり、理解することさえもそれほど易しくないということである。基本的にデータと格闘 を開始する最初の段階では、先の章で説明したような背景となる確率密度の情報がない。これに より、データ処理で選択するために補強しなければならない重要な構造が除かれることになる。 以降では、Python の '技' の中でも最も強力な統計ツールのいくつかを検討し、それらを通じ て考慮すべき方法を提案する。

© Springer International Publishing Switzerland 2016
J. Unpingco, *Python for Probability, Statistics, and Machine Learning*,
DOI 10.1007/978-3-319-30717-6_3

108 ●第3章　統　計●

3.2　統計用 Python モジュール

3.2.1　Scipy の統計モジュール

　Numpy には、いくつかの基本的な統計関数（mean, std, median など）があるが、統計関数のための本質的なリポジトリは scipy.stats である。scipy.stats には、80 を超える実装済みの連続型確率分布、および 10 を超える離散型分布の追加集合が存在し、それとともに、本章の以後で紹介するものの中から選択できる補足的な他の統計関数が存在する。

　scipy.stats を始めるには、興味のある分布を有しているモジュールをロードして、オブジェクトを作成する必要がある。例を以下に示す。

```
>>> import scipy.stats # しばらく時間がかかる
>>> n = scipy.stats.norm(0,10) # 正規分布を作成
```

変数 n が、平均がゼロで、標準偏差が $\sigma = 10$ である正規分布に従う確率変数を表すオブジェクトであるとする。これら 2 つのパラメータについてのより一般的な項はそれぞれ、位置 location パラメータと尺度 scale パラメータである。ここで、これを定義し、以下に示すように平均 mean を計算することができる。

```
>>> n.mean()  # 定義から既にこれを計算することができる！
0
```

また、さらに高次の積率（モーメント）を計算できる。

```
>>> n.moment(4)
30000
```

連続型確率変数について公開されている主要なメソッドは以下の通りである。

- rvs: 確率変数（random variates）
- pdf: 確率密度関数（probability density function）
- cdf: 累積分布関数（cumulative distribution function）
- sf: 生存関数（survival function）（1-CDF）
- ppf: パーセント点関数（percent point function）（CDF の逆）
- isf: 逆生存関数（inverse survival function）（SF の逆）
- stats: 平均、分散、（フィッシャーの）歪度 (skewness)、または（フィッシャーの）尖度 (kurtosis)
- moment: 分布の非心モーメント

たとえば、特定の点における確率密度関数 pdf の値は、以下のように計算できる。

```
>>> n.pdf(0)
0.039894228040143268
```

あるいは、同じ確率変数に対する累積分布関数 cdf は以下のように計算する。

```
>>> n.cdf(0)
0.5
```

また、以下のようにしてこの分布に従う標本を作成できる。

```
>>> n.rvs(10)
array([ -8.11311677,   1.48034316,   1.0824489 ,  -4.38642452,
        23.69872505, -22.19428082,  -7.19207387,  10.6447697,
         3.4549407 ,   1.67282213])
```

多くの一般的な統計的検定がすでに組み込まれている。たとえば、シャピロ・ウィルクス（Shapiro-Wilks）検定は、データが正規分布から抽出されたという帰無仮説を以下のように検定する[1]。

```
>>> scipy.stats.shapiro(n.rvs(100))
(0.9914381504058838, 0.779195249080658)
```

タプルの2番目の値は、p値である。

3.2.2　Sympy の統計モジュール

Sympy は、統計量の記号的な操作を可能にする、独自の非常に小さいが、それでも非常に便利な統計モジュールを有している。たとえば、以下の例がある。

```
>>> from sympy import stats
>>> X = stats.Normal('x',0,10)  # 正規分布に従う確率変数を生成
```

以下のように、確率密度関数 cdf を評価することができる。

```
>>> from sympy.abc import x
>>> stats.density(X)(x)
sqrt(2)*exp(-x**2/200)/(20*sqrt(pi))
```

以下のように、累積密度関数 cdf を評価することもできる。

```
>>> stats.cdf(X)(0)
1/2
```

出力に evalf() メソッドを用いて数値的にこれを評価できることに注意しよう。Sympy は以下のように stats.P 関数を用いて、標準的な確率の問題を検討するための直感的な方法を提供している。

---

[1]［原書注］　帰無仮説については本章の残りで説明する。

```
>>> stats.P(X>0)  # X >0 の確率は？
1/2
```

それに対応する期待値関数 stats.E も存在し、Sympy の強力な組み込み統合機構のすべてを用いて、複雑な期待値を計算できる。たとえば、以下のように $\mathbb{E}(\sqrt{|X|})$ を計算できる。

```
>>> stats.E(abs(X)**(1/2)).evalf()
2.59995815363879
```

残念ながら、本書の執筆時点で多変量分布のためのサポートは非常に限定されている。

3.2.3　その他の統計用 Python モジュール

統計作業用の重要な Python モジュールは、他にも多く存在する。重要な 2 つのモジュールは Seaborn と Statsmodels である。先に述べたように、Seaborn はライブラリで、非常に詳細な表現力に富む統計の可視化のために Matplotlib 上に構築されており、理想的には探索的データ分析に適している。Statsmodels は、多様な統計モデルのために Scipy の記述統計量、推定、推論を補完するように設計されている。Statsmodels は、（中でも）計量経済学的データとその問題に重点を置いた一般化線形モデル（generalized linear model、GLM）、ロバスト線形モデル（robust linear model）、時系列分析を含んでいる。両者ともこれらのモジュールは、良くメンテナンスされており、また非常に良くマニュアルなどが整理され、Matplotlib、Numpy、Scipy や他の科学技術計算のための Python モジュールに強固に統合するように設計されている。本書の焦点は特定用途のドメイン固有のものではなく、より概念的なものであるために、個々のツールは強力ではあるが、これらを強調して説明することはしていない。

3.3　収束の種類

生データの確率密度が存在しない場合、系統立った方法で確率変数列を議論する必要がある。微分の基礎から、以下のような収束の表記法を思い出してほしい。すなわち、実数列 x_n について、以下のように表記したとする。

$$x_n \to x_o$$

これは、与えられた任意の $\epsilon > 0$ に対し、どんなに小さい値であっても、$n > m$ となるような任意の m が存在することを意味し、以下のように表記される。

$$|x_n - x_o| < \epsilon$$

直感的に、これは x_o が ϵ 内に存在するように、列内に m が得られたことを意味する。これは、無限に列の長い行列が起こったと驚かすことではなく、収束過程に統一感を与えていることを意図している。統計の収束について議論するとき、ここで示したようなルック・アンド・フィール

（見た目や操作感）も扱うが、ここでは確率変数について議論しており、他の概念も必要である。確率変数について2つの挙動がある。確率変数には、以下のように実線上にその集合を割り付ける機能があることを思い出そう。

$$X : \Omega \mapsto \mathbb{R}$$

1つ目は、収束について議論するとき、Ω の部分集合の動作を追跡することである。2つ目は、実線上にとる確率変数列の値であり、収束過程でそれらがどのように動作するかである。

3.3.1 ほとんど確実に収束

この収束の概念の統計への最も簡単な拡張は、「確率1で収束」であり、「ほとんど確実に収束」と呼ばれることもある。これは以下のように表記する。

$$P\{\text{for each } \epsilon > 0 \text{ there is } n_\epsilon > 0 \text{ such that for all } n > n_\epsilon, \ |X_n - X| < \epsilon\} = 1$$

$$(3.3.1.1)^{*1}$$

先に述べた実数の収束の概念との類似性に注意しよう。この収束が起こった時、これを $X_n \overset{as}{\rightarrow} X$ のように表記する。この文脈で言えば、「ほとんど確実に収束」とは、任意の特定の $\omega \in \Omega$ がある場合に、任意の確率変数で生成された以下のような実数列が存在することを意味する。

$$(X_1(\omega), X_2(\omega), X_3(\omega), \dots, X_n(\omega))$$

そして、この数列は、実線上の収束の意味で言ういわゆる実数列であり、同様に収束する。これが真であるものに対して、全 ω を集合させた場合、その集合の測定値（確率）は1に等しくなる。したがって、確率変数の「ほとんど確実に収束」が起こる。収束概念が、確率変数の両側に適用されている点に注意しよう。すなわち、（ドメインである）Ω 側と（コドメインである）実際の変数値側である。

同等で、より簡単な表記は以下のようになる。

$$P\left(\omega \in \Omega : \lim_{n \to \infty} X_n(\omega) = X(\omega)\right) = 1$$

---

*1 ［訳　注］　この数式を無理矢理翻訳すると、任意の $\epsilon (>0)$ に対し、$n > n_\epsilon$ となるようなすべての数について、$n_\epsilon > 0$ となるような n_ϵ が存在し、（ただし、$|X_n - X| < \epsilon$ である）、確率が1である。補足（Wikipedia「確率変数の収束」2016年7月12日より）：確率変数列 X_n が X へと「概収束」あるいは「ほとんど確実に収束（converges almost surely）」、「ほとんど至る所で収束（converges almost everywhere）」、「確率1で収束（converges with probability 1）」、あるいは「強収束（converges strongly）」するとは、以下が成立することをいう。$\Pr = (\lim_{n \to \infty} X_n = X) = 1$

例　この種の収束の機構について何らかの感触を得るために、単位区間上で一様分布に従う確率変数列 $X_n \sim \mathcal{U}[0,1]$ を考える。ここで、以下のようにそのような変数 n の集合の最大値をとる。

$$X_{(n)} = \max\{X_1, \ldots, X_n\}$$

言い換えれば、n 個の一様分布に従う確率変数のリストを眺めて、その集合での最大値を選び出す。直感的に、$X_{(n)}$ は 1 に収束するべきであると予想できる。これが「ほとんど確実に」起こるかどうかを見てみよう。以下が真となるような m を表現したい。

$$P(|1 - X_{(n)}|) < \epsilon \text{ when } n > m$$

$X_{(n)} < 1$ であるので、これを以下のように簡略化できる。

$$1 - P(X_{(n)} < \epsilon) = 1 - (1-\epsilon)^m \xrightarrow[m \to \infty]{} 1$$

したがって、この列はほとんど確実に収束する。以下のようなコードを用いてこの例を具体化するために、Scipy を用いて Python で実行できる。

```
>>> from scipy import stats
>>> u=stats.uniform()
>>> xn = lambda i: u.rvs(i).max()
>>> xn(5)
0.96671783848200299
```

このように、本事例では、変数 xn は確率変数 $X_{(n)}$ と同じである。図 3.1 は、n 個の様々な値の確率変数と、各確率変数の複数（複数のグレー線）を表現したプロットを示している。濃いグレーの水平線の水準は、0.95 レベルである。本例では、1 から 0.05 の範囲内に確率変数の収束に注目しており、つまり 1 と 0.95 の間の領域に注目しているとする。したがって、式 3.3.1.1 では、$\epsilon = 0.05$ となる。ここで、ほとんど確実に収束する n_ϵ を求める必要がある。図 3.1 から、変数の数が $n > 60$ を超えるとすぐに、すべての実現結果が 0.95 の水平線より上の領域に収まる

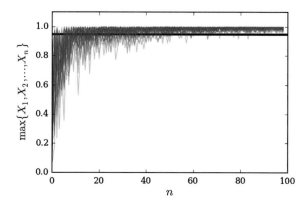

図 3.1　限定的な数列を用いた複数の実現化による「ほとんど確実に収束する」例

ようになり始めることを認める。しかし、特定の実現結果は、この線より下に飛ぶ例がいくつか残っている。定義を満たす確率を保証するため、いかなる n_ϵ でも、この種の基準を満たさない挙動の確率が非常に小さくなっていること、たとえば 1% 未満であることを確認する必要がある。今、1,000 を超える実現結果で $n = 60$ の確率を推定するために、以下のように計算することができる。

```
>>> import numpy as np
>>> np.mean([xn(60) > 0.95 for i in range(1000)])
0.96099999999999997
```

そして、n が 60 を超えて基準を満たさない例がある確率はかなり高いが、それでも（0.99）より上ではない。収束の分析的な実証において、ϵ および求めたい確率の制限をこの要因に適用することで、m について解くことができる。

```
>>> print np.log(1-.99)/np.log(.95)
89.7811349607
```

今、これを切り上げて丸め、上記と同様の推定値を求めてみる。

```
>>> import numpy as np
>>> np.mean([xn(90) > 0.95 for i in range(1000)])
0.995
```

これが求めていた結果である。この例から理解できる重要なことは、m を計算するために、確率変数（0.95）の値、およびこの水準（0.99）を達成する確率に関する両方の収束基準を選択しなければならなかったということである。形式張らずに言うならば、「ほとんど確実に収束する」とは、n が大きくなると X に近づく特定の X_n だけでなく、数列の値全体が高い確率で X に近づいている状態を意味する。

3.3.2　確率収束

　弱い種類の収束は以下のような確率収束を意味する。すなわち、各 $\epsilon > 0$ について、$n \to \infty$ であるときに、以下のようになる[*2]。

$$\mathbb{P}(\mid X_n - X \mid > \epsilon) \to 0$$

　これは、$X_n \xrightarrow{P} X$ として表記される。たとえば、確率 P_n をもつ $X_n = 1/2^n$ および、確率 $1 - p_n$ をもつ $X_n = c$ である確率変数の数列を考えよう。そして、$p_n \to 1$ のとき $X_n \xrightarrow{P} 0$ となる。これはこの収束の概念の下で起こりうる。これは、非収束の挙動が減少する（訳注：収束の挙動が増加する）（すなわち、$X_n = c$ のとき X_n が定数 c になる）可能性があるからである。$p_n \to 1$ の挙動についてはここでは言及していないことに注意しよう。

[*2]　［訳　註］　任意の ϵ について n が ∞ に近づくと、$|X_n - X|$ が 0 に近づくことを意味する。

114 ●第3章 統 計●

例 この種の収束の仕組みについての感覚を把握するために、$\{X_1, X_2, X_3, \ldots\}$ を以下の区間に対応する指標とする。

$$(0, 1], (0, \tfrac{1}{2}], (\tfrac{1}{2}, 1], (0, \tfrac{1}{3}], (\tfrac{1}{3}, \tfrac{2}{3}], (\tfrac{2}{3}, 1]$$

言い換えると、単位区間を同じ長さの断片に分割し、X_i によりこれらの断片に数値をつけていく。各 X_i は指標関数であり、0 と 1 の 2 つの値のみを取る。たとえば、$0 < x \leq 1/2$ のとき $X_2 = 1$ であり、それ以外は $X_2 = 0$ をとる。$x \sim \mathcal{U}(0, 1)$ である（x は、$0 < x < 1$ で一様分布に従っている）ことに注意する。これは、$P(X_2 = 1) = 1/2$ を意味する（訳注：$X_2 = 1$ のとき、$P = 1/2$）。$\epsilon \in (0, 1)$ の場合における任意の n について、$P(X_n > \epsilon)$ の数列を計算したい。X_1 でカバーされる区間ですでに ϵ を選択していることから、X_1 に対しては $P(X_1 > \epsilon) = 1$ である。X_2 に対しては $P(X_2 > \epsilon) = 1/2$ である。X_3 に対しては $P(X_3 > \epsilon) = 1/3$ である。以下、同様に続く。これにより次の数列が生成される。

$$(1, \tfrac{1}{2}, \tfrac{1}{2}, \tfrac{1}{3}, \tfrac{1}{3}, \ldots)$$

数列の極限値はゼロであり、それゆえ $X_n \xrightarrow{P} 0$ と記述される。しかし、任意の $x \in (0, 1)$ に対し、$X_n(x)$ についての関数の値の数列は無限に続く 0 と 1 からなる（指示関数は、0 か 1 かを評価できることを思い出そう）。そして、数列は 0 と 1 の間を行き来しているため、数列 $X_n(x)$ の収束についての x の集合は空である。これは、確率収束が起こっているが、ほとんど確実に収束に失敗していることを意味する。重要な違いは、確率収束は確率の数列の収束であるのに対し、ほとんど確実に収束は、基礎となる確率空間全体を埋める（つまり、確率 1 で）事象の集合にわたる確率変数の値の数列に関するものである、ということである。

これは良い事例であるので、Python を用いて具体化できるかを見ていこう。以下は様々な部分区間を計算する関数である。

```
>>> make_interval= lambda n: np.array(zip(range(n+1),range(1,n+1)))/n
```

以下の例のように、Numpy の配列区間を作成するためにこの関数を用いることができる。

```
>>> intervals= np.vstack([make_interval(i) for i in range(1,5)])
>>> print intervals
[[ 0.          1.        ]
 [ 0.          0.5       ]
 [ 0.5         1.        ]
 [ 0.          0.33333333]
 [ 0.33333333  0.66666667]
 [ 0.66666667  1.        ]
 [ 0.          0.25      ]
 [ 0.25        0.5       ]
 [ 0.5         0.75      ]
 [ 0.75        1.        ]]
```

以下の関数は、本事例でビット文字列 $\{X_1, X_2, \ldots, X_n\}$ を計算する。

```
>>> bits= lambda u:((intervals[:,0] < u) & (u<=intervals[:,1])).astype(int)
>>> bits(u.rvs())
array([1, 0, 1, 0, 0, 1, 0, 0, 0, 1])
```

ここで、個々のビット文字列があり、収束を示すために各エントリが極限に至る確率を示したい。たとえば、10個の計算結果を以下に示す。

```
>>> print np.vstack([bits(u.rvs()) for i in range(10)])
[[1 1 0 1 0 0 0 1 0 0]
 [1 1 0 1 0 0 0 1 0 0]
 [1 1 0 0 1 0 0 1 0 0]
 [1 0 1 0 0 1 0 0 1 0]
 [1 0 1 0 0 1 0 0 1 0]
 [1 1 0 0 1 0 0 1 0 0]
 [1 1 0 1 0 0 1 0 0 0]
 [1 1 0 0 1 0 0 1 0 0]
 [1 1 0 0 1 0 0 1 0 0]
 [1 1 0 1 0 0 1 0 0 0]]
```

各列の1の極限確率を求めて、極限に変換したい。以下のコードを用いて、1,000を超える試行結果について推定値を求めることができる。

```
>>> np.vstack([bits(u.rvs()) for i in range(1000)]).mean(axis=0)
array([ 1.   ,  0.493,  0.507,  0.325,  0.34 ,  0.335,  0.253,  0.24 ,
        0.248,  0.259])
```

これらのエントリは、先に求めた数列 $\left(1, \frac{1}{2}, \frac{1}{2}, \frac{1}{3}, \frac{1}{3}, \ldots\right)$ に近いということに注意しよう。**図3.2** は、大数の区間に対するこれらの確率の収束を示している。最終的には、このグラフに示される確率は、n が十分に大きくなるとゼロに低下する。繰り返すが、0と1からなる個々の数列は収束しないが、これらの確率は収束することに再び注意しよう。これは、「ほとんど確実に収束」と「確率収束」の重要な差異である。したがって、「確率収束」は「ほとんど確実に収束」

図3.2 確率変数列の確率収束

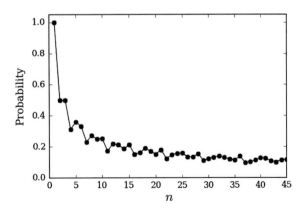

116 ●第3章 統 計●

を意味するものではない。逆に、「ほとんど確実に収束」は「確率収束」を意味するものではない。

以下の表記は、それぞれ「ほとんど確実に収束」と「確率収束」の間の違いを強調する助けとなっている。

$$P\left(\lim_{n \to \infty} |X_n - X| < \epsilon\right) = 1 \qquad \text{（ほとんど確実に収束）}$$

$$\lim_{n \to \infty} P(|X_n - X| < \epsilon) = 1 \qquad \text{（確率収束）}$$

3.3.3 分布収束

これまでのところ、確率変数で取られる「確率の数列」または「値の数列」の観点から収束を議論してきた。対照的に、収束の次の主要な種類は、以下で示す分布収束である。

$$\lim_{n \to \infty} F_n(t) = F(t)$$

これは、F に関する t について連続的であり、F は累積密度関数である。本事例においては、収束は累積密度関数にのみ関係するもので、以下のように表記する。

$$X_n \xrightarrow{d} X$$

例 この種の収束に関する直観を養うために、ベルヌーイ分布に従う確率変数 X_n の数列を考える。さらに、ちょうど同じ確率変数 X が存在すると仮定する。通常は $X_n \xrightarrow{d} X$ と表記する。ここで、$Y = 1 - X$ を仮定する。これは、Y は X と同じ分布をしていることを意味する。したがって、$X_n \xrightarrow{d} X$ となる。一方、すべての n に対して、$|X_n - Y| = 1$ であるので、「ほとんど確実に収束」や「確率収束」となることはできない。したがって、分布収束は、他の2つの収束によって示唆されるが、他の2つの収束を示唆しないという意味で、収束の3つの形態の中で最も弱いものである。

他の顕著な例として、$Y_n \xrightarrow{d} Z$ という形をとることができる。ここで、$Z \sim \mathcal{N}(0, 1)$ である。しかし、$Y_n \xrightarrow{d} -Z$ という形をとることもできる。つまり、Y_n は、Z または $-Z$ のいずれかの分布に収束できる。これはあいまいに見えるかもしれないが、この種の収束は非常に有用である。なぜならば、複雑な分布を、単純な分布で近似することができるからである。

3.3.4 極限定理

ここで、これら収束のすべての概念を把握しており、さまざまな状況に適用することができ、そこから派生した法則を見ていこう。

大数の弱法則

$\{X_1, X_2, \ldots, X_n\}$ を、有限の平均 $\mathbb{E}(X_k) = \mu$ と有限の分散をもつ独立等分布（iid）の確率変数の集合であるとする。ここで、$\overline{X}_n = \frac{1}{n} \sum_k X_k$ であるとする。そのとき、$\overline{X}_n \xrightarrow{P} \mu$ が得られる。何

らかの種の平均処理を用いてパラメータを推定することはよくあるので、この結果は重要である。これは、基本的に確率収束の観点からで正当化される。形式張らずに言うと、$\overline{X}_n$ の分布は、$n \to \infty$ となるにつれて、μ の周りに集中するようになる。

大数の強法則

$\{X_1, X_2, \ldots, \}$ を独立等分布（iid）の確率変数の集合であるとする。$\mu = \mathbb{E}|X_i| < \infty$ であると仮定すると、$\overline{X}_n \xrightarrow{as} \mu$ が成立する。これが強法則と呼ばれている理由は、弱法則を示唆するからで、「ほとんど確実に収束」が「確率収束」を示唆することによる。いわゆるコモゴロフの基準によると、対応する分散 $\{\sigma_k^2\}$ をもつ数列 $\{X_k\}$ に強法則を適用して結論を得るための十分条件として、以下のような収束が得られる。

$$\sum_k \frac{\sigma_k^2}{k^2}$$

例として、i 回目の試行が成功した場合に、$X_i = 1$ とするベルヌーイ試行の無限数列を考える。そして、$\overline{X}_n$ を、n 回の試行が成功する相対頻度とし、$\mathbb{E}(X_i)$ を、i 回目の試行において成功する確率 p とする。これらすべてがうまくいったときに、弱法則は、十分に大きな一定の n を考えた場合に、相対頻度が p に収束する確率が保証されるということのみを言っている。強法則は、試行が実施された無限回の $\{X_i\}$ すべてを観察した場合に、試行が成功する相対頻度が、ほとんど確実に p に収束すると言及している。大数の強法則と弱法則の違いは微妙であり、確率論の実際の応用面では滅多に問題になることはない。

中心極限定理

大数の弱法則は、$\overline{X}_n$ の分布が μ の周りに集中することを示しているが、その分布が何であるかは示していない。中心極限定理（CLT）は、$\overline{X}_n$ が平均 μ と分散 σ^2/n の正規分布に近似することを言っている。驚くべきことに、分布の平均と分散の存在を除けば、X_i の分布について何も仮定していない。以下は、中心極限定理である。すなわち、$\{X_1, X_2, \ldots, X_n\}$ を平均 μ と分散 σ^2 をもつ独立等分布の集合であるとする。すると、以下が成立する。

$$Z_n = \frac{\sqrt{n}(\overline{X}_n - \mu)}{\sigma} \xrightarrow{P} Z \sim \mathcal{N}(0, 1)$$

中心極限定理の緩い解釈は、$\overline{X}_n$ が法則的に正規分布で近似することができることである。ここでは、確率収束について話しており、確率についての主張は正当であるが、確率変数自体についての主張は根拠がない。直感的には、これは、正規性が有限分散の小さな、独立した撹乱の総和から生じることを示している。数学的には、有限分散の仮定が正規性には必須である。中心極限定理は、強力な一般的近似を提供するが、特定の状況で近似する品質は、まだもとの（通常は不明）分布に依存している。

3.4 最尤推定法を用いた推定

推定の問題は、データから意味のある何かを推測したいという要望から始まる。パラメトリック推定については、その戦略は、データのモデルを仮定した後に、モデルのパラメータに当てはめるデータを使用することである。これから 2 つの基本的な疑問が起こる。すなわち、どこからモデルを得るか？ パラメータをどのように推定するか？ である。最初の質問には、「すべてのモデルは間違いで、一部は有用である」という格言が最も良い回答である。言い換えれば、モデル選択と、モデル自体への応用に依存する。空を見るために、様々な望遠鏡を作るようなモデルを考えよう。望遠鏡が空を生成するとは誰も主張しないだろう！ これは、データのモデルでも同様である。モデルはデータに複数の視点を与え、より深い背景の現象を代表する。

データのいくつかのカテゴリは、特定の種類のモデルを用いて、より一般的に研究することができるが、これは通常かなり各領域に特有のもので、最終的には分析の目的に依存する。いくつかの事例では、モデル選択の背景に、何らかの強い物理的理由が存在しうる。たとえば、以下のように、モデルはノイズをもつ線形モデルであると仮定することができる。

$$Y = aX + \epsilon$$

これは基本的には、実験者として、ある X の値にダイヤルした後、測定値である Y と、装置に付随する属性である若干の付加的ノイズの合計として、X に正比例するものを読み取ることを言う。そして、次のステップは、ϵ の性質について何らかの仮定される示唆を与えるモデルのパラメータ a を推定することである。モデルのパラメータを計算する方法は、個別の固有の方法論に依存する。2 つの大きな方策として、パラメトリック推定とノンパラメトリック推定がある。前者では、データの密度関数がわかっていて、それに埋め込まれたパラメータを求めることを試みることを仮定している。後者では、密度関数は、密度関数の広いクラスのメンバーであることを知っているだけと考え、そのクラスのメンバーの特徴を指定するためにデータを使用する。一般的には、データから計算する未知の部分が少ないことから、後者よりも前者の方が少ないデータで処理できると言える。

ここでは、パラメトリック推定に集中しよう。伝統的には、これはより大きな別の空間 Θ のメンバーである θ として推定される未知のパラメータを求めることである。潜在的な θ 値を求めるには、リスク関数として知られている目的関数 $L(\theta, \hat{\theta})$ を必要とする。ここで、$\hat{\theta}(\mathbf{x})$ は利用可能なデータ $\mathbf{x}$ から導かれた未知の θ の推定値である。最も一般的で有用なリスク関数は、以下のような二乗誤差の損失である。

$$L(\theta, \hat{\theta}) = (\theta - \hat{\theta})^2$$

これはきれいにまとまっているが、計算を行うために未知の θ を知っている必要があるので実用的ではない。他の問題点として、$\hat{\theta}$ は観測データの関数であるために、それ自身が確率密度関数をもつ確率変数でもある。これで、期待されるリスク関数の表記が得られ、次のように表現され

る。

$$R(\theta, \hat{\theta}) = \mathbb{E}_\theta(L(\theta, \hat{\theta})) = \int L(\theta, \hat{\theta}(\mathbf{x})) f(\mathbf{x}; \theta) d\mathbf{x}$$

すなわち、固定されたθが与えられたとき、データの確率密度関数$f(\mathbf{x})$を積分してリスクを計算する。そこに平方誤差損失を挿入して、以下のような平均二乗誤差を計算する。

$$\mathbb{E}_\theta(\theta - \hat{\theta})^2 = \int (\theta - \hat{\theta})^2 f(\mathbf{x}; \theta) d\mathbf{x}$$

これは、以下のように対応する分散$\mathbb{V}_\theta(\hat{\theta})$を有するバイアス bias への重要な因数分解を有している。

$$\text{bias} = \mathbb{E}_\theta(\hat{\theta}) - \theta$$

ここで、$\mathbb{V}_\theta(\hat{\theta})$は、以下の式で示される平均二乗誤差（MSE）である。

$$\mathbb{E}_\theta(\theta - \hat{\theta})^2 = \text{bias}^2 + \mathbb{V}_\theta(\hat{\theta})$$

これには、繰り返し起こる重要なトレードオフがある。その考え方は、可能なすべてのデータ$f(\mathbf{x})$で積分した推定量$\hat{\theta}$が、背景の目標パラメータθと等しくないときには、バイアスはゼロとならないということである。ある意味では、推定量は標的を見失い、どうやっても多くのデータを使用する。バイアスがゼロに等しい場合、その推定量はバイアスがない。固定された MSE に対して、低いバイアスは高い分散（バリアンス）を意味し、その逆も真である。このトレードオフはかつては強調されていなかったし、代わりに多くの関心がバイアスのない推定量の最小の分散に向けられた（Cramer-Rao の限界を参照のこと）。実際、バイアスと分散（バリアンス）の間のトレードオフを理解して活用し、MSE を減少させることはより重要である。

　これをすべて設定し、ミニマックスリスク（最大リスクを最小にすること）を調べることによって、どのように悪くなっているのかを、ここで知ることができる。

$$R_{\text{mmx}} = \inf_{\hat{\theta}} \sup_{\theta} R(\theta, \hat{\theta})$$

ここで、inf はすべての推定量を引き継いでいる。直感的に、これは考えられる最悪のθを求め、さらに可能なすべてのパラメータ推定量$\hat{\theta}$を調べてから、得ることができる可能な限り最小のリスクを取った場合に、ミニマックスリスクを得ることを意味する。そして、このやり方を達成したならば、推定量$\hat{\theta}_{\text{mmx}}$はミニマックス推定量となる。

$$\sup_{\theta} R(\theta, \hat{\theta}_{\text{mmx}}) = \inf_{\hat{\theta}} \sup_{\theta} R(\theta, \hat{\theta})$$

120　●第3章　統　計●

言い換えれば、最悪の θ（すなわち、$\sup_\theta$）に直面したときさえも、$\hat{\theta}_{\text{mmx}}$ はまだミニマックスリスクを実現している。様々な種類のミニマックス推定量を中心に展開する優れた理論があるが、これは、ここでの今のところの本書の範囲を超えている。焦点を当てるべき主要なことは、特定技術によって簡単に満たされる条件下では、最尤推定量は近似的にミニマックスであるということである。最大尤度は、次の節の主題である。最も単純なアプリケーションであるコイン投げから開始しよう。

3.4.1　コイン投げ施行の準備

コインがあり、表が出る確率 p を推定したいと仮定する。表ないし裏の出る分布を以下ように確率質量関数を用いてベルヌーイ分布としてモデル化する。

$$\phi(x) = p^x (1-p)^{(1-x)}$$

ここで、x は結果であり、表を 1、裏を 0 とする。最尤推定は、内在するパラメータが計算された特定のモデルを指定する必要があるパラメトリックな方法であることに注意しよう。n 回の独立したコイン投げに対し、以下のようにこれらの関数の積として結合密度を得る。

$$\phi(\mathbf{x}) = \prod_{i=1}^{n} p_i^x (1-p)^{(1-x_i)}$$

以下は尤度関数である。

$$\mathcal{L}(p; \mathbf{x}) = \prod_{i=1}^{n} p^{x_i} (1-p)^{1-x_i}$$

これは基本的表記である。推定したいパラメータ p を強調するため、先の等式の名前を（訳注：リスク関数から尤度関数に）変更した。

最尤推定の原理は、データ x_i のすべてに代入した後の関数 p として尤度を最大化することである。そして、これは最大化関数（maximizer）$\hat{p}$ と呼ばれ、それ自身が分布を有する確率変数である観察データ x_i の関数である。したがって、この方法はデータと確率密度の推定モデルを取り込み、推定確率密度に内在するパラメータを推定する関数を作成する。したがって、最尤推定は、モデルの基礎となるパラメータを得るために必要なデータの関数を作成する。収集したデータを関数として処理できる方法に制限がないことに注意しよう。最尤推定原理は、推定モデルを対象としたこれらの関数を生成する系統的方法を提供する。これは強調する価値のある点である。すなわち、最尤推定原理により、解法としての関数を得る微分方程式を解くのと同じ方法で、解法として関数が得られる。関数を作成することは、便利な確率密度の推定を伴っている場合でも、解として値を得るよりもかなり難しい。そして、その原理の能力により、モデル推定を行うような関数を作成することができる。

試行のシミュレーション

コイン投げをシミュレートするために、以下のようなコードが必要である。

```
>>> from scipy.stats import bernoulli
>>> p_true=1/2.0              # これを推定する！
>>> fp=bernoulli(p_true)      # ベルヌーイ分布に従う確率変数を生成
>>> xs = fp.rvs(100)          # いくつかの標本を生成
>>> print xs[:30]             # 最初の30標本を観察
[0 1 0 1 1 0 0 1 1 1 0 1 1 1 0 1 1 0 1 1 0 1 0 0 1 1 0 1 0 1]
```

ここで、Sympy を用いて尤度関数を書くことができる。これは、Sympy の内部の簡素化アルゴリズムを扱いやすくするため Sympy の変数を作成した際に、（訳注：引数として）positive=True の属性を指定していることに注意しよう。

```
>>> import sympy
>>> x,p,z=sympy.symbols('x p z', positive=True)
>>> phi=p**x*(1-p)**(1-x)  # 分布関数
>>> L=np.prod([phi.subs(x,i) for i in xs]) # 尤度関数
>>> print L # approx 0.5?
p**57*(-p + 1)**43
```

いったんこれをデータに与えると、尤度関数は単なる未知パラメータ（この場合は p）の関数である、ということに注意しよう。以下のコードは、尤度関数の極値を求めるために微分を用いている。尤度関数の対数を取ると最大化問題は扱いやすくなるが、その極値は変わらないことに注意しよう。

```
>>> logL=sympy.expand_log(sympy.log(L))
>>> sol,=sympy.solve(sympy.diff(logL,p),p)
>>> print sol
57/100
```

> ### プログラミングの コツ
>
> Sol,=sympy.solve の宣言は、sol 変数の後にコンマがあることに注意する。これは、solve 関数が単一の要素を含むリストを返すためである。この代入を行うことで単一の要素が sol 変数に直接解凍される。これは Python が多くもつ、小さな美しさの1つである。

次のコードは**図 3.3** を生成する。

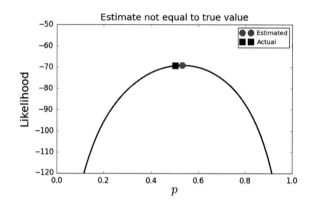

図3.3 真のパラメータに対する最尤推定量。推定量は真の値からわずかに外れていることに注意しよう。これは、推定量がデータの関数であり、真の値の背景にある真の知識を欠いているという事実を反映している。

```
fig,ax=subplots()
x=np.linspace(0,1,100)
ax.plot(x,map(sympy.lambdify(p,logJ,'numpy'),x),'k-',lw=3)
ax.plot(sol,logJ.subs(p,sol),'o',
        color='gray',ms=15,label='Estimated')
ax.plot(p_true,logJ.subs(p,p_true),'s',
        color='k',ms=15,label='Actual')
ax.set_xlabel('$p$',fontsize=18)
ax.set_ylabel('Likelihood',fontsize=18)
ax.set_title('Estimate not equal to true value',fontsize=18)
ax.legend(loc=0)
```

> **プログラミングのコツ**
>
> 上のコードでは、Sympyの式を取るために lambdify(p,logJ,'numpy') の中で lambdify 関数を使用し、計算がより簡単な Numpy のバージョンに変換した。lambdify 関数には、式の変換に用いる関数空間を指定ができる追加の引数がある。上記のコードでは、これが Numpy に設定されている。

図3.3は、推定量 $\hat{p}$（丸）は尤度関数の最大値であるにもかかわらず真の値 p（四角）に等しくないことを示す。これは混乱する感じがするが、推定量は無作為なデータの関数であることを心に留めておこう。データは変更可能で、最終的な推定量も同様に変更可能である。これを観察するために、対応する IPython Notebook でこのコードを何回か実行することを奨める。推定量はデータの関数であり、またデータは同じように確率変数であることに注意しよう。これは、それが対応する平均とバリアンス（分散）をもつ独自の確率分布を持っていることを意味する。そのため、ここで観察しているものは、そのバリアンスの結果である。

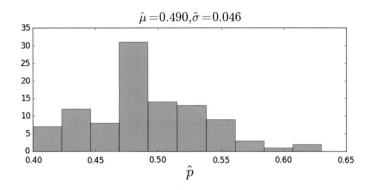

図3.4 最尤推定量のヒストグラム。表題はサンプルの推定平均値と推定標準偏差を示している。

図3.4 は、コインの試行について、試行ごとに特定のサンプル数を与えたときに、コインの試行を何千回も実行し、各試行についての最尤推定量を計算するとき何が起こるかを示している。このシミュレーションは、$\hat{p}$ 推定量自体の確率分布の近似値である最尤推定量のヒストグラムを与える。この図は、推定量の標本平均（$\mu = \frac{1}{n}\sum \hat{p}_i$）が真の値にかなり近いことを示しているが、見た目はだますことができる（訳注：実際はそうではないということ）。推定量にバイアスがないかをチェックするために、確実に知る唯一の方法は以下が成り立つかどうかである。

$$\mathbb{E}(\hat{p}) = p$$

この問題は単純であるため、上記の項が $x_i = 1$ の場合は p で、$x_i = 0$ の場合は $1 - p$ であることを注意することによって一般的に解決できる。これは、以下のように記述できる。

$$\mathcal{L}(p|\mathbf{x}) = p^{\sum_{i=1}^n x_i}(1-p)^{n-\sum_{i=1}^n x_i}$$

これは、以下のように対応する対数を伴っている。

$$J = \log(\mathcal{L}(p|\mathbf{x})) = \log(p)\sum_{i=1}^n x_i + \log(1-p)\left(n - \sum_{i=1}^n x_i\right)$$

この導関数を取ると、以下の式が得られる。

$$\frac{dJ}{dp} = \frac{1}{p}\sum_{i=1}^n x_i + \frac{(n-\sum_{i=1}^n x_i)}{p-1}$$

そして、p を求めると、以下の解が得られる。

$$\hat{p} = \frac{1}{n}\sum_{i=1}^n x_i$$

これは p の推定量である。これまで、これを求めるためにデータ x_i に基づいて Sympy を用い

124　●第 3 章　統　計●

てきたが、今、それは手元にあり、毎回解析的に解く必要はない。この推定量にバイアスがある
かどうかを確認するために、期待値の線形性により以下のように期待値を計算する。

$$\mathbb{E}\left(\hat{p}\right) = \frac{1}{n}\sum_{i}^{n}\mathbb{E}(x_i) = \frac{1}{n}n\mathbb{E}(x_i)$$

ただし、

$$\mathbb{E}(x_i) = p$$

である。それゆえ、

$$\mathbb{E}\left(\hat{p}\right) = p$$

である。これは、推定量にバイアスがないことを意味する。同様に、以下の式が得られる。

$$\mathbb{E}\left(\hat{p}^2\right) = \frac{1}{n^2}\mathbb{E}\left[\left(\sum_{i=1}^{n}x_i\right)^2\right]$$

ただし、

$$\mathbb{E}\left(x_i^2\right) = p$$

である。そして、独立性の仮定により以下のような式が得られる。

$$\mathbb{E}\left(x_i x_j\right) = \mathbb{E}(x_i)\mathbb{E}(x_j) = p^2$$

そして、以下のような式が得られる。

$$\mathbb{E}\left(\hat{p}^2\right) = \left(\frac{1}{n^2}\right)n\left[p + (n-1)p^2\right]$$

そして、推定量 $\hat{p}$ の分散は、次のようにして求められる。

$$\mathbb{V}(\hat{p}) = \mathbb{E}\left(\hat{p}^2\right) - \mathbb{E}\left(\hat{p}\right)^2 = \frac{p(1-p)}{n}$$

分母の n は、n の値が増加するに伴い分散が漸近的にゼロになることを意味していることに注意
する（すなわち、より多くのサンプルを考える）。それはコイン投げの回数を増やすと、背景と
なる p の推定値が改善することを意味し、これは好ましいことである。

　残念ながら、上記の分散を求める式は p を計算する必要があり、p は最初に求めようとしてい
るパラメータであるために実際には役に立たない。しかし、差し込み（付加）機能（plug-in
principle）[‡2] があり、計算日数を省くことができる。この状態になれば、上式の p を単に最尤推

---

‡2［原書注］　これは最尤推定量の不変性特性として知られている。それは基本的に、任意の関数（$h(\theta)$）の最尤推定量は、
θ の最尤推定量をもつ同じ関数 h を、θ と置き換えたものである（すなわち、$h(\theta_{ML})$ である）。

定量 $\hat{p}$ に置き換えることで $\mathbb{V}(\hat{p})$ の漸近的な分散を求めることができる。実際に、最尤推定量の漸近理論によりそれが良好に動作することが保証されている。

にもかかわらず、$\mathbb{V}(\hat{p})^2$ を見ると、$p = 0$ の場合に、結果が「裏」になることが保証されており、推定量の分散が存在しない。また、任意の n について、この分散の最大値は、$p = 1/2$ で起こる。これは、最悪のシナリオで、これを補う唯一の方法は、より大きな n を用いることである。

ここまで計算してきたのは、平均と推定量の分散のみである。一般的には、これは何らかの形で $\hat{p}$ が正規分布していることがわかっている場合を除き、$\hat{p}$ の基礎となる確率密度を求めるには不十分である。これは、強力な中心極限定理で、3.3.4 節で説明した。標本平均である推定量の式の形は、この定理を適用し、$\hat{p}$ が漸近的に正規分布するという結論に至ることを意味する。しかし、それは必要なサンプル数 n がいくらであるかを決定しない。現実世界だと、これはコストの高い実験で、各サンプルは高価であるが、このシミュレーションでは好きなだけデータを生成できるので、問題にならない[‡3]。

以下では、中心極限定理を適用せず、その代わりに分析的に進める。

推定の確率密度

$\hat{p}$ の完全な密度を記述するため、最初に、推定量が特定の値と等しくなり、相当する確率で起こりうるすべての場合の集計と等しくなる確率を求めなければならない。たとえば、以下のような確率である。

$$\hat{p} = \frac{1}{n} \sum_{i=1}^{n} x_i = 0$$

これは、1つの場合にのみ成立（発生）する。すなわち、$x_i = 0\ \forall i$ の時である。この発生確率は、以下のような確率密度から計算できる。

$$f(\mathbf{x}, p) = \prod_{i=1}^{n} \left(p^{x_i} (1-p)^{1-x_i} \right)$$

$$f\left(\sum_{i=1}^{n} x_i = 0, p \right) = (1-p)^n$$

もし、$\{x_i\}$ が唯一のゼロでない要素をもつ場合には以下のようになる。

$$f\left(\sum_{i=1}^{n} x_i = 1, p \right) = np \prod_{i=1}^{n-1} (1-p)$$

---

‡3［原書注］ エッジワース展開において、中心極限定理は収束が分布の歪度により制御される[1]ことを示していることがわかる。すなわち、中心極限定理によれば、より対称的な分布はより速く正規分布に収束する。

ここで、n は n 個の要素を持つ x_i から 1 個の要素を引き出す場合である n 通りに由来する。この方法を続けると、全体の密度を構築することができる。

$$f\left(\sum_{i=1}^{n} x_i = k, p\right) = \binom{n}{k} p^k (1-p)^{n-k}$$

ここで、右辺の第一項は、一度に k 個を取り出した時の、n 個の二項係数である。これは二項分布であり、それは $\hat{p}$ の密度ではなく、$n\hat{p}$ の濃度である。これは以下で簡単に実行できるので、そのままにしておく。すなわち、n 個の要因を追跡していることを覚えておく必要がある。

信頼区間

ここで、$\hat{p}$ の完全な密度が得られ、意味のある質問に回答する準備が整った。たとえば、推定量が p の真の値である ϵ 区間内に存在する以下の確率はいくらになるであろうか？

$$\mathbb{P}\left(|\hat{p} - p| \le \epsilon p\right)$$

より具体的に言うと、実測値が ϵ の範囲内にあるときの、推定値 $\hat{p}$ を求めたい。すなわち、1,000 回の試行を実行して、1,000 個の異なる推定値 $\hat{p}$ を求めたいと仮定する。このようにして求めた 1,000 個の値が基礎となる ϵ の範囲内に収まるのは何％であろうか。上記の式を以下のように書き直す。

$$\mathbb{P}\left(p - \epsilon p < \hat{p} < p + \epsilon p\right) = \mathbb{P}\left(np - n\epsilon p < \sum_{i=1}^{n} x_i < np + n\epsilon p\right)$$

最悪のシナリオ（たとえば分散が最大となるシナリオ）を再現するために、生の数値をいくらか挿入してみよう。ここでは $p = 1/2$ となる場合である。そして、$\epsilon = 1/100$ の場合に、以下の値を得る。

$$\mathbb{P}\left(\frac{99n}{100} < \sum_{i=1}^{n} x_i < \frac{101n}{100}\right)$$

合計の値は整数となり、$n > 100$ まで合計を計算し続ける。$n = 101$ の場合、以下の結果が得られる。

$$\mathbb{P}\left(\frac{9999}{200} < \sum_{i=1}^{101} x_i < \frac{10201}{200}\right) = f\left(\sum_{i=1}^{101} x_i = 50, p\right) \ldots$$

$$= \binom{101}{50}(1/2)^{50}(1 - 1/2)^{101-50} = 0.079$$

これは、$p = 1/2$ となる最悪のシナリオは、$n = 101$ の試行であることを意味し、実際の $p = 1/2$ の場合で 1%（訳注：$\epsilon = 1/100$ を意味する）以下であったものが、サイコロを投げた回

数の約8%だけあったことを意味する（訳注：信頼区間である $\epsilon = 1/100$（1%）に収まったものが、サイコロを投げた全回数の約8%だけあったことを意味する）。これにがっかりしたのなら、よく注意を払っていたと言える。コインの重さは実際にどのくらいで、この101回の反復がどのくらい困難なものであっただろうか？

別の方法を考えよう。コインを100回だけ投げると仮定し、真の背景値を高確率で当てる（つまり95%）のにどれだけ近くなっているであろうか？ 今回は、ϵ の値を選択する代わりに、ϵ の値を解いてみる（訳注：中心極限定理のように乱数に基づいてシミュレーションする代わりに、代数的に計算することを意味する）。以下のように値を代入し、ϵ の値を解いてみる。

$$\mathbb{P}\left(50 - 50\epsilon < \sum_{i=1}^{100} x_i < 50 + 50\epsilon\right) = 0.95$$

幸いなことに、この問題を解くために必要なツールは、すでにすべてScipyで提供されている（**図 3.5**）。

```
>>> from scipy.stats import binom
>>> # n=100, p = 0.5（推定値p̂の分布）
>>> b=binom(100,.5)
>>> #平均の周辺の左右対称の確率を合計
>>> g = lambda i:b.pmf(np.arange(-i,i)+50).sum()
>>> print g(10) # およそ 0.95
0.953955933071
```

プロット内の2本の垂線は、確率の95%を蓄積するために必要な平均からの距離を示している。ここで、これを以下のように解くことができる。

$$50 + 50\epsilon = 60$$

ここで、$\epsilon = 1/5$、または20%である。それは、100回のコイン投げで、最悪シナリオ（$p = 1/2$）において、そのコイン投げの回数のうち95%が、真の p 値の20%信頼区間の範囲内に収まっていることを意味する。次のコードでその状態を確認できる。

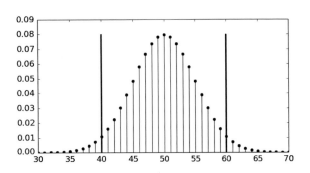

図3.5 $\hat{p}$ の確率質量関数。2本の垂線は信頼区間を形成する。

128 ●第 3 章 統 計●

```
>>> from scipy.stats import bernoulli
>>> b=bernoulli(0.5)  # コインの分布
>>> xs = b.rvs(100)  # 100 回のコイン投げ
>>> phat = np.mean(xs)  # 推定された p 値
>>> print abs(phat-0.5) < 0.5*0.20  # 信頼区間内に試行が収まるだろうか？
True
```

これを実行し続け、試行回数の 95% がこの信頼区間内に収まるかどうかを見てみよう。

```
>>> out=[]
>>> b=bernoulli(0.5)  # コインの分布
>>> for i in range(500):      # 試行回数
...       xs = b.rvs(100)       # 100 回のコイン投げ
...       phat = np.mean(xs)  # 推定された p
...       out.append(abs(phat-0.5) < 0.5*0.20 )  # 20% の区間内かどうか？
...
>>> # 20%信頼区間内に試行が収まるパーセンテージ
>>> print 100*np.mean(out)
97.4
```

やはり、それは動作するようである！ 今、推定量 $\hat{p}$ の品質で試行結果を取得する方法が得られた。

微積分を用いない最尤推定量

先の例では、最尤推定量を計算するために微積分を使用する方法を示した。最尤推定法は微積分に依存しておらず、微積分の不可能なより一般的な状態にまで拡張することを強調したい。たとえば、区間 $[0, \theta]$ で一様分布に従う確率変数 X があるとする。X の n 個の測定値が与えられた場合、尤度関数は次のとおりである。

$$L(\theta) = \prod_{i=1}^{n} \frac{1}{\theta} = \frac{1}{\theta^n}$$

ここで、それぞれ $x_i \in [0, \theta]$ である。この関数の傾きはゼロではなく、通常の微積分法はここでは機能しないことに注意しよう。尤度は個々の一様分布の積であり、任意の x_i が提案された区間 $[0, \theta]$ の外側にある場合は、その尤度はゼロに近づく。これは、一様分布の密度がその区間 $[0, \theta]$ の外側ではゼロであることによる。当然、これは最大化の計算には良いことではない。したがって、尤度関数は θ の増加に従い厳密に減少していることを観察し、尤度を最大化する θ の値が x_i 値の最大値であると結論付けている。要約すると、最尤推定量は次のとおりである。

$$\theta_{ML} = \max_i x_i$$

いつものように、数式の性能を判定するため、この推定量の分布を求める。今回は、非常に簡単である。max 関数のための累積密度関数は次のとおりである。

$$\mathbb{P}\left(\hat{\theta}_{ML} < v\right) = \mathbb{P}(x_0 \le v \wedge x_1 \le v \ldots \wedge x_n \le v)$$

そして、x_i はすべて、区間 $[0, \theta]$ で一様分布に従っているので、以下の式が得られる。

$$\mathbb{P}\left(\hat{\theta}_{ML} < v\right) = \left(\frac{v}{\theta}\right)^n$$

そして、以下のような確率密度関数が得られる。

$$f_{\hat{\theta}_{ML}}(\theta_{ML}) = n\theta_{ML}^{n-1}\theta^{-n}$$

その後、期待値 $\mathbb{E}(\theta_{ML}) = (\theta n)/(n+1)$ と、対応する分散 $\mathbb{V}(\theta_{ML}) = (\theta^2 n)/(n+1)^2/(n+2)$ を計算することができる。

これらの正しさを迅速にチェックするために、以下のように $\theta = 1$ の場合について、シミュレーションを記述することができる。

```
>>> from scipy import stats
>>> rv = stats.uniform(0,1)   # 一様分布に従う確率変数を定義
>>> mle=rv.rvs((100,500)).max(0) # 行次元に沿って最大値を求める
>>> print mean(mle) # およそn/(n+1) = 100/101  ~= 0.99
0.989942138048
>>> print var(mle) #およそn/(n+1)**2/(n+2)  ~= 9.61E-5
9.95762009884e-05
```

プログラミングの コツ

mle（最尤推定量）を計算するための max(0) 接尾辞は、行の次元（axis=0）に沿ってその計算した配列の最大値をとる。

また、hist(mle) をプロットして、最尤推定値をシミュレーションするヒストグラムを見ると、上記で求めた確率密度関数に対してマッチしていることを確認できる。

本節では、科学技術のための Python のスタックを用いて、解析的および数値的な解析の両方で、コイン投げの試行実験を用いて、最尤推定の概念を検討した。また、最尤推定において微積分が機能しない場合も見てきた。肝に念じておくべきことが2つある。1つは、最尤推定はそれ自体が（自分自身の確率分布をもつ）確率変数であるデータの関数を生成する。推定量に関連する確率分布を用いて推定量周辺の信頼区間を調べることで生成した推定量の品質を確認できる。第二に、最尤推定は、基本的な微積分の利用が適用されない状況であっても適用できる[2]。

3.4.2 デルタ法

中心極限定理は、確率変数の分布を取得する方法を提供する。しかし、確率変数の関数に対してより興味がある時がある。このように中心極限定理を拡張して一般化するため、テイラー展開

を必要とする。テイラー展開は、以下のような式による関数の近似であることを思い出そう。

$$T_r(x) = \sum_{i=0}^{r} \frac{g^{(i)}(a)}{i!}(x-a)^i$$

これは基本的に、関数 g は、a で評価される導関数に基づいた多項式を用いて、点 a 付近で適度に近似できることを述べている。一般的な定理を述べる前に、まずその仕組みを理解するために例を検証してみよう。

⬚ 例 ⬚ X は、$\mathbb{E}(X) = \mu \neq 0$ をもつ確率変数である。また、適切な関数 g があると仮定し、$g(X)$ の分布を求めたい。テイラー展開を適用して、以下の結果が得られる。

$$g(X) \approx g(\mu) + g'(\mu)(X - \mu)$$

$g(\mu)$ の推定量として $g(X)$ を用いた場合、以下が近似的に得られると言える。

$$\mathbb{E}(g(X)) = g(\mu)$$
$$\mathbb{V}(g(X)) = (g'(\mu))^2 \mathbb{V}(X)$$

具体的には、オッズ $\frac{p}{1-p}$ を推定したいとする。たとえば、$p = 2/3$ の場合、そのオッズは $2:1$ で、1つの結果のオッズが、もう1つの結果のオッズの2倍起こりやすいことを意味する。そして、$g(p) = \frac{p}{1-p}$ という関数があり、$\mathbb{V}(g(\hat{p}))$ を求めたい。このコイン投げの問題において、ベルヌーイ分布に従うデータ X_k の個々のコイン投げから推定量 $\hat{p} = \frac{1}{n}\sum X_k$ が得られる。そして、以下の結果が得られる。

$$\mathbb{E}(\hat{p}) = p$$
$$\mathbb{V}(\hat{p}) = \frac{p(1-p)}{n}$$

ここで、$g'(p) = 1/(1-p)^2$ であるので、以下の式が得られる。

$$\begin{aligned}\mathbb{V}(g(\hat{p})) &= (g'(p))^2 \mathbb{V}(\hat{p}) \\ &= \left(\frac{1}{(1-p)^2}\right)^2 \frac{p(1-p)}{n} \\ &= \frac{p}{n(1-p)^3}\end{aligned}$$

これは推定量 $g(\hat{p})$ の分散の近似である。これをシミュレートし、どの程度一致しているかを見てみよう。

●3.4 最尤推定法を用いた推定● **131**

```
>>> from scipy import stats
>>> # MLE 推定量を計算
>>> d=stats.bernoulli(0.1).rvs((10,5000)).mean(0)
>>> # ゼロの割り算を避ける
>>> d=d[np.logical_not(np.isclose(d,1))]
>>> # オッズ比を計算
>>> odds = d/(1-d)
>>> print 'odds ratio=',np.mean(odds),'var=',np.var(odds)
odds ratio= 0.122892063492 var= 0.0179795009221
```

上記の最初の数値は、シミュレートしたオッズ比の平均値であり、2番目は、推定量の分散である。上記の分散推定量によると、$\mathbb{V}(g(1/10)) \approx 0.0137$ であり、この近似としては悪すぎるものではない。$\hat{p}$ からオッズを推定しようとしていることを思い出そう。上記のコードは $\mathbb{V}(g)$ を推定するために $\hat{p}$ の5,000個の推定量を取っている。$p = 1/10$ に対するオッズ比は $1/9 \approx 0.111$ である。

> **プログラミングの コツ**
>
> 上記のコードは、シミュレーションに由来するものを識別するために np.isclose 関数を用いており、オッズ比はその値の分母がゼロであるために、np.logical_not はデータからこれらの要素を削除している。

ここで再び、表が出る確率が 0.3 の代わりに、0.5 である確率を求めよう。

```
>>> from scipy import stats
>>> d=stats.bernoulli(.5).rvs((10,5000)).mean(0)
>>> d=d[np.logical_not(np.isclose(d,1))]
>>> print 'odds ratio=',np.mean(d),'var=',np.var(d)
odds ratio= 0.499379627777 var= 0.0245123227629
```

この場合の、オッズ比は 1 に等しく、先に表示したものには近くない。ここでの近似によると、$\mathbb{V}(g) = 0.4$ となり、先にシミュレーションしたもののようには見えない。これは、オッズ比がほぼ線形のときに近似は最適となり、他の場合はそれより悪くなることによる（**図3.6**）。

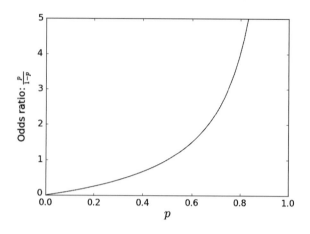

図3.6 オッズ比は、小さい値では線形に近いが、p が 1 に近づくにつれて無限大になる。デルタ法は、より線形に近似する背景の p が小さい時に、より効果的である。

3.5 仮説検定と P 値

要因を原因として、明確に結果を導くことは非常に困難なことがある。たとえば、実験が期待通りの結果を出したかどうか？ おそらく何かが起こってはいるが、その効果は、避けようのない測定誤差や周辺環境のその他要因から区別できるほど十分に顕著ではないだろう。仮説検定はこれらの問題を処理する強力な統計的手法である。ここで再び、未知のパラメータ p を用いてコイン投げの試行について述べよう。個々のコイン投げはベルヌーイ分布に従っていることを思い出そう。最初のステップは分けられた仮説を構築することである。すなわち最初に、H_0 は言わば帰無仮説である。本例では、以下のような帰無仮説ができる。

$$H_0 : \theta < \frac{1}{2}$$

そして、対立仮説は以下のようになる。

$$H_1 : \theta \geq \frac{1}{2}$$

これを設定することで問題が解決し、どの仮説がデータと最も一致しているかが明らかとなる。この選択には統計学的な検定が必要であり、それは実線上にマップされた標本の集合 $\mathbf{X}_n = \{X_i\}_n$ の関数 G である。ここで、変数 X_i は表か裏かの結果である ($X_i \in \{0, 1\}$)。言い換えれば、$G(\mathbf{X}_n)$ を計算し、閾値 c を超えているかどうかを確認する。そうでない場合、H_0 と判定する（それ以外は、対立仮説 H_1 と判定する）。これを以下のように表記する。

$$G(\mathbf{X}_n) < c \Rightarrow H_0 : \text{帰無仮説}$$

$$G(\mathbf{X}_n) \geq c \Rightarrow H_1 : \text{対立仮説}$$

要約すると、観測データ $\mathbf{X}_n$、および実線上にそのデータがマッピングされた関数 G がある。そして、閾値として定数 c を用いて、直線を不等価な 2 つの部分に効率的に分割し、それぞれが各仮説に対応する。

表3.1 仮説検定の真偽表

	帰無仮説 H_0 と判定	対立仮説 H_1 と判定
帰無仮説 H_0 が真	正しい	偽陽性（第1種の過誤）
対立仮説 H_1 が真	偽陰性性（第2種の過誤）	正しい（真を検出）

　どういう検定 G を行ったにしろ、偽陰性および偽陽性という2つの間違いを生む。偽陽性は検定で帰無仮説 H_0 と判定すべきところで、対立仮説 H_1 と判定した場合である。**表3.1** にこれをまとめた。

たとえば、ここに偽陽性（別名：誤警報）の例があったとする。

$$P_{FA} = \mathbb{P}\left(G(\mathbf{X}_n) > c \mid \theta \leq \frac{1}{2}\right)$$

以下も同等である。

$$P_{FA} = \mathbb{P}(G(\mathbf{X}_n) > c \mid H_0)$$

また、もう1つの過誤は、以下のように同じように書くことができる偽陰性である。

$$P_{FN} = \mathbb{P}(G(\mathbf{X}_n) < c \mid H_1)$$

これらの過誤のいずれかに対して、何らかの許容値を選択することで、他の過誤に対しても割り当てることができる。実際は、偽陽性 P_{FA} の値を選択した後、偽陰性 P_{FN} の対応する値を求めることが通常である。以下のように定義された検出確率（訳注：感度、敏感度ともいう）は従来的な作法であることを意識しよう。

$$P_D = 1 - P_{FN} = \mathbb{P}(G(\mathbf{X}_n) > c \mid H_1)$$

言い換えれば、これは検定結果が閾値を超えた時に対立仮説 H_1 と判定する確率である。これは、陽性的中率[*3] として知られている。

3.5.1　コイン投げの例に戻る

　前節の最尤推定の説明では、コイン投げの表が出る確率の値についての推定量を求めようとした。仮説検定のために、もう少しやさしい問いかけをしよう。つまり、表の出る確率が½より上か、下か？　先ほど構築したように、これは次のように2つの仮説が導かれる。

[*3]［訳　注］　整理すると以下のようになる。**偽陽性**：値が偽の場合に陽性と出る場合、**偽陰性**：値が真の場合に陰性と出る場合、**感度**（sensitivity）：値が真の場合に陽性と出る確率、**特異度**（specificity）：値が偽の場合に陰性と出る確率、**陽性的中率**：陽性と出た場合に実際に真である確率、**陰性的中率**：陰性と出た場合に実際に偽である確率。

$$\text{帰無仮説} \quad H_0 : \theta < \frac{1}{2}$$

$$\text{対立仮説} \quad H_1 : \theta > \frac{1}{2}$$

5回の観測を行うとする。ここで、2つの仮説間の選択に役立つ関数 G と閾値 c が必要である。この閾値で5回の観測のうち表の数を計測する。すると、以下の式が得られる。

$$G(\mathbf{X}_5) := \sum_{i=1}^{5} X_i$$

そして、さらに5回の観測のうち、ちょうど5回が表であった場合のみ、対立仮説 H_1 を選ぶことを仮定する。これを全表検定と呼ぶ。

ここで、X_i のすべてが確率変数であり、その関数が G であり、G に対応する確率質量関数を求めなければならない。個々のコイン投げは独立であると仮定すると、表が5回出る確率は θ^5 である。これは、未知の背景確率が θ^5 であることに基づき、帰無仮説 H_0 が棄却される確率を意味する（そして、ここでは選択肢は2つだけであるので、H_1 と判定する）。言葉上は、これは冪関数と呼ばれ、β で以下のように記述する。

$$\beta(\theta) = \theta^5$$

図3.7 に簡単なプロットを示す。

ここで、以下のような誤警告関数が得られる。

$$P_{FA} = \mathbb{P}(G(\mathbf{X}_n) = 5 | H_0) = \mathbb{P}(\theta^5 | H_0)$$

これは θ の関数であり、この検定に対応する多くの誤警告確率の値が存在することを意味することに注意しよう。従来通りのやり方だと、この関数の上限（すなわち最大値）を選択することになる。これは検定のサイズ（訳注：第一種の過誤、有意水準とも呼ばれる）として知られており、以下のように伝統的に α と表記される。

$$\alpha = \sup_{\theta \in \Theta_0} \beta(\theta)$$

図3.7 全表検定の冪関数。黒円は α を示す関数値を意味する。

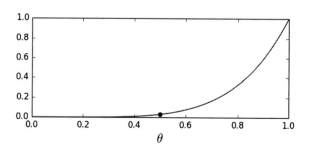

これは、領域が $\Theta_0 = \{\theta < 1/2\}$ のときで、本節の例での表記は以下のようになる。

$$\alpha = \sup_{\theta < \frac{1}{2}} \theta^5 = \left(\frac{1}{2}\right)^5 = 0.03125$$

同様に、検出確率（感度）については、以下のように表記する。

$$\mathbb{P}_D(\theta) = \mathbb{P}(\theta^5 | H_1)$$

またこれは、パラメータ θ の関数である。この検定の問題点は、検出確率（感度）P_D が θ の領域の大部分において値がかなり低いことである。たとえば、$\theta > 0.98$ のときに限り、値は検出確率（感度）P_D の 90% 内の領域に落ちる。言い換えれば、コイン 100 回から 98 回表が出るかどうかで、その場合に確実に対立仮説 H_1 と検出できる。理想的には、帰無仮説 H_0 に相当する領域では 0 で（すなわち Θ_0）、その他の場合には 1 となるような検定を実施したい。残念ながら、観察する列の長さを長くしても（訳注：標本数を増やしたとしても）、この検定でこの結果（問題点）からは逃れられない。これを見てみると、n を大きくすればするほど、θ^n をプロットすることができる（訳注：図 3.8 参照）。

多数決検定

全表検定の検出確率（感度）の問題のために、期待する性能をもつ別の検定を考えることができる。観察した半分以上が表である場合に、帰無仮説 H_0 を棄却することを考える。すると、先と同じ理由で、以下の式が得られる。

$$\beta(\theta) = \sum_{k=3}^{5} \binom{5}{k} \theta^k (1-\theta)^{5-k}$$

図 3.8 は、多数決検定と全表検定の両方についての冪関数を示している。

この場合に、新しい検定は以下のようなサイズを持つ。

$$\alpha = \sup_{\theta < \frac{1}{2}} \theta^5 + 5\theta^4(-\theta+1) + 10\theta^3(-\theta+1)^2 = \frac{1}{2}$$

図3.8 全表検定の冪関数と多数決検定の冪関数との比較

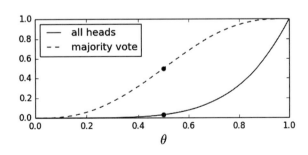

136 ●第3章 統 計●

先の例のように、基礎となるパラメータが $\theta > 0.75$ であるときに限り、表の出る検出確率（感度）の 90% が表となる。標本数 5 以上を実施したときに何が起こるか確認してみよう。たとえば、標本数 $n = 100$ サンプルであるとき、多数決検定の閾値を変えたいと仮定する。たとえば、100 回の試行のうち、$k = 60$ が表であるとき H_1 と判定する新規の検定を考える。この場合の β 関数は以下のようになる。

$$\beta(\theta) = \sum_{k=60}^{100} \binom{100}{k} \theta^k (1 - \theta)^{100-k}$$

これは、手で書くとあまりにも複雑であるが、Sympy の統計モジュールは、これを計算するに必要なすべてのツールを有している。

```
>>> from sympy.stats import P, Binomial
>>> theta = S.symbols('theta',real=True)
>>> X = Binomial('x',100,theta)
>>> beta_function = P(X>60)
>>> print beta_function.subs(theta,0.5) # alpha
0.0176001001088524
>>> print beta_function.subs(theta,0.70)
0.979011423996075
```

この結果は β 関数がかなり急勾配であり、以前の結果よりもはるかに優れている。100 回の試行のうち、60 回の観測結果が表であったときに、対立仮説 H_1 と判定する場合、回数の約 1.8% は誤って表と判定する。それ以外では、$p > 0.7$ のときに真の値が発生する場合、その回数の約 97% は正確であるという結論になる。以下のような、高速のシミュレーションでその結果を確認できる。

```
>>> from scipy import stats
>>> rv=stats.bernoulli(0.5) # 真の確率 p = 0.5
>>> # 誤警告の数値   ~ 0.018
>>> print sum(rv.rvs((1000,100)).sum(axis=1)>60)/1000.
0.025
```

上記のコードはかなり内容が濃いので解説しよう。2 行目では、コイン投げのためにベルヌーイ分布に従う確率変数を定義するために scipy.stats モジュールを用いている。そして、各試行は 100 回のコイン投げからなり、その試行の 1,000 試行分を試行するために、変数に対して rvs メソッドを用いている。これは、1000 × 100 の行列を生成し、各行が個々の試行であり、各列が 100 回のコイン投げの個々のセットの結果である。sum(axis=1) 部分は、行ごとの合計を計算する。行列に埋め込まれた値は、1 か 0 だけであるので、行ごとに表の出たコイン投げの計数が得られる。次の >60 部分は、60 より大きい値の 1,000 個のブール値（ブーリアン）を計算する。最後の sum で合計を計算する。再び、配列内のエントリは、真（True）または偽（False）であるため、1,000 試行の各々における 100 回のコイン投げ当たり、表が出る回数が

60回を超えた回数を計数して合計を計算する。その後、この数を 1,000 で割り、$p = 0.5$ の真の値をもつこの例に関する上記の計算である誤警告を迅速に近似計算する。

3.5.2　ROC（受信者動作特性）

多数決検定は二項検定であるため、$(P_{FA}$（偽陽性率）、P_D（検出確率、敏感度、感度）$)$ のグラフである ROC（受信者動作特性）を計算できる。この用語は、レーダーシステムに由来し、これらの問題のすべての事柄を単一のグラフに統合するかなり一般的な方法である。ここで、2 つの仮説で一般的な信号処理の例を考えてみよう。帰無仮説 H_0 では、以下のように、ノイズが存在するが受信者の信号が存在しない。

$$\text{帰無仮説} \qquad H_0 : X = \epsilon$$

ここで、$\epsilon \sim \mathcal{N}(0, \sigma^2)$ は付加雑音を表す。対立仮説では、受信者の決定論的信号が存在する。

$$\text{対立仮説} \qquad H_1 : X = \mu + \epsilon$$

繰り返すが、問題は、これらの 2 つの仮説の間で選択することである。帰無仮説 H_0 では、$X \sim \mathcal{N}(0, \sigma^2)$ となっており、対立仮説 H_1 でも、$X \sim \mathcal{N}(\mu, \sigma^2)$ である。x の値を観察するだけで、これらの観察結果から H_0 または H_1 のどちらかを選択する必要があることを思い出そう。したがって、2 つの仮説を識別するために、x と比較をするのに閾値 c を必要とする。**図 3.9** は各仮説の下での確率密度関数を示している。黒い縦線は閾値 c である。薄いグレーの領域は検出確率（感度）P_D であり、濃いグレーの領域は誤警報確率（偽陽性率）P_{FA} の値である。検定は x のすべての試行を評価し、$x < c$（訳注：$x > c$ の誤りと思われる）の場合帰無仮説 H_0 と結論し、そうでない場合は対立仮説 H_1 と結論する。

プログラミングの　コツ

図 3.9 に示す影の部分は Matplotlib の `fill_between` 関数に由来する。この関数は、指定した色（color）のキーワード引数で影をつけるために、プロットの任意の領域を指定するキーワード引数 where を持っている。横線で領域を埋める `fill_betweenx` 関数も存在することに注意しよう。text 関数は、プロット内の任意の場所にフォーマットされたテキストを配置することができるし、基本的な LaTeX の書式を利用することもできる。IPython Notebook において、ソースコードについて、このセクションに対応するものを参照してほしい[*4]。

---

*4 ［訳　注］ https://github.com/upingco/Python-for-Probability-Statistics-and-Machine-Learning

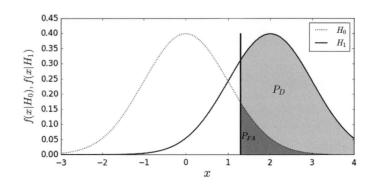

図3.9 帰無仮説 H_0 と対立仮説 H_1 についての2つの密度関数。薄いグレーの領域は検出確率（感度）P_D であり、濃いグレーの領域は誤警報確率（偽陽性率）P_{FA} である。縦線は決定の閾値を示す。

　図3.9内において、閾値が横軸に沿って左右にスライドするに伴い、各曲線に対応する曲線下の領域は自然に変化する。そのため、感度 P_D と偽陽性率 P_{FA} の値は変化する。**図3.10** に示すように、このように閾値を掃引して出現する輪郭がROCである。この図はまた、偏りのないコイン投げに基づく意思決定に対応する対角線を追加している。意義のある検定（訳注：効果の有効な検定）では、グラフの左上の角でお辞儀をするような形のROC曲線がより望ましいに違いない。ROCは、AUCと呼ばれる曲線の下の面積（ここに示されるように0.5から1.0まで変化する）で定量化される。本例では、2つの確率密度関数を分離しているものは、μ の値である。実際の状態では、これは、多くの複雑なトレードオフを含む信号処理手法で決定される。重要な考え方は、それらのトレードオフが何であっても、その検定自体は、2つの密度関数を分離するこ

図3.10 図3.9に対応するROC（受信者動作特性）

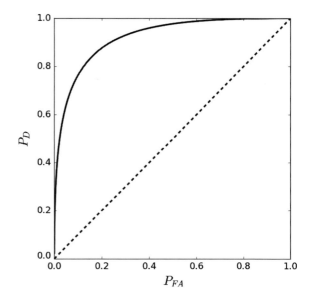

とに集約される。すなわち、良好な検定は2つの密度関数を分離し、そうでないものはそれができない。実際に分離ができていないときは、ここで説明したように、コイン投げの状態は対角線上に落ち着く。

検出確率 P_D（感度）と偽陽性率 P_{FA} の値は、アプリケーションによって受容できるかが考慮される。たとえば、致命的な病気を検定しているとする。他の検出できない代替に比べて検定が比較的安価であるために良い感度 P_D が得られるならば、比較的高い偽陽性率 P_{FA} の値を除いても構わないと考える可能性がある。一方、誤警報は（訳注：診療行為を実施するという）高価な応答を引き起こす可能性があり、検出を見落とす可能性よりも誤警報を最小限にすることの方がより重要である。これらのトレードオフは、アプリケーションや設計の要因で決まってくる。

3.5.3 P値

仮説検定には多くの変動部分がある。必要なものは、検査結果を統合する方法である。その考え方は、検定が帰無仮説 H_0 を棄却する最小水準を求めたいということである。そして、p 値は、検定統計量が少なくとも実際の観察よりも（帰無仮説 H_0 下において）極端な値を持つ確率である。非定式的には、これは大きな p 値が帰無仮説 H_0 を保持しているということを意味しないが、より小さな p 値が H_0 を棄却するということを意味している。これは、大きな p 値は、帰無仮説 H_0 が真であるか、あるいは、検定の統計的検出力が弱いということに起因するからである。

帰無仮説 H_0 が真である場合、p 値は区間 $(0, 1)$ に均一に分布している。もし対立仮説 H_1 が真である場合、p 値の分布はゼロ近くに集中する。連続型分布の場合、これは厳密に証明され、対応する p 値が α より小さいときに帰無仮説 H_0 を棄却した場合、誤警報の確率が α であることを意味する。おそらくそれは、計算の前に、これを少し定式化するのに役立つ。$\tau(X)$ を、より大きい値が出たときに帰無仮説 H_0 を棄却する検定統計量であるとする。そして、各標本 x（これは実際に処理しているデータに対応する）に対して、以下の式を定義する。

$$p(x) = \sup_{\theta \in \Theta_0} \mathbb{P}_\theta(\tau(X) > \tau(x))$$

この式は、領域 Θ_0 で、検定統計量 $\tau(X)$ が特定の検定統計量の値 $\tau(x)$ を超えている上限（つまり最大）確率が p 値と定義されていることを述べている。そして、任意の θ の値について最悪のシナリオを具体化する。

ここで、ある1つの方法を考える。帰無仮説 H_0 を棄却したとし、それはまさに幸運にも、帰無仮説 H_0 の棄却に従って発生するデータを引き当てたとする。p 値が与えるものは、まさに期待するデータを引き当てるオッズ（確率）を得ることで、この問題に対処する方法である。そして、p 値を 0.05 であるとする。そこで示されているものは、まさにデータの標本を引き出すオッズ（確率）であり、帰無仮説 H_0 が有効なときは、ちょうど5%である。これは、何らかの幸運で期待する結果を引き当てる確率が5%の可能性であるということを意味している。

例を用いて具体的に見て行こう。上記の多数決規則の下で、実際に5回のうち3回が表であったとする。帰無仮説 H_0 の下で、この事象の観測確率は以下のようになる。

$$p(x) = \sup_{\theta \in \Theta_0} \sum_{k=3}^{5} \binom{5}{k} \theta^k (1-\theta)^{5-k} = \frac{1}{2}$$

全表検定で、相当する計算をすると以下のようになる。

$$p(x) = \sup_{\theta \in \Theta_0} \theta^5 = \frac{1}{2^5} = 0.03125$$

これらの p 値を見てから、2番目の検定の方が優れていると感じるかもしれないが、先の説明での同様の検出確率（感度）の問題がある。そして、p 値は仮説検定の何らかの状態の局面をまとめることを助けるが、全体の状態の突出した局面をまとめることはできない。

3.5.4 検定統計量

これまで見てきたように、体系的な行程を経ないで仮説検定で良い統計量を得ることは困難である。ネイマン・ピアソン検定は、偽警報の値（α）を固定した後に、検出確率（感度）を最大にする値を求めることで得られる。ネイマン・ピアソン検定の結果は、以下のようになる。

$$L(\mathbf{x}) = \frac{f_{X|H_1}(\mathbf{x})}{f_{X|H_0}(\mathbf{x})} \underset{H_0}{\overset{H_1}{\gtrless}} \gamma$$

ここで、L は尤度比であり、γ は以下のようにして得られる閾値である。

$$\int_{x:L(\mathbf{x})>\gamma} f_{X|H_0}(\mathbf{x}) d\mathbf{x} = \alpha$$

ネイマン・ピアソン検定は、尤度比を利用する検定のファミリーの1つである。

例　受信機があり、単なるノイズ（H_0）か、あるいは信号パルスのノイズ（H_1）のいずれを受信したかを識別したいとする。ノイズのみの場合 $x \sim \mathcal{N}(0, 1)$ が得られ、信号パルスノイズの場合 $x \sim \mathcal{N}(1, 1)$ が得られる。言い換えると、分布の平均は信号の存在で変化する。これは、信号処理や通信では非常に一般的な問題である。そして、ネイマン・ピアソン検定は、以下のように要約できる。

$$L(x) = e^{-\frac{1}{2}+x} \underset{H_0}{\overset{H_1}{\gtrless}} \gamma$$

ここで、ネイマン・ピアソン検定を実施するのに、その統計量を最大にするための閾値 γ を求める必要がある。自然対数を取って変形すると以下の式が得られる。

$$x \underset{H_0}{\overset{H_1}{\gtrless}} \frac{1}{2} + \log \gamma$$

次のステップで、以下の計算により求めたい α に対応する γ を求めることができる。

$$\int_{1/2+\log\gamma}^{\infty} f_{X|H_0}(x)dx = \alpha$$

たとえば、$\alpha = 1/100$ を取ると、$\gamma \approx 6.21$ が求まる。この場合の検定を要約すると、以下の結果が得られる。

$$x \underset{H_0}{\overset{H_1}{\gtrless}} 2.32$$

そして、X を測定し、その値が閾値を超えたことが確認できると、H_1 と判定し、それ以外は、H_0 と判定する。以下のコードは、Sympy と Scipy を用いてこの例を解く方法を示す。最初に、以下のように尤度比を設定する。

```
>>> import sympy as S
>>> from sympy import stats
>>> s = stats.Normal('s',1,1) # 信号＋ノイズ
>>> n = stats.Normal('n',0,1) # ノイズ
>>> x = S.symbols('x',real=True)
>>> L = stats.density(s)(x)/stats.density(n)(x)
```

次に、以下のようにして γ を求める。

```
>>> g = S.symbols('g',positive=True) # gamma を定義する
>>> v=S.integrate(stats.density(n)(x),
...             (x,S.Rational(1,2)+S.log(g),S.oo))
```

> ### プログラミングの コツ
> 上記は、内蔵の簡略化アルゴリズムを高速化して改善することを支援するキーワード引数 positive=True を用いて、Sympy 変数による付加情報を提供している。これは、特殊な関数を含む複雑な積分を用いて処理するときに特に有用である。さらに、分数 1/2 を定義するために関数 Rational を使用していることに注意しよう。これは、Sympy にヒントを与える別の方法である。さもなくば、分数の浮動小数点表現は、単純な分数を偽装し、内部の簡素化の機会を逃す可能性がある。

上記の式で g を解きたい。Sympy は、以下のように組み込みの数値計算用ソルバー（訳注：数値計算を行う関数、ここでは nsolve）を有している。

```
>>> print S.nsolve(v-0.01,3.0) # 約6.21
6.21116124253284
```

142　●第3章　統　計●

Sympy の solve でこれを計算するのに長い時間を要する可能性があるため、この状況では数値
計算用ソルバーを用いたほうが良いことに注意しよう。

一般化尤度比検定

尤度比検定は、以下の統計量を用いて一般化することができる。

$$\Lambda(\mathbf{x}) = \frac{\sup_{\theta \in \Theta_0} L(\theta)}{\sup_{\theta \in \Theta} L(\theta)} = \frac{L(\hat{\theta}_0)}{L(\hat{\theta})}$$

　ここで、$\hat{\theta}_0$ は、$\hat{\theta} \in \Theta_0$ に作用して $L(\theta)$ を最大化する[*5]。そして、$\hat{\theta}$ は最尤推定量である。この
背景にある尤度比検定の一般化の直感的に意味するところは、分母は通常の最尤推定量であり、
分子は限定された領域（Θ_0）の最尤推定量であるということである。これは、空間全体にわた
る最尤推定量は、より制限された空間よりも、少なくとも常に大きな値をとるので、その比率は
常に単一単位より小さいことを意味する。この Λ 比が十分に小さいと、ドメイン全体（Θ）の最
尤推定量はより大きくなり、帰無仮説 H_0 を棄却しても安全であることを意味している。問題点
は、Λ の統計分布は涙が出るほど難しいということである。幸い、ウィルクスの理論によると、
十分に大きな n の値を用いると $-2 \log \Lambda$ の分布は自由度 $r - r_0$ の χ 二乗分布に近似する。ここ
で、r は Θ の自由度パラメータであり、r_0 は Θ_0 の自由度パラメータである。この結果を用いて、
水準 α で近似検定を行いたい場合は、$-2 \log \Lambda \geq \chi^2_{r-r_0}(\alpha)$ のときに、帰無仮説 H_0 を棄却するこ
とができる。ここで、$\chi^2_{r-r_0}(\alpha)$ は、χ 二乗分布 $\chi^2_{r-r_0}$ の $(1 - \alpha)$ クォンタイルである。しかし、こ
の結果の問題点は、n の値がどの程度大きくあればいいのかを知る明確な方法がないことである。
この、一般化尤度比法の利点は、以下に示すように、同時に複数の仮説を検定できるということ
である。

　例　コイン投げの例に戻ろう。ここでは3枚のコインがある。その時の尤度関数は、以下の
ように記述できる。

$$L(p_1, p_2, p_3) = \text{binom}(k_1; n_1, p_1)\text{binom}(k_2; n_2, p_2)\text{binom}(k_3; n_3, p_3)$$

ここで、binom は与えられたパラメータをもつ二項分布である。たとえば、次のように記述できる。

$$\text{binom}(k; n, p) = \sum_{k=0}^{n} \binom{n}{k} p^k (1 - p)^{n-k}$$

この場合、帰無仮説 $H_0 : p = p_1 = p_2 = p_3$ は、3つすべての硬貨で表が出る確率が同じであると
いうことを意味する。対立仮説は、これらの確率の少なくとも1つが異なることである。最初に
Λ 統計量の分子を考えてみよう。これから、p 値の最尤推定量が得られる。帰無仮説は、すべて

[*5]［訳　注］$\hat{\theta}$ は、$\theta \in \Theta_0$ を用いた場合の尤度関数 $L(\theta)$ が最大となる θ の値である。

の p 値が等しいということであるので、これを $n = n_1 + n_2 + n_3$ という数値をもつ1つの大きな二項分布として扱うことができる。そして、$k = k_1 + k_2 + k_3$ はこのコインで観察された表の合計数である。そして、帰無仮説の下で、k では、パラメータは n と p の二項分布に従う。ここで、この分布の最尤推定量はいくらになるであろうか？ この問題は以前にすでに解いており、以下のようにして得られる。

$$\hat{p}_0 = \frac{k}{n}$$

言い換えれば、帰無仮説下での最尤推定量は、n 回の一連の全試行で観察されたものの割合である。ここで、Λ の分子の計算を完結させるために、帰無仮説の下で、以下のように尤度を置換する必要がある。

$$L(\hat{p}_0, \hat{p}_0, \hat{p}_0) = \mathrm{binom}(k_1; n_1, \hat{p}_0)\mathrm{binom}(k_2; n_2, \hat{p}_0)\mathrm{binom}(k_3; n_3, \hat{p}_0)$$

Λ の分母については、これは空間全体にわたって最大化する場合を意味し、それぞれの別個の二項分布に対する最尤推定量は以下のようになる。

$$\hat{p}_i = \frac{k_i}{n_i}$$

これは、以下のような二項分布 $i \in \{1, 2, 3\}$ のそれぞれについての、分母の尤度を与える。

$$L(\hat{p}_1, \hat{p}_2, \hat{p}_3) = \mathrm{binom}(k_1; n_1, \hat{p}_1)\mathrm{binom}(k_2; n_2, \hat{p}_2)\mathrm{binom}(k_3; n_3, \hat{p}_3)$$

そして、以下のような Λ 統計が得られる。

$$\Lambda(k_1, k_2, k_3) = \frac{L(\hat{p}_0, \hat{p}_0, \hat{p}_0)}{L(\hat{p}_1, \hat{p}_2, \hat{p}_3)}$$

ウィルクスの理論は、$-2\log\Lambda$ が χ 二乗分布に従うと述べている。Sympy と Scipy の統計ツールを用いてこの例を計算できる。

```
>>> from scipy.stats import binom, chi2
>>> import numpy as np
>>> # いくつかの同じパラメータ
>>> p0,p1,p2 = 0.3,0.4,0.5
>>> n0,n1,n2 = 50,180,200
>>> brvs= [ binom(i,j) for i,j in zip((n0,n1,n2),(p0,p1,p2))]
>>> def gen_sample(n=1):
...     'generate samples from separate binomial distributions'
...     if n==1:
...         return [i.rvs() for i in brvs]
...     else:
...         return [gen_sample() for k in range(n)]
...
```

144　●第3章　統　計●

プログラミングの **コツ**

関数の条件節で自分自身を呼び出している gen_sample 関数の定義において再帰的であることに注意しよう。これは、コードを再利用し、ベクトル化した出力を生成する迅速な方法である。np.vectorize の使用はもう別の方法であるが、そのコードはこの例において条件節で使用できる程度に十分にシンプルである。Python では、一般的に、スタックフレーム（訳注：関数を呼び出す際にスタック上に積まれたデータをまとめたもの）を用いた入れ子構造の再帰を用いたコードはパフォーマンスがよくない。しかし、ここでは再帰は一度だけであるので、問題とならない。

次に、Λ 統計量の分子の対数を以下のように計算する。

```
>>> k0,k1,k2 = gen_sample()
>>> print k0,k1,k2
12 68 103
>>> pH0 = sum((k0,k1,k2))/sum((n0,n1,n2))
>>> numer = np.sum([np.log(binom(ni,pH0).pmf(ki))
...                  for ni,ki in
...                     zip((n0,n1,n2),(k0,k1,k2))])
>>> print numer
-15.5458638366
```

$\hat{p}_0$ のために帰無仮説の推定値を用いていることに注意しよう。同様に、分母の対数のために以下の計算を行っている。

```
>>> denom = np.sum([np.log(binom(ni,pi).pmf(ki))
...                  for ni,ki,pi in
...                     zip((n0,n1,n2),(k0,k1,k2),(p0,p1,p2))])
>>> print denom
-8.42410648079
```

ここで、次のように Λ 統計量の対数を計算できる。ウィルクスの理論により対応する値を求めてみる。

```
>>> chsq=chi2(2)
>>> logLambda =-2*(numer-denom)
>>> print logLambda
14.2435147116
>>> print 1- chsq.cdf(logLambda)
0.000807346708329
```

上に表示した値は、有意水準が5%未満であるので、すべてのコインの表が出る確率が同じであるという帰無仮説を棄却する。帰無仮説（p）を対立仮説（p_1, p_2, p_3）との間のパラメータの数

●3.5 仮説検定とP値● **145**

の差が2であるため、2つの自由度があることに注意しよう。この例での検出確率（感度）を確認するために、以下のコードを用いて、最後にちょうどいくつかのコードブロックを組み合わせることで、迅速にモンテカルロ・シミュレーションを実施することができる。

```
>>> c= chsq.isf(.05) # 5% 有意水準
>>> out = []
>>> for k0,k1,k2 in gen_sample(100):
...     pH0 = sum((k0,k1,k2))/sum((n0,n1,n2))
...     numer = np.sum([np.log(binom(ni,pH0).pmf(ki))
...                     for ni,ki in
...                         zip((n0,n1,n2),(k0,k1,k2))])
...     denom = np.sum([np.log(binom(ni,pi).pmf(ki))
...                     for ni,ki,pi in
...                         zip((n0,n1,n2),(k0,k1,k2),(p0,p1,p2))])
...     out.append(-2*(numer-denom)>c)
...
>>> print np.mean(out)  # 推定検出感度
0.59
```

上記のシミュレーションは、この例でのパラメータセットの推定検出確率を示す。この相対的に低い検出確率（感度）は、この検定は、誤って帰無仮説を選択することはありそうにない（すなわち、5%の有意水準で）が、同様に多くの対立仮説 H_1 を見落とす（すなわち、低い検出確率（感度））ことがありうることを意味している。どちらがより重要であるかのトレードオフは、その問題の特有の状況次第である。ある状況では、対立仮説 H_1 を見落とすのと引き換えに誤警報が多い方を好むかもしれない。

並べ替え検定（Permutation Test）

並べ替え検定は、同じ分布から由来する標本かどうかを検定する良い方法である。たとえば、以下のような状況を仮定する。

$$X_1, X_2, \ldots, X_m \sim F$$
$$Y_1, Y_2, \ldots, Y_n \sim G$$

すなわち、これは Y_i と X_i が異なる分布から来ていることを意味する。たとえば、以下のようないくつかの検定統計量があると仮定する。

$$T(X_1, \ldots, X_m, Y_1, \ldots, Y_n) = |\overline{X} - \overline{Y}|$$

$F = G$ となるような帰無仮説の下で、任意の順列 $(n+m)!$ が同様に確からしいと仮定する。したがって、順列 $(n+m)!$ の各々に対して、以下のような統計量を計算するとする。

$$\{T_1, T_2, \ldots, T_{(n+m)!}\}$$

そして、帰無仮説の下で、各値は同様に確からしい。帰無仮説の下において、T の分布は、各 T

146 ●第3章 統 計●

値において重み $1/(n+m)!$ の並べ替え分布（permutation distribution）に従っている。t_0 を検定統計量の実測値とし、帰無仮説において T が大きいと棄却されるとする。すると、並べ替え検定の p 値は以下のようになる。

$$P(T > t_o) = \frac{1}{(n+m)!} \sum_{j=1}^{(n+m)!} I(T_j > t_o)$$

ここで、$I(\ )$ は指示関数である[*6]。$(n+m)!$ の値が大きい場合には、この p 値を推定するためにすべての順列の集合から無作為抽出を行う。

> **例** 前回と同様に、コイン投げの例に戻ろう。しかし今度は、2枚だけのコインがあるとする。ここでの仮説は、両方のコインが表になる確率が同じであるということである。無作為な順列を計算するために、Numpy 内の組み込み関数を用いることができる。

```
>>> x=binom(10,0.3).rvs(5) # p=0.3
>>> y=binom(10,0.5).rvs(3) # p=0.5
>>> z = np.hstack([x,y]) # 1つの配列に合わせる
>>> t_o = abs(x.mean()-y.mean())
>>> out = [] # 出力した内容
>>> for k in range(1000):
...     perm = np.random.permutation(z)
...     T=abs(perm[:len(x)].mean()-perm[len(x):].mean())
...     out.append((T>t_o))
...
>>> print 'p-value = ', np.mean(out)
p-value =  0.0
```

全部の順列空間の大きさは 8! = 40320 であることに注目しよう。したがって、この空間から比較的少ない無作為順列を抽出している（すなわち、100）。

ワルド検定

ワルド検定は漸近検定である。帰無仮説が $H_0 : \theta = \theta_0$ で、一方、対立仮説が $H_1 : \theta \neq \theta_0$ であると仮定する。対応する統計量は以下のように定義される。

$$W = \frac{\hat{\theta}_n - \theta_0}{\text{se}}$$

ここで、$\hat{\theta}$ は最尤推定量で、se は以下に示すような標準誤差である。

$$\text{se} = \sqrt{\mathbb{V}(\hat{\theta}_n)}$$

[*6]〔訳 注〕 指示関数とは、集合のもとがその集合の特定の部分集合に属するかどうかを指定することによって定義される関数。

一般的な条件では、$W \xrightarrow{d} \mathcal{N}(0,1)$ となる（訳注：すなわち、統計量 W が平均 0 で標準偏差 1 の正規分布に近づく）。そして、漸近検定は $|W| > z_{\alpha/2}$ であるときに水準 α で棄却する。ここで、$z_{\alpha/2}$ は、$Z \sim \mathcal{N}(0,1)$ のときの $\mathbb{P}(|Z| > z_{\alpha/2}) = \alpha$ に対応する。お気に入りのコイン投げの例で言うと、帰無仮説を $H_0 : \theta = \theta_0$ とすると以下の式が得られる。

$$W = \frac{\hat{\theta} - \theta_0}{\sqrt{\hat{\theta}(1 - \hat{\theta})/n}}$$

これは、通常有意水準 5% で以下のコードを用いてシミュレーションできる。

```
>>> from scipy import stats
>>> theta0 = 0.5 # 帰無仮説 H0
>>> k=np.random.binomial(1000,0.3)
>>> theta_hat = k/1000. # 最尤推定量
>>> W = (theta_hat-theta0)/np.sqrt(theta_hat*(1-theta_hat)/1000)
>>> c = stats.norm().isf(0.05/2) # z_{alpha/2}
>>> print abs(W)>c # もし真ならば，帰無仮説 H0 を棄却する
True
```

真の値は $\theta = 0.3$ であり、帰無仮説は $\theta = 0.5$ であるので、これは帰無仮説 H_0 が拒絶される。この場合、$n = 1000$ で結果が漸近的な範囲内によく収まっていることに注意しよう。以下のコードで、この例についての検出確率の推定を再度実施できる。

```
>>> theta0 = 0.5 # 帰無仮説 H0
>>> c = stats.norm().isf(0.05/2.) # z_{alpha/2}
>>> out = []
>>> for i in range(100):
...     k=np.random.binomial(1000,0.3)
...     theta_hat = k/1000. # 最尤推定量
...     W = (theta_hat-theta0)/np.sqrt(theta_hat*(1-theta_hat)/1000.)
...     out.append(abs(W)>c) # もし真ならば，帰無仮説 H0 を棄却する
...
>>> print np.mean(out) # 検出確率
1.0
```

3.5.5 多重仮説検定

これまで、2つの競合する仮説に主に焦点を当ててきた。ここでは、多重比較を検討する。一般的な状況は次の通りである。一連の n 個の競合する仮説 H_k について帰無仮説を検定する。各仮説について p 値を得て、多重の p 値 $\{p_k\}$ を検討する。この一連の仮説を 1 つの基準に落とし込むために以下の引数を用いることができる。すべてが真ではない n 個の独立した仮説があると仮定する。少なくとも 1 つの誤警報（偽陽性）を得る確率は以下の通りである。

$$P_{FA} = 1 - (1 - p_0)^n$$

ここで、p_0 は、個々の p 値の閾値（たとえば、0.05）である。ここで問題になるのは、$n \to \infty$ のときに、$P_{FA} \to 1$ となるということである。一度に多くの比較を行い、全体的な誤警報率（偽陽性率）を制御したい場合、全体の p 値は、競合している仮説の何れにおいても有効でないという仮定の中で計算する必要がある。これに対処する最も一般的な方法は、個々の有意水準を、p/n に減少させるというボンフェローニ補正を用いることである。明らかに、これはある特定の仮説が有意であると判定することがかなり困難となる。この保守的な制限の当然の結果は、試行の統計的検出力が減ることであり、真の結果を見落とす可能性が高い。

1995 年に、Benjamini と Hochberg は、p 値が統計的に有意であると示す簡単な方法を考案した。その手順は、昇順に p 値のリストをソートし、偽発見率（false-discovery rate, fdr：q 値ともいう）を選択し、ソートされたリスト中から $p_k \leq k_q/n$ となるような最大の p 値を見つけることである。ここで、k はソートされた p 値のリスト内の位置である。最後に、p_k 値より小さいものを統計的に有意であると判定する。この手法では、偽陽性の割合が（平均して）q より小さいことが保証される。Benjamini-Hochberg 法（とそこから派生した方法）は高速で効果的であり、遺伝学や疾患の研究をする際、主に、何百例もの偽の仮説を検定する場合に広く用いられる。また、この手法は、ボンフェローニ補正よりも良好な統計的検出力を提供する。

本節では、統計的仮説検定の構造を説明し、コイン投げの例でその意味するところを示すことにより、この過程で一般的に用いられる様々な用語を定義した。エンジニアリングの視点からすると、仮説検定は、区間推定や点推定ほど一般的ではない。一方、標本サイズや仮説検定の慣例の他の方面を制限する可能性のある実際的な制約を処理しなければならないような、社会科学や医学においては、仮説検定は非常に一般的である。エンジニアリングにおいては、通常、使用する標本やモデルは、一般的に何度も繰り返し一貫して測定できる無生物の物体であるため、それらをより自由に制御できる。これは、一般的に倫理的かつ法的な配慮が必要なヒトの研究では、明らかに当てはまらないことである。

3.6 信頼区間

前述のコイン投げの考察で、表となる背景の確率の推定量を議論した。そこで、推定量を以下のように導いた。

$$\hat{p}_n = \frac{1}{n} \sum_{i=1}^{n} X_i$$

ここで $X_i \in \{0, 1\}$ である。信頼区間によって、推定している真の値にどのくらい近くなるかを推定できる。論理上、それはおかしく思える。推定しているものの正確な値を本当は知らず（そうでなければ、なぜそれを推定するのか？）、そしてなお、未知であると認めるものにどれだけ近づいているかわかっている。最終的に、一定の区間内の値の確率が 90% であるというような記述を作成したい。残念ながら、それは、ここで示した方法を用いて言うことができないものであ

る。ベイズ推定は信頼できる区間を用いてこの記述に近くなるが、それは別の話であることに注意しよう。現在の状況でできる最善のことは次のことをおおまかに言うことである。すなわち、試行を複数回実施する場合に、信頼区間は真のパラメータである90%の回数を捉らえる。

コイン投げの例に戻り、これを実行して確認しよう。信頼区間を得る1つの方法は、以下に示すように、本例のベルヌーイ変数に特化した式2.9.3のヘフディングの不等式を用いることである。

$$\mathbb{P}(\mid \hat{p}_n - p \mid > \epsilon) \leq 2\exp(-2n\epsilon^2)$$

ここで、区間 $\mathbb{I} = [\hat{p}_n - \epsilon_n, \hat{p}_n + \epsilon_n]$ を生成できる。ただし、ϵ_n は以下のように慎重に作成する。

$$\epsilon_n = \sqrt{\frac{1}{2n}\log\frac{2}{\alpha}}$$

これは α と等価なヘフディングの不等式の右辺を形成する。したがって、最終的に以下のような式が得られる。

$$\mathbb{P}(p \notin \mathbb{I}) = \mathbb{P}\left(\mid \hat{p}_n - p \mid > \epsilon_n\right) \leq \alpha$$

ゆえに、$\mathbb{P}(p \in \mathbb{I}) \geq 1 - \alpha$ となる。数値例として、$n = 100$、$\alpha = 0.05$ と置き、先の式に代入すると、$\epsilon_n = 0.136$ が得られる。そして、本例の95%信頼区間は以下のようになる。

$$\mathbb{I} = [\hat{p}_n - \epsilon_n, \hat{p}_n + \epsilon_n] = [\hat{p}_n - 0.136, \hat{p}_n + 0.136]$$

以下のコード例は、背景となるパラメータを本例での信頼区間に本当に適用できたかどうかを確認するためのシミュレーションである。

```
>>> from scipy import stats
>>> import numpy as np
>>> b= stats.bernoulli(.5) # 偽りのないコインの分布
>>> nsamples = 100
>>> # 200回の推定につきnsamples回コインを投げる
>>> xs = b.rvs(nsamples*200).reshape(nsamples,-1)
>>> phat = np.mean(xs,axis=0) # 推定されたp値
>>> # 95%信頼区間の端
>>> epsilon_n=np.sqrt(np.log(2/0.05)/2/nsamples)
>>> pct=np.logical_and(phat-epsilon_n<=0.5,
...                     0.5 <= (epsilon_n +phat)
...                     ).mean()*100
>>> print 'Interval trapped correct value ', pct,'% of the time'
Interval trapped correct value  99.5 % of the time
```

この結果は、推定量とそれに対応する区間が少なくとも95%の回数で真の値を捉えることができたことを示す。これは、信頼区間の動作の解釈方法である。

しかし、通常の実計算はヘフディングの不等式を用いず、その代わり漸近正規性の周辺の引数

を用いる。標準誤差の定義は次式で表す。

$$se = \sqrt{\mathbb{V}(\hat{\theta}_n)}$$

ここでデータ X_n の n 個の標本がある場合、$\hat{\theta}_n$ はパラメータ θ の点推定量であり、$\mathbb{V}(\hat{\theta}_n)$ は $\hat{\theta}_n$ の分散である。同様に、推定標準誤差は $\widehat{se}$ である。たとえば、コイン投げの例では、推定量は $\hat{p} = \sum X_i / n$ で、対応する分散は $\mathbb{V}(\hat{p}_n) = p(1-p)/n$ である。点推定値に代入して以下の推定標準誤差が得られる。

$$\widehat{se} = \sqrt{\hat{p}(1-\hat{p})/n}$$

最尤推定量は漸近的に正規性なので[‡4]、$\hat{p}_n \sim \mathcal{N}(p, \widehat{se}^2)$ となることがわかる。したがって、信頼区間 $1 - \alpha$ を求めたい場合、以下のように計算できる。

$$\mathbb{P}(|\, \hat{p}_n - p \,| < \xi) > 1 - \alpha$$

しかし、$(\hat{p}_n - p)$ が漸近的に正規分布 $\mathcal{N}(0, \widehat{se}^2)$ に従うことがわかっているため、代わりに以下のように計算できる。

$$\int_{-\xi}^{\xi} \mathcal{N}(0, \widehat{se}^2) dx > 1 - \alpha$$

この式は計算が醜く見えるが、その理由は、ξ を求める必要があるためである。しかし、Scipy はその計算に必要なものをすべて備えている。

```
>>> # すべての試行で推定標準誤差を計算
>>> se=np.sqrt(phat*(1-phat)/xs.shape[0])
>>> # 試行回数ゼロで確率変数を生成
>>> rv=stats.norm(0, se[0])
>>> # 試行回数ゼロで 95% 信頼区間を計算
>>> np.array(rv.interval(0.95))+phat[0]
array([ 0.42208023,  0.61791977])
>>> def compute_CI(i):
...     return stats.norm.interval(0.95,loc=i,
...                           scale=np.sqrt(i*(1-i)/xs.shape[0]))
...
>>> lower,upper = compute_CI(phat)
```

[‡4][原書注] 特定の技術的に制御された条件を、この最尤推定量が機能するために保持する必要がある。より詳細は文献[4]を参照。

図3.11 グレーの丸は漸近信頼区間とヘフディング区間の両方を上下に分ける点推定量である。漸近区間のほうが狭いのは、根拠となる漸近仮定がこれらの推定値に有効であるからである。

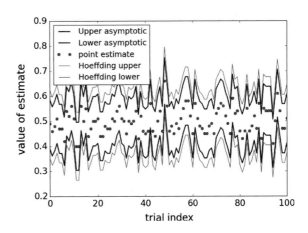

図3.11 は、漸近信頼区間とヘフディング由来の区間を示す。図に示すように、ヘフディング区間は漸近推定値より少し大きい。しかしこれは、漸近近似が機能している限り、真である。言い換えると、漸近区間が機能しない n 個の標本がいくらか存在する。そのため、それらがいくらか大きかったとしても、ヘフディング区間は漸近収束について引数を必要としない。実際、それにもかかわらず、漸近収束は常に動作している（明確に記述されていないが）。

信頼区間と仮説検定

仮説検定と信頼区間の間に密接な2つの相関があることがわかっている。これが機能していることを確認するために、正規分布に対して次の仮説検定を考える。

$$\text{帰無仮説 } H_0: \mu = \mu_0 \quad \text{対} \quad \text{対立仮説 } H_1: \mu \neq \mu_0$$

妥当な検定結果は以下のような棄却域を有する。

$$\left\{ x : |\bar{x} - \mu_0| > z_{\alpha/2} \frac{\sigma}{\sqrt{n}} \right\}$$

ここで、$\mathbb{P}(Z > z_{\alpha/2}) = \alpha/2$ と $\mathbb{P}(-z_{\alpha/2} < Z < z_{\alpha/2}) = 1 - \alpha$ が成り立っており、さらに $Z \sim \mathcal{N}(0,1)$ である。これは、H_0 の採択に対応する領域は

$$\bar{x} - z_{\alpha/2} \frac{\sigma}{\sqrt{n}} \leq \mu_0 \leq \bar{x} + z_{\alpha/2} \frac{\sigma}{\sqrt{n}} \tag{3.6.0.1}$$

であることをいうのと同じことである。この検定はサイズが α であるため、誤警報（偽陽性）確率は $\mathbb{P}(H_0 \text{ rejected(棄却)} | \mu = \mu_0) = \alpha$ である。同様に、$\mathbb{P}(H_0 \text{ accepted(採択)} | \mu = \mu_0) = 1 - \alpha$ である。上記で定義した平均の区間によりこれをすべて合わせると、次のようになる。

$$\mathbb{P}\left(\bar{x} - z_{\alpha/2}\frac{\sigma}{\sqrt{n}} \leq \mu_0 \leq \bar{x} + z_{\alpha/2}\frac{\sigma}{\sqrt{n}} \,\Big|\, H_0\right) = 1 - \alpha$$

これはどの μ_0 にも有効であるため、H_0 条件を除くと以下のようになる。

$$\mathbb{P}\left(\bar{x} - z_{\alpha/2}\frac{\sigma}{\sqrt{n}} \leq \mu_0 \leq \bar{x} + z_{\alpha/2}\frac{\sigma}{\sqrt{n}}\right) = 1 - \alpha$$

もうすでにおわかりかもしれないが、上記の式 **3.6.0.1** の中の区間は、$1 - \alpha$ 信頼区間である！ そのため、水準 α の検定の採択域を逆転することで、まさに信頼区間が得られる。仮説検定はパラメータを固定し、いくらの標本値（すなわち、採択域）がその固定した値と一致するかを求める。あるいは、信頼区間は標本値を固定して、いくらのパラメータ値（すなわち、信頼区間）がこの標本値をもっともありそうにするかを求める。時々この逆転方法の結果、非結合区間（信頼集合として知られている）となることに注意しよう。

3.7 線形回帰

線形回帰は統計学の心臓部に到達する。すなわち、データ観測点の集合が得られた場合に、得られたデータとこれまで見てきたデータとはどのように関連するだろうか？ 1つのデータセットから他のデータに情報がどのように伝達するのだろうか？ 線形回帰はこの質問を扱う以下のモデルを提供する。

$$\mathbb{E}(Y|X = x) \approx ax + b$$

すなわち、X に特定の値が与えられると、条件付き期待値はこれらの特定の値の線形関数であるとしよう。しかし、観測値は期待値自体ではないため、そのモデルはこれに追加のノイズ項を提供する。言い換えると、観測した変数（別名：応答変数、目的変数、従属変数）は次のようにモデル化される。

$$\mathbb{E}(Y|X = x_i) + \epsilon_i \approx ax + b + \epsilon_i = y$$

ここで $\mathbb{E}(\epsilon_i) = 0$ であり、ϵ_i は iid（独立等分布）である。よくガウス分布と推定されるけれども、ϵ_i の分布関数はその問題に依存する。$X = x$ 値は独立変数、共変量、あるいはリグレッサーとして知られる。

この形式の回帰を理解するために、これまで展開してきたすべての方法が使えるかどうかを見てみよう。最初の作業は、未知の線形パラメータ a および b をどのように推定するかを決めることである。これを具体的に実施するため、$\epsilon \sim \mathcal{N}(0, \sigma^2)$ であると仮定しよう。$\mathbb{E}(Y|X = x)$ は x の決定論的関数であることを覚えておこう。言い換えると、変数 x はそれぞれの引き出し方によって変化するが、データが収集された後は、これらはもはや無作為な量ではない。そのため、

固定された x に対して y は ϵ によって生成された確率変数である。おそらく、これを強調するためには ϵ を ϵ_x として表すべきだが、しかし、ϵ は固定された x に対して独立で等分布（iid）な確率変数であるため、これは行き過ぎだろう。ガウスノイズが追加されるために、y の分布はその平均と分散によって完全に特徴づけられる。

$$\mathbb{E}(y) = ax + b$$
$$\mathbb{V}(y) = \sigma^2$$

最尤推定法を用いて、対数尤度関数は次のように書ける、

$$\mathcal{L}(a, b) = \sum_{i=1}^{n} \log \mathcal{N}(ax_i + b, \sigma^2) \propto \frac{1}{2\sigma^2} \sum_{i=1}^{n} (y_i - ax_i - b)^2$$

最大値を求めるのに関係ない項を削除していることに注意しよう。この a に関して微分値をとると、次の等式を与える。

$$\frac{\partial \mathcal{L}(a, b)}{\partial a} = 2 \sum_{i=1}^{n} x_i(b + ax_i - y_i) = 0$$

同様に、パラメータ b についても同じことを行う。

$$\frac{\partial \mathcal{L}(a, b)}{\partial b} = 2 \sum_{i=1}^{n} (b + ax_i - y_i) = 0$$

次のコードはあるデータをシミュレートし、Numpy ツールを用いて以下に示すようなパラメータを計算する。

```
>>> import numpy as np
>>> a = 6;b = 1 # 推定するパラメータ
>>> x = np.linspace(0,1,100)
>>> y = a*x + np.random.randn(len(x))+b
>>> p,var_=np.polyfit(x,y,1,cov=True) # データを直線に当てはめる
>>> y_ = np.polyval(p,x) # 線形回帰により推定
```

図 3.12 の左のグラフはデータに対してプロットした回帰直線を示す。推定されたパラメータは標題に示した。図 3.12 の右のヒストグラムはモデル内の残存誤差を示す。正規性についてその回帰の残差を確認することは常に良い考えである。これらは、データ内のそれぞれの x_i の値に当てはめた線と対応の y_i の値の間の差である。x 項は一様に単調である必要はないことを注意しよう。

　無作為な変動から決定論的変動を分離するために、インデックスを固定して（訳注：この場合は以下の j を 1 つの値に固定することを言う）以下の形で特定された問題を記述することができる。

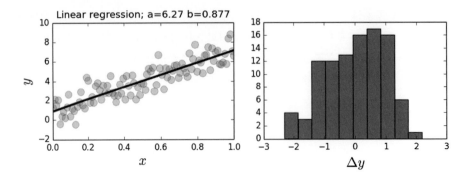

図3.12 左の図はデータと回帰直線を示す。右の図は回帰誤差のヒストグラムを示す。

$$y_i = ax_i + b + \epsilon_i$$

ここで、$\epsilon_i \sim \mathcal{N}(0, \sigma^2)$である。この問題のこの1つの構成成分だけで何ができるだろうか？ 言い換えると、$\{y_{i,k}\}_{k=1}^{m}$の中のように、この構成成分のm個の標本があるとしよう。通常の手法に従って、y_iの平均の推定値が以下のように得られる。

$$\hat{y}_i = \frac{1}{m}\sum_{k=1}^{m} y_{i,k}$$

しかし、この値は個別のパラメータaおよびbについて何も言わない。というのは、それらは計算された項の中に分離できないからであり、それゆえ、以下の式が得られる。

$$\mathbb{E}(y_i) = ax_i + b$$

しかし、まだ1つの等式と2つの未知のaとbを持っているのみである。別の成分jを考えて、以下のようにjに固定するならばどうなるだろう。

$$y_j = ax_j + b + \epsilon_i$$

そうすると、以下の式を得る。

$$\mathbb{E}(y_j) = ax_j + b$$

そうして、少なくとも2つの等式と2つの未知のもの（aとb）が存在し、推定量$\hat{y}_i$と$\hat{y}_j$を用いてデータからこれらの等式の左辺を推定する方法がわかっている。次のコードサンプルでこれがどのように働くのかを見てみよう（**図3.13**）。

```
>> x0, xn =x[0],x[80]
>>> # 合成データを生成
>>> y_0 = a*x0 + np.random.randn(20)+b
>>> y_1 = a*xn + np.random.randn(20)+b
>>> # 標本の次元に沿った平均
>>> yhat = np.array([y_0,y_1]).mean(axis=1)
>>> a_,b_=np.linalg.solve(np.array([[x0,1],
...                                 [xn,1]]),yhat)
```

> **プログラミングのコツ**
> 上記のコードは Numpy の linalg モジュールの solve 関数を使用し、これは、よくテストされた LAPACK ライブラリを組み込んだ Numpy のコアの線形代数コードを含む。

$x_0 = 0$ で、この場合における推定パラメータの解法を書くことができる。

$$\hat{a} = \frac{\hat{y}_i - \hat{y}_0}{x_i}$$
$$\hat{b} = \hat{y}_0$$

これらの推定量の期待値と分散は次の通りである。

$$\mathbb{E}(\hat{a}) = \frac{ax_i}{x_i} = a$$
$$\mathbb{E}(\hat{b}) = b$$
$$\mathbb{V}(\hat{a}) = \frac{2\sigma^2}{x_i^2}$$
$$\mathbb{V}(\hat{b}) = \sigma^2$$

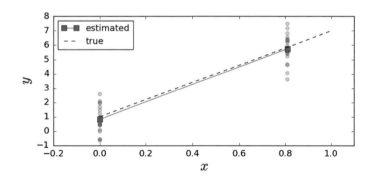

図3.13 当てはめた直線と真の直線をデータ値によりプロットしている。実線の末端の四角は示されたそれぞれのデータ群の各値の平均値を示す

期待値は、推定量が不偏推定量であることを示す。推定量 $\hat{a}$ は、より大きな x_i の点を選択すると減少する分散を持つ。すなわち、回帰直線に当てはめるには水平軸に沿った標本を取り出すことがより良好である。この分散はこれら遠位点のレバレッジ（Leverage：てこ比）[*7]を定量する。

写像法からの回帰

写像法の知識を一般的なケースに適用できるかどうかを確認してみよう。ベクトル表示により、次式のように記述することができる。

$$\mathbf{y} = a\mathbf{x} + b\mathbf{1} + \epsilon$$

ここで $\mathbf{1}$ はすべてのもののベクトルである。また。内積表記を使用すると以下のようになる。

$$\langle \mathbf{x}, \mathbf{y} \rangle = \mathbb{E}(\mathbf{x}^T \mathbf{y})$$

そして、任意の $\mathbf{x}_1 \in \mathbf{1}^{\perp}$ を用いて内積を取ると[‡5]、以下のようになる。

$$\langle \mathbf{y}, \mathbf{x}_1 \rangle = a \langle \mathbf{x}, \mathbf{x}_1 \rangle$$

$\mathbb{E}(\epsilon) = 0$ であることを思い出そう。ここで、a について最終的に以下のような解を得ることができる。

$$\hat{a} = \frac{\langle \mathbf{y}, \mathbf{x}_1 \rangle}{\langle \mathbf{x}, \mathbf{x}_1 \rangle} \tag{3.7.0.2}$$

それはとてもきれいにまとまっているように見えるが、ここに不思議なベクトル $\mathbf{x}_1$ が存在する。これはどこから来たのだろうか？ $\mathbf{x}$ を $\mathbf{1}^{\perp}$ に写像した場合に、$\mathbf{1}^{\perp}$ 空間内に $\mathbf{x}$ への最小平均二乗誤差（MMSE）の近似値が得られる。そして、次の式を取る。

$$\mathbf{x}_1 = P_{\mathbf{1}^{\perp}}(\mathbf{x})$$

$P_{\mathbf{1}^{\perp}}$ が写像を表す行列（写像行列）であることを思い出すと、$\mathbf{x}_1$ の長さは最大で $\mathbf{x}$ である。これは、上記の $\hat{a}$ の等式の分母が $P_{\mathbf{1}^{\perp}}$ の座標系において、実際にまさに $\mathbf{x}$ ベクトルの長さとなっていることを意味している。写像は直交であるため（すなわち、最小の長さであるため）、ピタゴラスの定理によりこの長さは以下のように求められる。

$$\langle \mathbf{x}, \mathbf{x}_1 \rangle^2 = \langle \mathbf{x}, \mathbf{x} \rangle - \langle \mathbf{1}, \mathbf{x} \rangle^2$$

[*7]［訳 注］ レバレッジ：それぞれの独立変数がその分布内でどれだけその平均から離れているかを示す指標であり、当てはめによって推定される従属変数 $\hat{y}$ に対して、その測定値 y と $\hat{y} = Hy$ の関係がある行列 H の対角成分のことである。レバレッジは、$\hat{y}$ に対する y_k の重みと捉えることができる。

[‡5]［原書注］ $\langle \mathbf{a}, \mathbf{1} \rangle = 0$ となるようなすべてのベクトル $\mathbf{a}$ の空間を $\mathbf{1}^{\perp}$ と呼ぶ。

右辺の最初の項はベクトル $\mathbf{x}$ の長さであり、最後の項は $P_{1\perp}$ に直交な座標系における $\mathbf{x}$ の長さで、すなわち、$\mathbf{1}$ の長さである。一般的な線形回帰で行っていることを、より詳しく理解するために、このように幾何学的解釈を用いることができる。分母が $\mathbf{x}$ の直交写像であるという事実は、$\mathbf{x}_1$ の選択は、$\hat{a}$ の分散が減少すると最大の効果を持つ（すなわち、最大値となる）ということを物語っている。すなわち、$\mathbf{x}$ が $\mathbf{1}$ により多く整列するほど、$\hat{a}$ の分散は減少する。これは、$\mathbf{x}$ が $\mathbf{1}$ により近づくほどそれが定数に近づくために直観でわかり、そして、すでに 1 次元の例から $\mathbf{x}$ 項の間の距離は、分散が減少すると補填されることを確認してきた。$\hat{a}$ は不偏推定量であることがすでにわかっており、写像として慎重に $\mathbf{x}_1$ を選択したために、それはまた最小の分散であることも分かっている。そのような推定量は、最小分散不偏推定量（MVUE）として知られている。

　同じ考え方を用いて、式 3.7.0.2 の $\hat{a}$ の分子を検討しよう。$\mathbf{x}_1$ を次のように書くことができる。

$$\mathbf{x}_1 = \mathbf{x} - P_1\mathbf{x}$$

ここで P_1 は $\mathbf{x}$ のベクトル $\mathbf{l}$ への写像行列である。これを用いて、$\hat{a}$ の分子は以下のような式になる。

$$\langle \mathbf{y}, \mathbf{x}_1 \rangle = \langle \mathbf{y}, \mathbf{x} \rangle - \langle \mathbf{y}, P_1\mathbf{x} \rangle$$

注意するのは

$$P_1 = \mathbf{1}\mathbf{1}^T \frac{1}{n}$$

ということなので、これを明確に書くと次式のようになり、

$$\langle \mathbf{y}, P_1\mathbf{x} \rangle = \left(\mathbf{y}^T \mathbf{1}\right)\left(\mathbf{1}^T \mathbf{x}\right)/n = \left(\sum y_i\right)\left(\sum x_i\right)/n$$

同様に、分母については次のような式が得られる。

$$\langle \mathbf{x}, P_1\mathbf{x} \rangle = \left(\mathbf{x}^T \mathbf{1}\right)\left(\mathbf{1}^T \mathbf{x}\right)/n = \left(\sum x_i\right)\left(\sum x_i\right)/n$$

そのため、これらをすべて代入すると次のような式となり、

$$\hat{a} = \frac{\mathbf{x}^T\mathbf{y} - (\sum x_i)(\sum y_i)/n}{\mathbf{x}^T\mathbf{x} - (\sum x_i)^2/n}$$

対応する分散は次のようになる。

$$\mathbb{V}(\hat{a}) = \sigma^2 \frac{\|\mathbf{x}_1\|^2}{\langle \mathbf{x}, \mathbf{x}_1 \rangle^2}$$

$$= \frac{\sigma^2}{\|\mathbf{x}\|^2 - n(\overline{x^2})}$$

$\hat{b}$ で同じ方法を用いると、次のような式が得られる。

$$\hat{b} = \frac{\langle \mathbf{y}, \mathbf{x}^\perp \rangle}{\langle \mathbf{1}, \mathbf{x}^\perp \rangle} \tag{3.7.0.3}$$

$$= \frac{\langle \mathbf{y}, \mathbf{1} - P_{\mathbf{x}}(\mathbf{1}) \rangle}{\langle \mathbf{1}, \mathbf{1} - P_{\mathbf{x}}(\mathbf{1}) \rangle} \tag{3.7.0.4}$$

$$= \frac{\mathbf{x}^T \mathbf{x}(\sum y_i)/n - \mathbf{x}^T \mathbf{y}(\sum x_i)/n}{\mathbf{x}^T \mathbf{x} - (\sum x_i)^2/n} \tag{3.7.0.5}$$

ここで、

$$P_{\mathbf{x}} = \frac{\mathbf{x}\mathbf{x}^T}{\|\mathbf{x}\|^2}$$

であり、その分散は以下のようになる。

$$\mathbb{V}(\hat{b}) = \sigma^2 \frac{\langle \mathbf{1} - P_{\mathbf{x}}(\mathbf{1}), \mathbf{1} - P_{\mathbf{x}}(\mathbf{1}) \rangle}{\langle \mathbf{1}, \mathbf{1} - P_{\mathbf{x}}(\mathbf{1}) \rangle^2}$$

$$= \frac{\sigma^2}{n - \frac{(n\overline{x})^2}{\|\mathbf{x}\|^2}}$$

推定値の定量

上記の分散の式は、未知の σ^2 を含み、これはプラグイン推定量[*8]を用いてデータ自体から推定しなければならない。残差平方和（RSS）を次のように定式化できる。

$$\mathrm{RSS} = \sum_i (\hat{a}x_i + \hat{b} - y_i)^2$$

そして、σ^2 の推定量は次の式で表せる。

$$\hat{\sigma}^2 = \frac{\mathrm{RSS}}{n-2}$$

[*8]［訳 注］ 数式に未知パラメータが含まれている場合に、そのパラメータに推定量を代入することで推定できることがある。この推定量をプラグイン推定量という。

ここでnは標本数である。これは残差平均平方（residual mean square）ともいう。$n-2$は自由度（df）を表す。同じデータから2つのパラメータを推定したため、nの代わりに$n-2$を用いる。すなわち一般に、df $= n-p$であり、ここでpは推定パラメータの数である。ノイズはガウス分布（正規分布）であるとの仮定の下で、RSS $/\sigma^2$は自由度$n-2$でχ二乗分布に従う。他の重要な項には、平均の平方和 sum of squares about the mean（別名：訂正平方和 corrected sum of squares）があり、以下のように表記する。

$$\mathrm{SYY} = \sum (y_i - \bar{y})^2$$

平均の平方和（SYY）はyを推定するために、データx_iを使用せずにデータy_iの平均を使用するという考え方をとっている。これらの2つの項から以下のようなR^2項が導かれる。

$$R^2 = 1 - \frac{\mathrm{RSS}}{\mathrm{SYY}}$$

完全な回帰を行うためには、$R^2 = 1$である必要があることに注意しよう。すなわち、もし回帰において、ちょうど正確にそれぞれのデータ観測点y_iが得られる場合、RSS $= 0$で、この項は1に等しい。したがって、この項は適合度（当てはまりのよさ）の測定に利用される。scipy中のstatsモジュールは多数のこれらの項を以下のように自動的に計算する。

```
from scipy import stats
slope,intercept,r_value,p_value,stderr = stats.linregress(x,y)
```

ここで、変数r_valueの平方は上記のR^2である。計算されたp値は、直線の傾きがゼロという帰無仮説を持つ両側仮説検定である。言い換えると、これは、線形回帰がその仮説に対し、そのデータについて意味をなすかどうかを検定する。Statsmodelsモジュールは、回帰を実施してこれらのパラメータの追跡持続を容易にすることによって、Scipyのstasモジュールへの強力な拡張機能を与える。データに対してPandasのデータフレームを作成することにより、Statsmodelsのフレームワークを用いてこの問題を再度定式化しよう。

```
import statsmodels.formula.api as smf
from pandas import DataFrame
import numpy as np
d = DataFrame({'x':np.linspace(0,1,10)}) # データを生成
d['y'] = a*d.x+ b + np.random.randn(*d.x.shape)
```

ここで、上記のPandasのデータフレームに入力データを作成したので、次のように回帰が実施できる。

```
results = smf.ols('y ~ x', data=d).fit()
```

~記号は、$y = ax + b + \epsilon$に対する表記法で、ここで定数bはStatsmodelsでの今回の使用では

160 ●第3章 統 計●

陰関数表示である。文字列中の名前はデータフレーム中の列からとられる。これは、データフレーム内の名前の付けられた列の間の複雑な相互作用を持つモデルの構築を、非常に容易にする。以下の、要約表示を見ることで、モデルの当てはめの表示結果を検討できる。

```
print results.summary2()
                Results: Ordinary least squares
=================================================================
Model:               OLS          Adj. R-squared:      0.808
Dependent Variable:  y            AIC:                 28.1821
Date:                0000-00-00 00:00 BIC:             00.0000
No. Observations:    10           Log-Likelihood:      -12.091
Df Model:            1            F-statistic:         38.86
Df Residuals:        8            Prob (F-statistic):  0.000250
R-squared:           0.829        Scale:               0.82158
-----------------------------------------------------------------
            Coef.    Std.Err.    t      P>|t|     [0.025    0.975]
-----------------------------------------------------------------
Intercept   1.5352   0.5327   2.8817   0.0205    0.3067    2.7637
x           5.5990   0.8981   6.2340   0.0003    3.5279    7.6701
```

ここにはこれまで考察したよりはるかに多くの項目が存在するが、Statsmodels のドキュメンテーション（マニュアル）は、この表示について完全な情報を得るために見に行く最善の場所である。F 統計量は、傾きのパラメータを含むかあるいは、それを含まないかの間の対比を捉えることを試みる。すなわち、ここでは、以下のような、2 つの仮説を考えている。

$$H_0 \colon \mathbb{E}(Y|X = x) = b$$
$$H_1 \colon \mathbb{E}(Y|X = x) = b + ax$$

傾きの項の追加で、回帰に対してどの程度改善するかを定量するため、次の式を計算する。

$$F = \frac{\text{SYY} - \text{RSS}}{\hat{\sigma}^2}$$

分子は、回帰に傾きを含める場合と y_i 値の平均を使用するのみの間の残差平方誤差の違いを計算する。再び、ϵ ノイズの項が $\epsilon \sim \mathcal{N}(0, \sigma^2)$ のガウス分布（正規分布）に従うと仮定するなら（あるいは漸近的に近づいていくなら）、帰無仮説 H_0 は分子および分母からの自由度を持つ F 分布に従うだろう[‡6]。この場合は、$F \sim F(1, n - 2)$ となる。この統計量の値は上記の Statsmodels により表示される。表示された対応する確率は、もし帰無仮説 H_0 が真である場合、F がその計数値を超える可能性を示す。そのため、このすべてから得られる重要なメッセージは、正規性が付加されたノイズを仮定した場合に、傾きを含めることによって、このデータから良好な n 点のデータを引き出すことで期待される平方誤差の低下より、その低下がずっと小さくなる、ということである。傾きを含めることは、このデータにとって意味があるということは明らかである。

――――――――――
[‡6]［原書注］ F 分布 $F(m, n)$ は、2 つの整数の自由度パラメータ m および n を有する。

Statsmodels の表示は、自由度調整済決定係数（Adj. R-squared）の項も示している。これは、回帰が当てはめたパラメータ p の数と標本サイズ n を考慮した R^2 計算の補正であり、以下のように計算する。

$$\text{Adjusted } R^2 = 1 - \frac{\text{RSS}/(n-p)}{\text{SYY}/(n-1)}$$

これは、常に $p = 1$ の時（すなわち b のみが推定される時）以外は R^2 より小さい。これは、多数のパラメータを、比較的少ない n 数によって適合させようとする時に、回帰を比較するのに良い方法である。

線形予測

予測の為に線形回帰を使うことで、いくらか他の問題が起こってくる。以下の期待値を思い出そう。

$$\mathbb{E}(Y|X=x) \approx \hat{a}x + \hat{b}$$

ここで、データから $\hat{a}$ と $\hat{b}$ を決定した。興味がある新しいデータ観測点 x_p が与えられた場合、$\hat{y}_p$ の予測値として次式が確かに計算される。

$$\hat{y}_p = \hat{a}x_p + \hat{b}$$

これは、x_p に基づいた y に対する最良の予測は上記の条件付き期待値であるということと同じである。これに対する分散は次のとおりである。

$$\mathbb{V}(y_p) = x_p^2 \mathbb{V}(\hat{a}) + \mathbb{V}(\hat{b}) + 2x_p \text{cov}(\hat{a}\hat{b})$$

$\hat{a}$ と $\hat{b}$ は同じデータに由来するために、上記の共分散を有することに注意しよう。式 **3.7.0.2** から以前の表記法を用いて、次のようにこれを計算できる。

$$
\begin{aligned}
\text{cov}(\hat{a}\hat{b}) &= \frac{\mathbf{x}_1^T \mathbb{V}\{\mathbf{y}\mathbf{y}^T\}\mathbf{x}^\perp}{(\mathbf{x}_1^T\mathbf{x})(1^T\mathbf{x}^\perp)} = \frac{\mathbf{x}_1^T \sigma^2 \mathbf{I}\mathbf{x}^\perp}{(\mathbf{x}_1^T\mathbf{x})(1^T\mathbf{x}^\perp)} \\
&= \sigma^2 \frac{\mathbf{x}_1^T \mathbf{x}^\perp}{(\mathbf{x}_1^T\mathbf{x})(1^T\mathbf{x}^\perp)} = \sigma^2 \frac{(\mathbf{x}-P_1\mathbf{x})^T \mathbf{x}^\perp}{(\mathbf{x}_1^T\mathbf{x})(1^T\mathbf{x}^\perp)} \\
&= \sigma^2 \frac{-\mathbf{x}^T P_1^T\mathbf{x}^\perp}{(\mathbf{x}_1^T\mathbf{x})(1^T\mathbf{x}^\perp)} = \sigma^2 \frac{-\mathbf{x}^T \frac{1}{n}11^T\mathbf{x}^\perp}{(\mathbf{x}_1^T\mathbf{x})(1^T\mathbf{x}^\perp)} \\
&= \sigma^2 \frac{-\mathbf{x}^T \frac{1}{n}1}{(\mathbf{x}_1^T\mathbf{x})} = \frac{-\sigma^2 \overline{x}}{\sum_{i=1}^n (x_i^2 - \overline{x}^2)}
\end{aligned}
$$

162 ●第3章 統 計●

これをすべてプラグイン*9 した後、次の式を得る。

$$\mathbb{V}(y_p) = \sigma^2 \frac{x_p^2 - 2x_p\overline{x} + \|\mathbf{x}\|^2/n}{\|\mathbf{x}\|^2 - n\overline{x}^2}$$

ここで実際には、σ^2 に対してプラグイン推定量*10 を使用する。

y_p の信頼区間について重要な結論がある。モデルは余分な ϵ ノイズ項を含むため、信頼区間を生成するのに $\mathbb{V}(y_p)$ の平方根を単純に使用できない。特に、パラメータはデータから得られた統計量のセットを用いて計算したが、今や、予測部分についてノイズ項に関する異なる現実的な項を含む必要がある。これは以下のような計算をしなければならないことを意味する。

$$\eta^2 = \mathbb{V}(y_p) + \sigma^2$$

そのあと、95%信頼区間 $y_p \in (y_p - 2\hat{\eta}, y_p + 2\hat{\eta})$ は次のようにして得られる。

$$\mathbb{P}(y_p - 2\hat{\eta} < y_p < y_p + 2\hat{\eta}) \approx \mathbb{P}(-2 < \mathcal{N}(0,1) < 2) \approx 0.95$$

ここで $\hat{\eta}$ は、σ の代わりにプラグイン推定量を用いることから得ている。

3.7.1 多重共変量への拡張

使うことのできるすべての方法をつぎ込んで、以下のような多変量の独立変数を考えることは短い表記への一歩となる。

$$\mathbf{Y} = \mathbf{X}\boldsymbol{\beta} + \boldsymbol{\epsilon}$$

ただし、上記の式は、通常、平均 $\mathbb{E}(\epsilon) = \mathbf{0}$ と分散 $\mathbb{V}(\epsilon) = \sigma^2\mathbf{I}$ を有している。そして、$\mathbf{X}$ は、$n \times p$ 次元の独立変数のフルランク行列であり、$\mathbf{Y}$ は観測値の n 次元ベクトルである。定数項は1つの列として $\mathbf{X}$ に組み込まれていることに注意しよう。$\boldsymbol{\beta}$ に対応する推定解は、以下のようになる。

$$\hat{\boldsymbol{\beta}} = (\mathbf{X}^T\mathbf{X})^{-1}\mathbf{X}^T\mathbf{Y}$$

対応する分散は以下のようになる。

$$\mathbb{V}(\hat{\boldsymbol{\beta}}) = \sigma^2(\mathbf{X}^T\mathbf{X})^{-1}$$

そして、ガウス分布に従う誤差を有していると仮定され、以下の式が得られる。

$$\hat{\boldsymbol{\beta}} \sim \mathcal{N}(\boldsymbol{\beta}, \sigma^2(\mathbf{X}^T\mathbf{X})^{-1})$$

---

*9*10 ［訳 注］ プラグインとは、未知パラメータに推定量を代入して、値を推定すること。プラグイン推定量とは、プラグインを行うための推定量。

σ^2 の不偏推定値は、以下のようになる。

$$\hat{\sigma}^2 = \frac{1}{n-p} \sum \hat{\epsilon}_i^2$$

ここで、$\hat{\epsilon} = \mathbf{X}\hat{\boldsymbol{\beta}} - \mathbf{Y}$ は残差のベクトルである。Tukey は以下の行列を hat 行列（別名：影響行列）と命名した。

$$\mathbf{V} = \mathbf{X}(\mathbf{X}^T\mathbf{X})^{-1}\mathbf{X}^T$$

これは、以下のように、それが $\mathbf{Y}$ を $\hat{\mathbf{Y}}$ にマップしていることによる。

$$\hat{\mathbf{Y}} = \mathbf{V}\mathbf{Y}$$

練習問題として、$\mathbf{V}$ が写像行列であることを確認できる。行列は単に $\mathbf{X}$ の関数であることに注意しよう。$\mathbf{V}$ の対角成分はレバレッジ値と呼ばれ、閉区間 $[1/n, 1]$ に含まれる。これらの項は n 回の観測での x_i 値と平均値の間の距離を測定する。そのため、レバレッジ項は $\mathbf{X}$ のみに依存する。これは、わずか 2 つの x_i の観測ポイントにおいて複数の標本を持つレベレッジについての最初の考察による一般化である。ハット行列を用いて、それぞれの残差 $e_i = \hat{y} - \hat{y}_i$ の分散を次のように計算できる。

$$\mathbb{V}(e_i) = \sigma^2(1 - v_i)$$

ここで $v_i = V_{i,i}$ である。上述した v_i の上界が存在する場合、これは常に σ^2 より小さい。

$\mathbf{X}$ の列内の縮退（degeneracy）は問題となるかもしれない。これは、2 つ以上の列が共線性になる場合である。1 に近い $\mathbf{x}$ の存在が悪い兆候であった単回帰の例により、すでにこれを確認している。この効果を補正するために、対角成分を入力して、以下のように未知のパラメータを解くことができる。

$$\hat{\boldsymbol{\beta}} = (\mathbf{X}^T\mathbf{X} + \alpha\mathbf{I})^{-1}\mathbf{X}^T\mathbf{Y}$$

ここで、$\alpha > 0$ は調整可能なハイパーパラメータ（訳注：分布を制御するパラメータ）である。この方法は ridge 回帰として知られ、Hoerl と Kenndard によって 1970 年に提案された。これは以下のように目標の最小化と同等であることを示すことができる。

$$\|\mathbf{Y} - \mathbf{X}\boldsymbol{\beta}\|^2 + \alpha\|\boldsymbol{\beta}\|^2$$

言い換えると、推定された β の長さはより大きな α によって罰則付けされる。これはその後の逆計算を安定化させ、またバイアスと分散をトレードオフする効果があり、4.6 節で詳しく考察する。

残差の解釈

ここで示したモデルは付加的なガウスノイズの項を仮定している。当てはめ後の残差を検討す

ることでこの仮定の正確さを確認できる。残差は以下のような当てはめられた値と、もとのデータの間の違いである。

$$\hat{\epsilon}_i = \hat{a}x_i + \hat{b} - y_i$$

p 値と F 比は回帰の傾きの計算が意味をなすかどうかの何らかの指示を与えるけれども、付加的なガウスノイズの重要な仮定において直接得ることができる。

十分に小さい次元に対して、前章で考察した scipy.stats.probplot は、以下のように標準化された残差をプロットすることで何とかして迅速な視覚的証拠を与える。

$$r_i = \frac{e_i}{\hat{\sigma}\sqrt{1 - v_i}}$$

iid（独立等分布）の仮定のもう 1 つの部分は、等分散性（すべての r_i が等しい分散を持つ）を意味する。付加的ガウスノイズの仮定の下で、e_i もまた $\mathcal{N}(0, \sigma^2(1 - v_i))$ に従って分布するはずである。そして、正規化した残差 r_i は $\mathcal{N}(0, 1)$ に従って分布するはずである。そのため、任意の $r_i \notin [-1.96, 1.96]$ の存在は、5% の有意水準で共通であるはずがなく、そのため等分散性の仮定について疑わしい。

scipy.stats.leven 内の Levene 検定は、すべての分散が等しいという帰無仮説を検定する。これは基本的に、標準化した残差が x_i にわたって想定以上に変動するかどうかをチェックする。等分散性（分散が等しいという）の仮定の下では、分散は x_i で独立しているはずである。そうでないなら、解析中に欠失した変数があるか、または変数自体がこの効果を減弱させるように他の形式に変換（すなわち、対数関数を用いて）された可能性があることの手がかりとなる。また、通常の最小二乗法の代わりに重み付き最小二乗法を使用することもできる。

変数のスケーリング

重回帰において任意の β 項における小さな係数は、これらの項が重要ではないことを意味すると結論しがちである。しかし、単純な単位換算によりこの効果（訳注：β の係数が小さくなるということ）を引き起こすことができる。たとえば、1 つの独立変数がキロメートル単位であり他はメートル単位なら、まさにスケール因子が過大あるいは過小な効果の印象を与えることができるだろう。これを説明する一般的な方法は、独立変数を以下のようにスケーリングすることである。

$$x' = \frac{x - \bar{x}}{\sigma_x}$$

これは傾きのパラメータを相関係数に変換するという副作用を持ち、±1 が上限ないし下限となっている。

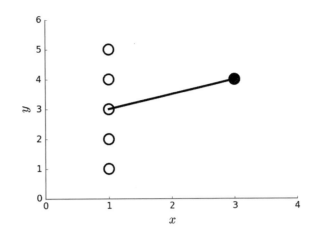

図3.14 右側の点は、当てはめた直線の傾きを決定するために唯一使われるものなので、このデータにおける影響が特に大きい。

影響を及ぼすデータ

すでにレバレッジの概念を考察した。影響の概念は、レバレッジを外れ値と結びつける。影響を理解するために、**図 3.14** を考察しよう。

図 3.14 の右側の点は、当てはめた直線に対して傾きの計算に寄与する唯一のものである。そのため、この意味ではそれは非常に影響を及ぼす。Cook 距離はこの概念を数字的に測る良い方法である。これを計算するために、i 番目のポイントを削除して推定標的変数の j 番目の成分を計算する必要がある。これを $\hat{y}_{j(i)}$ と呼ぶ。その後、以下の式を計算する。

$$D_i = \frac{\sum_j (\hat{y}_j - \hat{y}_{j(i)})^2}{p/n \sum_j (\hat{y}_j - y_j)^2}$$

ここで、以前同様、p は推定された項の数である（すなわち 2 変量の場合は $p = 2$）。この計算では、各点の有無により目的変数を予測することで、外れ値の効果を強調して表す。図 3.14 の場合では、左のどの点が欠失しても推定された目標変数はあまり変化しないが、右の単一の点が欠失する変化が起こる。右の点は外れ値ではないようだが（それは当てはめた直線の上にある）が、これは、それに整列した直線を回転させるに十分なほど影響を及ぼすためである。Cook 距離は先の等式で示したように、それぞれの標本を放置して、残ったものに再度当てはめることでこの効果を捉えることを助ける。**図 3.15** は図 3.14 のデータに対した計算した Cook 距離を示し、右側のデータの点（標本インデックス 5）が当てはめた直線上の影響が特に大きいことを示している。だいたいにおいて、Cook 距離は、疑わしいと思われるものより大きな価値を有する。

影響の別の表示として、きれいに並んだデータを示しているが、図に上に 1 つの外れ値（黒丸）をもつ**図 3.16** を考えてみよう。その下の図は、このデータに対してそのように計算された Cook 距離を示す。ここで示しているように、Cook 距離は外れ値の存在を強調する。計算は 1 つの標本を省き、残りを再計算することを含んでいるため、比較的小さいデータ集合に適する時間のかかる計算となる。外れ値は、自分が欲しいモデルと競合するために外れ値の重要性を軽く見積も

図3.15 図 3.14 のデータに対して計算された Cook 距離

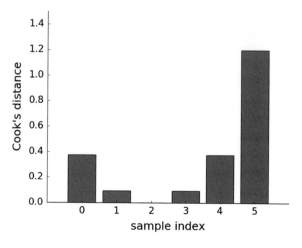

図3.16 上の図は直線に当てはめたデータと外れ値の点（黒丸）を示す。下の図は上の図のデータに対して計算した Cook 距離を示し、10 番目の点（すなわち外れ値：3 と 4 の間にある点）が不釣り合いな影響を持つことを示す。

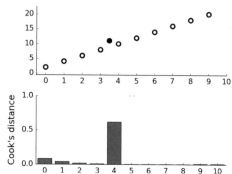

りたいという誘惑が常にあるが、外れ値はなぜモデルを捉えることができないのかを理解するために注意深く検討する必要がある。それは不完全にデータを集めたのと同じくらい単純なものである可能性もあるし、あるいは、見過ごされてきたより深い問題を示している可能性もある。以下のコードは Cook 距離がどのように図 3.15 および図 3.16 で計算されるかを示す。

```
>>> fit = lambda i,x,y: np.polyval(np.polyfit(x,y,1),i)
>>> omit = lambda i,x: ([k for j,k in enumerate(x) if j !=i])
>>> def cook_d(k):
...     num = sum((fit(j,omit(k,x),omit(k,y))- fit(j,x,y))**2 for j in x)
...     den = sum((y-np.polyval(np.polyfit(x,y,1),x))**2/len(x)*2)
...     return num/den
...
```

> ### プログラミングの コツ
>
> 関数 omit はデータを一掃して i 番目のデータ要素を除外する。内蔵の enumerate 関数は iterable*11 内のどの要素もその対応するインデックスに関連づける。

3.8　最大事後確率

　最尤推定法によって、どのようにして最尤法の原理を用いて、基礎となるパラメータ（θ）を推定するデータの式を導き出すかを見てきた。しかし、その方法の下では、パラメータは固定されているが未知であった。今回、少し視点を変えると、その式の右辺の確率変数として背景のパラメータを考えた場合、推定においてさらに柔軟性が導かれる。この方法はベイズ統計法のファミリーの中でも一番簡単なものであり、最尤推定法に最も密接に関連する。それは通信と信号処理の分野で非常に普及しているもので、これらの領域において多数の重要なアルゴリズムの骨組みとなっている。

　パラメータ θ が確率変数でもある場合には、他の確率変数との結合分布を持ち、$f(x, \theta)$ となる。ベイズ理論により次の式が与えられる。

$$\mathbb{P}(\theta|x) = \frac{\mathbb{P}(x|\theta)\mathbb{P}(\theta)}{\mathbb{P}(x)}$$

$\mathbb{P}(x|\theta)$ の項は、前に見てきた通常の尤度の項である。分母の項はデータ x の事前確率であり、それは明らかに非常に強い意味づけ（主張）を有している。すなわち、それ以前にどんなデータを収集したり処理したりしたとしても、そのデータの確率がわかっている。$\mathbb{P}(\theta)$ はパラメータの事前確率である。言い換えると、収集されたデータにかかわらず、これはパラメータ自体の確率である。

　特定の応用において、これらの主張を形成することが正しいと思うかどうかの有無は問わない。観測者と観測者の問題の間で何らかの調和を図る必要がある。説得力のある冷静な議論が何かと多いが、いずれかの方法を応用する時にも、念頭に置く主要なことは、その仮定が観測者の問題にとって妥当かどうかである。

　しかし、今はとにかく、$\mathbb{P}(\theta)$ があると仮定して、次の段階で θ に関するこの式を最大化してみよう。最大化の結果がどうであっても、θ の最大事後（MAP）推定量となる。最大化は θ について行うもので、x について行うものではないため、$\mathbb{P}(x)$ の部分は無視できる。具体的に述べるために、従来のコイン投げの問題に戻ろう。以前の分析から、この問題の尤度関数は次のような式であることがわかっている。

---

*11 ［訳　注］　ブロックを反復可能にするメソッドをイテレータと呼ぶ。これを for で利用できるようにしたものを iterable と呼ぶ。

$$\ell(\theta) := \theta^k (1-\theta)^{(n-k)}$$

ここでコインが表になる確率は θ である。次の段階は、事前確率 $\mathbb{P}(\theta)$ の計算である。この例について、ベータ分布の $\beta(6,6)$ を選択する（**図3.17** の左上図に示した）。β 分布のファミリーは、少ない入力パラメータで多種類の分布を表現できるため、金の鉱山となっている。今、式のすべての成分が揃ったので、事後確率 $\mathbb{P}(\theta|x)$ の最大化することに移る。対数は凸状となっているので、それを用いて、求めたい極値を変化させることなく、積を和に変換することで最大化行程を簡単に行える。そのため、以下のように $\mathbb{P}(\theta|x)$ の対数を用いて計算を行うのが好ましい。

$$\mathcal{L} := \log \mathbb{P}(\theta|x) = \log \ell(\theta) + \log \mathbb{P}(\theta) - \log \mathbb{P}(x)$$

これは手計算では煩雑なため、Sympy が行う仕事として優れたものである。

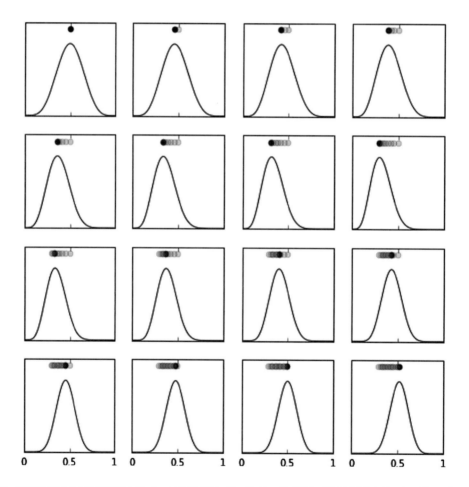

図3.17 事前確率は上左の図に示したベータ分布 $\beta(6, 6)$ である。各グラフの頂点近くのドットはそのグラフの MAP 推定値を示す。

```
>>> import sympy
>>> from sympy import stats as st
>>> from sympy.abc import p,k,n
# sympy.logを用いて目的関数を設定
>>> obj=sympy.expand_log(sympy.log(p**k*(1-p)**(n-k)*
                          st.density(st.Beta('p',6,6))(p)))
# 最大化オブジェクトの計算に使用
>>> sol=sympy.solve(sympy.simplify(sympy.diff(obj,p)),p)[0]
>>> sol
(k + 5)/(n + 10)
```

ここで、θ の最大事後確率（MAP）推定量は以下のようになる。

$$\hat{\theta}_{MAP} = \frac{k+5}{n+10}$$

ここで、k は標本で表が出る数である。これは明らかに θ の"偏り推定量"（すなわち偏った推定量）であり、以下の式のようになる。

$$\mathbb{E}(\hat{\theta}_{MAP}) = \frac{5+n\theta}{10+n} \neq \theta$$

しかし、この偏りは悪いのだろうか？ なぜ偏った推定量（偏り推定量）が欲しいのだろうか？ 事前確率 $\mathbb{P}(\theta)$ の考え方を用いて、この全推定量を推定したことを思い出そう。これは、事前のものにもとづいて推定量を選り好みしている（偏向している！）。たとえば、$\theta = 1/2$ ならば、最大事後確率（MAP）推定量は $\hat{\theta}_{\text{MAP}} = 1/2$ と評価する。そこには偏りはない！ これは、事前確率のピークが $\theta = 1/2$ だからである。

この推定量の分散を計算するために、以下のような中間結果が必要である。

$$\mathbb{E}(\hat{\theta}_{MAP}^2) = \frac{25 + 10n\theta + n\theta((n-1)p+1)}{(10+n)^2}$$

これは以下のような分散を与える。

$$\mathbb{V}(\hat{\theta}_{MAP}) = \frac{n(1-\theta)\theta}{(n+10)^2}$$

ここで立ち止まって、上記の結果を、以下に示すような、以前に求めた最尤（ML）推定量と比較してみよう。

$$\hat{\theta}_{ML} = \frac{1}{n}\sum_{i=1}^{n} X_i = \frac{k}{n}$$

すでに考察したように、最尤（ML）推定量は、次のような分散をもつ不偏推定量である。

$$\mathbb{V}(\hat{\theta}_{ML}) = \frac{\theta(1-\theta)}{n}$$

この分散をどのようにして最大事後確率（MAP）推定量の分散と比較するのであろうか？　この2つの比を取ると以下のようになる。

$$\frac{\mathbb{V}(\hat{\theta}_{MAP})}{\mathbb{V}(\hat{\theta}_{ML})} = \frac{n^2}{(n+10)^2}$$

この比は、最大事後確率（MAP）推定量の分散が最尤（ML）推定量の分散より小さいことを示している。これは、偏った最大事後（MAP）推定量を持つことによる結末である。それは、背景となるパラメータと事前確率が一致するかどうかを推定するのにほとんど標本を必要としない。そうでないなら、偏りのあるデータから推定量を引き出すために、より多くの標本が必要となるだろう。$n \to \infty$（標本数を無限大に近づけていく）を限定すると、その比は1に近づく。これは、十分な標本数があると、分散が低下するという効果が消失することを意味する。

　上記の考察によると、事前分布を使うことが、任意なものであることがわかる。しかし、事前分布を1つだけ選択する必要はない。以下の式は、その次の事後分布のために、先の事後分布の結果をその次の式の事前分布として、使用する方法を示している。

$$\mathbb{P}(\theta|x_{k+1}) = \frac{\mathbb{P}(x_{k+1}|\theta)\mathbb{P}(\theta|x_k)}{\mathbb{P}(x_{k+1})}$$

これは、今までとはかなり違った戦略である。というのは、合計を取るのに、すべての標本を1つにまとめる代わりに、事後分布のパラメータとして、毎回データの標本 x_k を用いているからである（これは、その前の事前の分析例の k 項で得られるものである）。この場合は分析がずっと難しい。それぞれの段階を経た事後分布は、それ自体が確率変数 x を投入（入力）した無作為な関数だからである。一方で、この方法は、より一般的なベイズ法と一致している。というのも、この方法による推定行程の出力結果は、単一のパラメータ推定値であるだけではなく、事後分布の関数であることが明らかだからである。

　図3.17はこの方法を示している。上の列の最も左側のグラフは事前確率（$\beta(6,6)$）を示しており、上のドットは θ に対する最新の最大事後（MAP）推定値を示している。したがって、いずれのデータを得る前でも、事前確率のピークは推定値となっている。その次の右のグラフは、次のベイズ推定の段階の事前確率に対する $x_0 = 0$ の効果の結果を示している。推定値は、左方向にはほとんど移動していないことに注意しよう。その理由は、データの影響によって、その段階の事前確率に、前の段階のベータ分布（$\beta(6,6)$）から移動させる原因とならなかったからである。図の最初の2列は、すべて $x_k = 0$ となっているもので、まさに元々の事前確率がこれらのデータによってどのくらい左に移動したかを示している。各グラフの上のドットは、最大事後確率（MAP）推定量が、投入されるデータ量が多くなるにつれて、どのように変化するかを個々

のグラフごとに示している。残りのグラフ（下2列）は、上から下、左から右へ進むに従って、$x_k = 1$ の場合の事前確率の段階的な変化を示している。繰り返しになるが、これは、推定量が開始の場所からどのくらい右のほうへ引っ張られているかを示している。この例において、同数の $x_k = 0$ および $x_k = 1$ データが存在しており、これは $\theta = 1/2$ に対応している。

プログラミングの コツ

本節に付録している IPython Notebook は完全なソースコードを持っているが、以下のコードは図3.17をどのように作成したのかを端的に言い換えたものとなっている。第一段階では、データから事後確率を帰納的に生成させている。例のデータは、列として見やすいように、進行が並べ替えられていることに注意しよう。

```
from sympy.abc import p,x
from scipy.stats import density, Beta, Bernoulli
prior = density(Beta('p',6,6))(p)
likelihood=density(Bernoulli('x',p))(x)
data = (0,0,0,0,0,0,0,1,1,1,1,1,1,1,1)
posteriors = [prior]
for i in data:
    posteriors.append(posteriors[-1]*likelihood.subs(x,i))
```

前の段階の事後確率がすでに手元にあるので、次の段階は、Scipy の optimize モジュールに由来する fminbound 関数を用いて各グラフのピーク値を計算することである。

```
pvals = linspace(0,1,100)
mxvals = []
for i,j in zip(ax.flat,posteriors):
    i.plot(pvals,sympy.lambdify(p,j)(pvals),color='k')
    mxval = fminbound(sympy.lambdify(p,-j),0,1)
    mxvals.append(mxval)
    h = i.axis()[-1]
    i.axis(ymax=h*1.3)
    i.plot(mxvals[-1],h*1.2,'ok')
    i.plot(mxvals[:-1],[h*1.2]*len(mxvals[:-1]),'o')
```

図3.18 は最初の事前確率がベータ分布 $\beta(1.3, 1.3)$ である以外は図3.17と同じであり、その分布は $\beta(6, 6)$ 分布より広い主極（1つの大きな極大領域）を持っている。図に示すように、この事前確率は流し込まれた入力データ x_k に基づいて、いずれにしても、より激しく変動する能力を有している。これは、最初の事前確率と合致しないようなデータに、より速く適合できる（到着する）ことを意味しており、したがって、事前確率から変化したデータとなるために大量のデータを必要としない。その適用に依存して、事前確率から変化するか、あるいは、それを少しずつ実施していく能力は、解析の設計に依存する問題である。ここで示した例では、データはパ

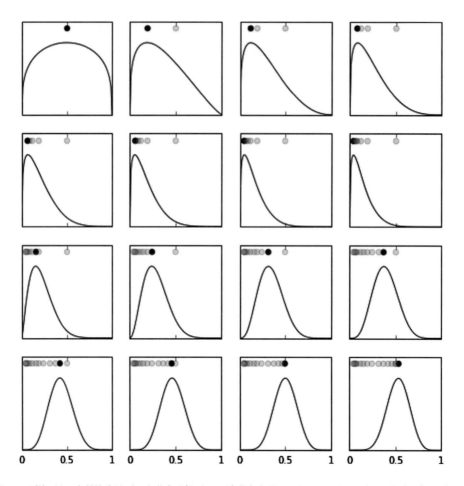

図3.18 この例では、事前確率はベータ分布 β(1.3, 1.3)分布を用いており、これはベータ分布 β(6, 6)分布より広い主極（1つの大きな極大領域）を持っている。各グラフの頂点近くのドットはそのグラフでの最大事後確率（MAP）推定値を示す。

ラメータ $\theta = 1/2$ で表されているため、両方の事前確率（第一段階の事前確率と変化した後の事前確率）により、ほぼ同じとなる推定事後確率に結局は落ち着くことになる。しかし、そのような場合でない（$\theta \neq 1/2$）ならば、その次の段階の事前確率により、同量のデータに対してより良好な推定値が得られることになる[‡7]。

ベイズ解釈があれば、全体の事後密度を利用できるため、この状況以外で前に考察したような信頼区間に密接に関連するものを計算できるが、それは確信区間あるいは確信集合と呼ばれる。その考え方は、事後密度の95%を説明するピーク周囲の対称的区間を求めたいということである。この意味は、推定パラメータが確信区間内にある確率が95%であると言えるということで

[‡7]［原書注］この章に対応するIPython Notebookは、事前確率とデータ値を様々な組み合わせで試行できるようなソースコードを含んでいる。

図3.19 ベイズ推定による最大事後確率の確信区間は、事後確率密度内の陰影部分の領域に対応する区間である。

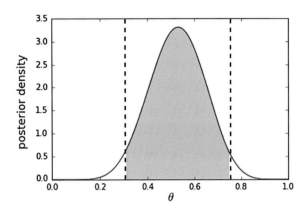

ある。計算はかなりの数値処理を必要とする。すでに手元に事後密度があるとしても解析上は積分するのが困難であり、数値的な定積分（Scipyのintegrateモジュールを参照）を必要とするからである。**図3.19**は、区間の範囲と95%を説明する事後密度下の陰影領域を示す。

3.9 ロバスト統計

ここまでで、最尤推定（MLE）および最大事後推定（MAP）推定を説明し、それぞれの場合で何らかの確率密度関数から開始し、さらに標本は独立等分布である（iid）と仮定した。ロバスト統計[3]の背景となる考え方は、これらの仮定の片方あるいは両方の弱点を克服する推定量を構築することである。より具体的には、いくつかの外れ値を除けば良く機能するモデルがあるとしよう。まさに外れ値を除外して解析を進める誘惑にかられる。ロバスト推定法は、好ましいモデルに対して動作するデータから、意図的に都合のいいものを拾い出すことなく外れ値を処理する規則的な方法を提供する。

位置の概念

必要な最初の概念は位置（location）である。これは中央値（central value）の考えの一般化である。概して、これに対して平均の推定量をまさに使用しがちであるが、これがなぜ良くない考えであるのかをあとで理解することになる。位置の一般的概念は次の必要条件を満足させるものである。Xを確率分布Fに従う確率変数とし、$\theta(X)$をFに関する何らかの説明的な測定値であるとする。そして、$\theta(X)$は位置の測定値であると考えられており、任意の定数aおよびbに対して以下のような要件が与えられる。

$$\theta(X + b) = \theta(X) + b \tag{3.9.0.1}$$
$$\theta(-X) = -\theta(X) \tag{3.9.0.2}$$
$$X \geq 0 \Rightarrow \theta(X) \geq 0 \tag{3.9.0.3}$$
$$\theta(aX) = a\theta(X) \tag{3.9.0.4}$$

1番目の条件式は、位置等値性（location equivalence）（あるいは、信号処理用語ではシフト不変性（shift-invariance））と呼ばれる。4番目の条件はスケール等値 scale equivalence と呼ばれ、これは、測定された X の単位は位置推定量の値に影響を受けないことを意味している。これらの要件（必要条件）は分布の中心の性質に対する直観、あるいは大部分の確率質量がどこに位置するか、を捉えている。

たとえば、標本の平均推定量は $\hat{\mu} = \frac{1}{n} \sum X_i$ である。最初の要件は明らかに、$\hat{\mu} = \frac{1}{n} \sum (X_i + b)$ $= b + \frac{1}{n} \sum X_i = b + \hat{\mu}$ で満たしている。2番目の要件は、$\hat{\mu} = \frac{1}{n} \sum - X_i = -\hat{\mu}$ のように考える。最後に、一番最後の要件は $\hat{\mu} = \frac{1}{n} \sum a X_i = a\hat{\mu}$ を満たしている。

ロバスト推定とコンタミネーション（汚染）

ここで、位置パラメータに含まれている中心性に関する一般化された位置（訳注：中央値のこと）として、それによって何ができるだろう。すでに、標本はすべて等分布をしていると仮定した。重要な考え方は、標本が実際には、以下の式で示すように、近くの別の分布で汚染された単一分布から来ている可能性があることである。

$$F(X) = \epsilon G(X) + (1 - \epsilon) H(X)$$

ここで、ϵ はゼロと1の間を無作為に行き来する。これは、データの標本 $\{X_i\}$ が実際には、2つの別の分布である $G(X)$ と $H(X)$ に由来するということを意味する。それらがどの程度、一緒に混合しているかはわからない。本当に知りたいことは、$H(X)$ により、無作為な散発的な汚染がある中での、$G(X)$ の位置を知る推定量である。たとえば、この汚染が、優勢な F 分布と、それ以外は良好に機能するモデル中の外れ値が原因であるかもしれない。唯一の汚染された $H(X)$ の存在はわからないため、もっと悪くなるかもしれない。$G(X)$ を汚染する分布のファミリー全体があるのかもしれない。これは、最尤法が仮定するように、生成したどんな推定量も、単一分布に由来する代わりに、より一般的な分布ファミリーからに由来しているに違いないことを意味している。これが、ロバスト推定を困難にしている。それには特定の確率分布に由来するパラメータの代わりに、関数分布の空間を取り扱う必要がある。

一般化最尤推定

M推定量は一般化された最尤推定量である。最尤推定に関する事を思い出して、以下のように尤度関数を最大化したい。

$$L_\mu(x_i) = \prod f_0(x_i - \mu)$$

そして、そのあと以下のような推定量 $\hat{\mu}$ を求めたい。

$$\hat{\mu} = \arg \max_\mu L_\mu(x_i)$$

ここまでは、$\{X_i\}$ の分布として特定の f_0 を仮定しないという事を除けば、すべての事柄は通常

の最尤微分と同じである。以下のように定義する。

$$\rho = -\log f_0$$

また、以下のような尤度積と最適 $\hat{\mu}$ という、より便利な形式を作成する。

$$\hat{\mu} = \arg\min_{\mu} \sum \rho(x_i - \mu)$$

もし、ρ が微分可能ならば、これを μ について微分すると、以下のようになる。

$$\sum \psi(x_i - \hat{\mu}) = 0 \tag{3.9.0.5}$$

ここで、$\psi = \rho'$（ρ の一次導関数）であり、そして、計算上の理由により、ψ は増加関数であると仮定するだろう。ここまで、周辺にいくつかの定義を押し込んでいただけのように見えるが、重要な考え方は、任意の分布に関する最尤推定量でない一般的な ρ 関数を考えたいということである。そのため、$\hat{\mu}$ の性質を明らかにすることに焦点を当てている。

M 推定量の分布

分布 F が与えられた場合に、以下の式の解として $\mu_0 = \mu(F)$ を定義する。

$$\mathbb{E}_F(\psi(x - \mu_0)) = 0$$

これを明示することは技巧的であるが、以下のような値を有する $\hat{\mu} \sim \mathcal{N}(\mu_0, \frac{v}{n})$ が得られる。

$$v = \frac{\mathbb{E}_F(\psi(x - \mu_0)^2)}{(\mathbb{E}_F(\psi'(x - \mu_0)))^2}$$

したがって、$\hat{\mu}$ は、漸近平均 μ_0 と漸近分散 v をもつことから、漸近正規性であるといえる。これにより、以下のように定義される効率比が得られる。

$$\mathrm{Eff}(\hat{\mu}) = \frac{v_0}{v}$$

ここで、v_0 は最尤推定量（MLE）の漸近分散であり、$\hat{\mu}$ が最適値にどのくらい近いかを測定する。言い換えると、これは、たとえば、外れ値のコンタミネーション（汚染）が標本に関してどれだけ影響しているかの感覚を与える。たとえば、漸近分散 v_1 と v_2 をもつ 2 つの推定値に対して、$v_1 = 3v_2$ であるならば、最初の推定量は、2 番目の同じ分散を得るために、3 倍の回数の観測が必要である。さらに、$F = \mathcal{N}$ である標本平均（すなわち、$\hat{\mu} = \frac{1}{n}\sum X_i$）に対して $\rho = x^2/2$、$\psi = x$、$\psi' = 1$ を有している。そのため、$v = \mathbb{V}(x)$ が得られる。あるいは、位置に対する推定量として標本中央値を用いると、$v = 1/(4f(\mu_0)^2)$ が得られる。したがって、$F = \mathcal{N}(0, 1)$ である場

176 ●第3章　統　計●

合、標本中央値に対して $v = 2\pi/4 \approx 1.571$ が得られる。これは、標本平均として、位置に関する同じ分散を、標本中央値で得るには約 1.6 倍の標本が必要なことを意味する。標本中央値は、標本平均より外れ値の影響に対してはるかに頑健なので、この頑健（ロバスト）性が標本に対するコストであるかのような感覚を与える。

加重平均としての M 推定量

M 推定量について考える 1 つの方法は、加重平均である。計算の処理の上では、個々のデータの観測点の影響を抑えることができる重み関数を求めたいが、それは、全体として見たときも、まだ良好な推定パラメータであることを意味する。大部分の試行回数において、$\psi(0) = 0$ であり、原点で ψ がほぼ線形であるような $\psi'(0)$ が存在する。以下のような定義を用いた場合に、

$$W(x) = \begin{cases} \psi(x)/x & \text{if } x \neq 0 \\ \psi'(x) & \text{if } x = 0 \end{cases}$$

式 3.9.0.5 は、以下のように記述できる。

$$\sum W(x_i - \hat{\mu})(x_i - \hat{\mu}) = 0 \tag{3.9.0.6}$$

$\hat{\mu}$ についてこれを解くと以下のようになる。

$$\hat{\mu} = \frac{\sum w_i x_i}{\sum w_i}$$

ここで、$w_i = W(x_i - \hat{\mu})$ である。これは実際には実用的ではない。というのは、w_i は $\hat{\mu}$ を含んでおり、これはこれから解こうとしているものだからである。残された問題点としては、どのように ψ 関数を持ってくるか、ということがある。これはまだ未決の問題であるが、Huber 関数はよく研究された選択肢である。

Huber 関数

Huber 関数のファミリーは、次式で定義される。

$$\rho_k(x) = \begin{cases} x^2 & \text{if } |x| \leq k \\ 2k|x| - k^2 & \text{if } |x| > k \end{cases}$$

これは、以下のような $\psi_k(x)$ で表現される対応する導関数 $2\psi_k(x)$ を伴う。

$$\psi_k(x) = \begin{cases} x & \text{if } |x| \leq k \\ \text{sgn}(x)k & \text{if } |x| > k \end{cases}$$

ここで、極限状態の $k \to \infty$ と $k \to 0$ は、それぞれ平均と中央値に対応する。これを確認するた

めに、$\psi_\infty = x$ とすると $W(x) = 1$ となる。そして、式 3.9.0.6 を定義することで以下の式が得られる。

$$\sum_{i=1}^{n}(x_i - \hat{\mu}) = 0$$

そして、これを解くと $\hat{\mu} = \frac{1}{n}\sum x_i$ が得られる。$k = 0$ を選択することで標本中央値が得られること、しかし、それを解くのは容易ではないことに注意しよう。にもかかわらず、Huber 関数は、調整可能なパラメータ k を適用することによって位置に関する推定量についての2つの極値（すなわち、平均値と中央値）間で移動する方法を与える（訳注：要するに、平均値から中央値を求める方法が得られるということ）。Huber 関数の ψ に対応する関数 W は以下のようになる。

$$W_k(x) = \min\left\{1, \frac{k}{|x|}\right\}$$

図 3.20 は、いくつかの標本観測点を持つ $k = 2$ に対する Huber 重み関数 $W_2(x)$ を示す。その考え方は、計算した位置 $\hat{\mu}$ は、重み関数の真ん中のどこかに存在するように式 3.9.0.6 から計算されるため、これらの項（すなわち、インサイダー）は位置推定量内に完全に反映された値を持つ、ということである。黒丸は、重み関数によって減少した値を持つ外れ値であり、そのためその一部の存在のみが位置推定量内に表される。

破局点（破綻点：breakdown point）

ここまで、頑健性の説明は非常に抽象的であった。頑健性のより具体的概念は、破局点から来る。簡潔に言うと、破局点は、推定量内の単一のデータ観測点が最も破綻する方法で変化した時に何が起こるかを述べる。たとえば、標本平均 $\hat{\mu} = \sum x_i/n$ があると仮定し、∞ である x_i ポイントの1つをとる。この推定量に何が起こるだろうか？ それは ∞ にもなる。これは、推定量の破局点が0%であることを意味する。一方、中央値は50%の破局点を持ち、中央値を計算するためのデータの半分が中央値に影響せずに ∞ に行けることを意味している。中央値は、データの値

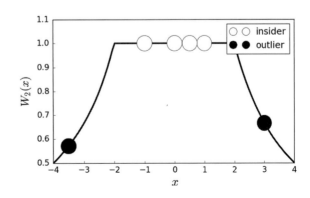

図3.20 これはロバスト位置推定量が関与する範囲での Huber 重み関数 $W_2(x)$、およびインサイダー（外れ値でない値）あるいは外れ値の何点かの（図に）描画されたデータ観測点を示す。

より、データの相対的順位付けについて関与している順位統計量であり、その頑健性を説明する。

破局点を表現する最も簡単で定式的な方法は、n 個のデータ観測点 $\mathcal{D} = \{(x_i, y_i)\}$ を取ることである。以下のように、T は回帰係数のベクトル θ を与える回帰推定量であるとする。

$$T(\mathcal{D}) = \theta$$

同様に、データ $\mathcal{D}'$ のすべての可能な損傷標本を考えよう。この汚染（コンタミネーション）で引き起こされた最大の偏り（バイアス）は次式のようになる。

$$\mathrm{bias}_m = \sup_{\mathcal{D}'} \| T(\mathcal{D}') - T(\mathcal{D}) \|$$

ここで、演算子 sup は m 個の汚染された標本の、すべての可能な集合にわたって掃引する。これを用いると、破綻点は以下のように定義される。

$$\epsilon_m = \min \left\{ \frac{m}{n} : \mathrm{bias}_m \to \infty \right\}$$

たとえば、最小二乗回帰では、無限大の 1 観測点ですら無限の T を引き起こす。したがって、最小二乗回帰については、$\epsilon_m = 1/n$ である。極限 $n \to \infty$ においては、$\epsilon_m \to 0$ を持つ。

尺度の推定

ロバスト統計では、尺度（scale）の概念はデータのばらつきの測定を反映する。通常、これに対して推定標準偏差を用いるが、これは恐ろしい破局点となる。より困難であっても、位置の良い推定値を得るためには、測定回数以上に何とかして尺度を求めるか、あるいは同時にそれを推定しなければならない。これらの方法は、計算が容易で閉じた形で解が得られることはなく、多くの数値計算が必要である。

尺度を推定するための最も普及している方法は、中央値絶対偏差（median absolute deviation; MAD）であり、以下のようにして得られる。

$$\mathrm{MAD} = \mathrm{Med}(|\mathbf{x} - \mathrm{Med}(\mathbf{x})|)$$

言葉で表現すると、データ $\mathbf{x}$ の中央値を取り、その中央値をデータそれ自体から引き、その結果の絶対値の中央値を取る。別の良い分散推定値は、四分位範囲（interquartile range）であり、以下のように定義する。

$$\mathrm{IQR} = x_{(n-m+1)} - x_{(n)}$$

ここで、$m = [n/4]$ である。$x_{(n)}$ の表記は、データを値の順に並べ換えた後の n 番目のデータの要素を意味する（訳注：すなわち、n は順位を表していることに注意しよう）。そのため、この表記では、$\max(\mathbf{x}) = x_{(n)}$ である。$x \sim \mathcal{N}(\mu, \sigma^2)$ である場合には、MAD と IQR は、σ の定数倍（一定

の倍数）であり、その正規化 MAD（MADN）は以下のようにして得られる。

$$\mathrm{MADN}(x) = \frac{\mathrm{MAD}}{0.675}$$

この数値は、割合が 0.75 の水準に対応する正規分布の逆 CDF（累積密度関数の逆の値）から来る。計算が複雑であるとしても、位置と尺度の両方を同時に推定することは純粋な数値計算の問題である。幸いにも、Statsmodels モジュールはすぐに使用できるこれらのツールを多数有している。以下のコードで、汚染されたデータをいくつか生成しよう。

```
import statsmodels.api as sm
from scipy import stats
data=np.hstack([stats.norm(10,1).rvs(10),stats.norm(0,1).rvs(100)])
```

これらのデータは、本節のはじめの汚染モデルに対応する。**図 3.21** のヒストグラムに示すように、2 つの正規分布があり、1 つはゼロできちんと中心をとって標本の大部分を代表しており、もう 1 つは右側にあり正規分布の規則性から少しはずれている。右の頻度の少ない標本のグループは、（全体の）平均と中央値の推定値を分離してしまうことに注意しよう（それぞれ、垂直の点線と破線）。右側の汚染された分布が存在しないと、このデータの標準偏差は 1 に近くなるはずである。しかし、通常の標準偏差の非ロバストな推定量（np.std）は約 3 となる。一方で、MADN 推定量（sm.robust.scale.mad(data)）を用いると、約 1.25 が得られる。そのため、ばらつきのロバスト推定値は、汚染された分布の存在による移動が少ない。

　一般化最尤 M 推定は、Huber 関数を用いて尺度と位置の同時推定へ拡張する。たとえば、以下のコードで求められる。

```
huber = sm.robust.scale.Huber()
loc,scl=huber(data)
```

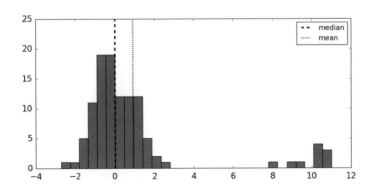

図 3.21 標本データのヒストグラム。右の頻度の少ない標本群は、垂線で示した平均と中央値の推定量を分離する。

180　●第3章　統　計●

これは、位置と尺度を同時推定する Huber の提案した2つの方法を実装する。この種の推定は
ロバスト回帰法の重要な成分であり、その多くは `statsmodels.formula.api.rlm.` 内の
Statsmodels で実装される。対応するドキュメンテーション（マニュアル）にはより多くの情報
がある。

3.10　ブートストラッピング

　これまで見てきたように、いくつかの簡単な問題の範囲を超えた、ある量の推定量の確率密度
分布を計算することはかなり困難、あるいは不可能となる。ブートストラップの背景の考え方は、
それでなければ解析上解くのが不可能なこれらの関数を近似計算するために、計算機的な方法を
利用できることである。

　簡単な例で始めよう。それぞれが $X_k \sim F$ に従う確率変数の集合、$\{X_1, X_2, \ldots, X_n\}$ があるとし
よう。言い換えると、標本はすべて、同じ未知の分布 F から引き出される。試行を実行すると、
以下のような標本集合が得られる。

$$\{x_1, x_2, \ldots, x_n\}$$

標本平均はこの集合から以下のように計算される。

$$\bar{x} = \frac{1}{n} \sum_{i=1}^{n} x_i$$

次の疑問は、標本平均が真の平均 $\theta = \mathbb{E}_F(X)$ にどのくらい近いかということである。X の2次の
中心積率は以下のようになることに注意する。

$$\mu_2(F) := \mathbb{E}_F(X^2) - (\mathbb{E}_F(X))^2$$

標本平均 $\bar{x}$ の標準偏差は、分布 F に従う背景の分布から n 個の標本が得られる場合、以下のよ
うになる。

$$\sigma(F) = (\mu_2(F)/n)^{1/2}$$

残念ながら、標本の集合 $\{x_1, x_2, \ldots, x_n\}$ しか得られず、F 自体を得ることができないために、こ
れを計算できず、その代わりに以下のような推定標準誤差を使用しなければならない。

$$\bar{\sigma} = (\bar{\mu}_2/n)^{1/2}$$

ここで $\bar{\mu}_2 = \sum(x_i - x)^2/(n-1)$ であり、これは $\mu_2(F)$ の不偏推定量である。しかしそれは、
処理を進める唯一の方法ではない。その代わりに、各 x_i に、確率質量の $1/n$ を置くことによって、
$\{x_1, x_2, \ldots, x_n\}$ の区分関数として得られる $\hat{F}$ という何らかの推定量で、F を置き換えることがで
きる。それを適所に置くことで、次のように推定標準誤差を計算できる。

$$\hat{\sigma}_B = (\mu_2(\hat{F})/n)^{1/2}$$

これは、標準誤差のブートストラップ推定量と呼ばれる。残念ながら、この話はここで概ね終わりになる。もう少し一般的な条件でも、F が $\hat{F}$ に交換できる明確な式 $\sigma(F)$ は存在しない。

これはコンピュータが急場を救うところである。実際は、式 $\sigma(F)$ を知る必要はない。というのは、再サンプリング法を用いてこれを計算できるからである。重要な考え方は、$\{x_1, x_2, \ldots, x_n\}$ から復元抽出を行うことである。この集合からの n 個の独立した抽出（復元抽出）の新しい集合が、ブートストラップ標本であり、以下のように表現する。

$$y^* = \{x_1^*, x_2^*, \ldots, x_n^*\}$$

モンテカルロアルゴリズムは、最初に多数のブートストラップ標本 $\{y_k^*\}$ を選択し、その後これらの各標本について統計量を計算し、通常の方法で結果の標本標準偏差を計算することで進行する。そのため、統計量 θ のブートストラップ推定量は以下の式で表現される。

$$\hat{\theta}_B^* = \frac{1}{B} \sum_k \hat{\theta}^*(k)$$

ここで、対応する標本標準偏差の二乗は以下のようになる。

$$\hat{\sigma}_B^2 = \frac{1}{B-1} \sum_k (\hat{\theta}^*(k) - \hat{\theta}_B^*)^2$$

この工程は、表記が示すよりはるかに簡単である。Python を用いて簡単な例でこれを探索しよう。以下のコードのブロックは、ベータ分布 $\beta(3,2)$ からいくつかの標本を準備している。

```
>>> import numpy as np
>>> from scipy import stats
>>> rv = stats.beta(3,2)
>>> xsamples = rv.rvs(50)
```

これはシミュレーションデータであるため、既に平均が $\mu_1 = 3/5$ であり、$n = 50$ の標本（平均の）標準偏差は $\bar{\sigma} = 1/\sqrt{1250}$ であることがわかっており、この値は後で証明する。

図 3.22 はベータ分布 $\beta(3,2)$ と、対応する標本のヒストグラムを示す。ヒストグラムは $\hat{F}$ を再現し、ブートストラップ標本を得て抽出した分布である。ここに示すように、$\hat{F}$ は F の密度（平滑な実線）のかなり粗い推定量であるが、次のブートストラップ推定量が関与する限りではそれは重大な問題ではない。事実、近似値 $\hat{F}$ は確率質量の大部分がある場所の方向に引っ張られる傾向を自然に有している。これは特性であり、バグではない。また、なぜブートストラップが動作するかに関する背景の機構であるが、この基本的な考え方を追求する定式的な証明は、この書籍の範囲をはるかに超えている。次のブロックは、ブートストラップ標本を生成する。

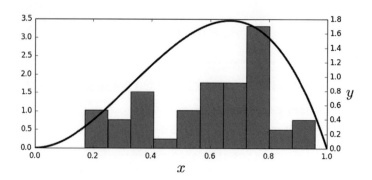

図3.22 ベータ分布 β(3, 2)と、それを近似するヒストグラム

```
>>> yboot = np.random.choice(xsamples,(100,50))
>>> yboot_mn = yboot.mean()
```

そのため、ブートストラップ推定量は、以下のようになる。

```
>>> np.std(yboot.mean(axis=1)) # およそ (1/1250) の平方根
0.0255987638838258115
```

図3.23 はブートストラップ標本から計算した標本平均の分布を示す。お約束どおり、以下のブロックは、先に引用したベータ分布 β(3, 2)のパラメータを計算するために、どのように sympy stats を使用するかを示している。

```
>>> import sympy as S
>>> import sympy.stats
>>> for i in range(50): # 50 標本
...     # exec 関数を用いて、グローバルな名前空間に
...     # sympy.stats により β 分布の確率変数をロードする
...     execstring = "x%d = S.stats.Beta('x'+str(%d),3,2)"%(i,i)
...     exec(execstring)
...
>>> # 上記から
>>> # sympy.stats の確率変数を用いて xlist を集める
>>> xlist = [eval('x%d'%(i)) for i in range(50) ]
>>> # 標本平均を計算する
>>> sample_mean = sum(xlist)/len(xlist)
>>> # 標本平均の期待値を計算する
>>> sample_mean_1 = S.stats.E(sample_mean)
>>> # 標本平均の 2 次積率 (モーメント) を計算する
>>> sample_mean_2 = S.stats.E(S.expand(sample_mean**2))
>>> # 標本平均の標準偏差
>>> # sympy の sqrt 関数
>>> sigma_smn = S.sqrt(sample_mean_2-sample_mean_1**2) # 1/sqrt(1250)
>>> print sigma_smn
sqrt(2)/50
```

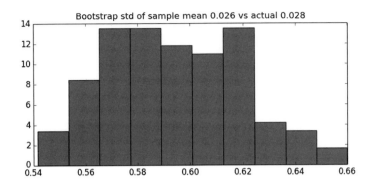

図3.23 各ブートストラップ抽出に対して、標本平均を計算する。これは、標準偏差のブートストラップ推定量を計算するために用いられるその標本平均のヒストグラムである。

> **プログラミングのコツ**
>
> exec 関数の利用は Sympy の確率変数の数列作成を可能にする。Sympy は自動的に Sympy のシンボル（記号）の列を作成する var 関数を持っているが、確率変数ついて、これを実行する統計モジュールに対応する関数は存在しない。

例 3.4.2 節からのデルタ法を思い出そう。表が出る確率が p であるベルヌーイ分布に従っているコイン投げの集合 (X_i) があるとしよう。p の最尤推定量は、n 回のコイン投げに対し、$\hat{p} = \sum X_i/n$ である。この推定量は、$\mathbb{E}(\hat{p}) = p$ と、$\mathbb{V}(\hat{p}) = p(1-p)/n$ を有し、不偏推定量であることがわかっている。ベルヌーイ試行の分散（$\mathbb{V}(X) = p(1-p)$）を推定するためにデータを使用したいとする。デルタ法の表記によると、$g(x) = x(1-x)$ である。すると、プラグイン原理[*12]により、この分散の最尤推定値は $\hat{p}(1-\hat{p})$ である。この量の分散を求めたい。デルタ法の結果を用いると、以下の結果が得られる。

$$\mathbb{V}(g(\hat{p})) = (1-2\hat{p})^2 \mathbb{V}(\hat{p})$$
$$\mathbb{V}(g(\hat{p})) = (1-2\hat{p})^2 \frac{\hat{p}(1-\hat{p})}{n}$$

短いシミュレーションにより、これがどのくらい有用であるかを確認しよう。

[*12]［訳 注］プラグイン原理とは、未知のパラメータを持つ統計量を計算するのにそのパラメータの推定量を代入してその統計量を計算することを言う。

184 ●第3章　統　計●

```
>>> from scipy import stats
>>> import numpy as np
>>> p= 0.25 # 表が出る真の確率
>>> x = stats.bernoulli(p).rvs(10)
>>> print x
[0 0 0 0 0 0 1 0 0 0]
```

p の最尤推定量は $\hat{p} = \sum X_i/n$ であり、以下のようになる。

```
>>> phat = x.mean()
>>> print phat
0.1
```

その後、これを上記のデルタ法の近似式にプラグイン（訳注：推定量を代入する）すると、以下の結果が得られる。

```
>>> print (1-2*phat)**2*(phat)**2/10.
0.00064
```

ここで、分散のブートストラップ推定量を用いて、これを試してみよう。

```
>>> phat_b=np.random.choice(x,(50,10)).mean(1)
>>> print np.var(phat_b*(1-phat_b))
0.005049
```

これは、デルタ法の推定した分散がブートストラップ法とは異なることを示すが、どちらのほうが良いだろうか？　この状況で、これを、Sympy を用いて直接解くことができる。

```
>>> import sympy as S
>>> from sympy.stats import E, Bernoulli
>>> xdata =[Bernoulli(i,p) for i in S.symbols('x:10')]
>>> ph = sum(xdata)/float(len(xdata))
>>> g = ph*(1-ph)
```

プログラミングの コツ

S.symbols('x:10') 関数の引数は、x1, x2 などと命名された Sympy シンボルの列を返す。これは、各シンボルを連続して作成し命名するための省略表現である。

---

g は、分散を推定する式 $g(\hat{p}) = \hat{p}(1 - \hat{p})$ であることに注意しよう。その後、推定量 $\hat{p}$ を代入して分散の正しい値が得られる。

```
>>> print E(g**2) - E(g)**2
0.00442968750000000
```

●3.10 ブートストラッピング● *185*

この結果は大まかな表現である。すなわち、デルタ法は分散を過小評価しがちであり、ここでは
ブートストラップ推定量のほうが良い結果が出ている。

3.10.1 パラメトリックブートストラップ

先の例で、それぞれを $1/n$ で加重して $\hat{F}$ の偏りとして標本自体である $\{x_1, x_2, \ldots, x_n\}$ を用いた。
別の方法としては、標本が特定の分布に由来すると仮定して、その分布のパラメータを標本集合
から推定し、その後、そのようにして求めたパラメータを用いて推定分布から標本を抽出する
ブートストラップ機構を使用する。たとえば、以下のコードブロックは正規分布についてこれを
実施する。

```
>>> rv = stats.norm(0,2)
>>> xsamples = rv.rvs(45)
>>> # xsamples から平均と分散を推定する
>>> mn_ = np.mean(xsamples)
>>> std_ = np.std(xsamples)
>>> # パラメータとして、mn_ と std_ をもつ
>>> # 正規分布からのブートストラップ
>>> rvb = stats.norm(mn_,std_)  # 分布に代入
>>> yboot = rvb.rvs(1000)
```

標本分散の推定量は以下であることを思い出そう。

$$S^2 = \frac{1}{n-1} \sum (X_i - \bar{X})^2$$

標本が正規分布していると仮定すると、これは、$(n-1)S^2/\sigma^2$ が自由度 $n-1$ の χ 二乗分布に
従うことを意味する。したがって、分散は $\mathbb{V}(S^2) = 2\sigma^4/(n-1)$ である。同様に、これに対する
最尤推定（MLE）プラグイン推定量は $\mathbb{V}(S^2) = 2\hat{\sigma}^4/(n-1)$ である。以下のコードは、最尤推定
（MLE）法とブートストラップ法を用いて標本の分散 S^2 を計算する。

```
>>> # 標本平均の最尤推定 (MLE) プラグイン分散
>>> print 2*(std_**2)**2/9. # MLE プラグイン
2.22670148618
>>> # 標本平均のブートルトラップ分散
>>> print yboot.var()
3.29467885682
>>> # 真の標本平均の分散
>>> print 2*(2**2)**2/9.
3.55555555556
```

これは、ブートストラップ推定量が最尤推定（MLE）プラグイン推定量よりここでは良いこと
を示している。

この技術は多数のパラメータをもつ多変量分布を用いた場合、さらに強力となることに注目し
よう。なぜなら、すべての手順が同じだからである。したがって、ブートストラップは標準誤差

186 ●第3章　統　計●

を計算するのにすばらしい万能の方法であるが、その限界の中で正しい値に収束するだろうか？これは一貫した疑問である。残念ながら、この疑問に答えるためには、ここで得られるより多くのかつ深い数学知識が必要である。簡単に回答すると、標準誤差を推定するためにはブートストラップは広範囲の事例で一貫して使える推定量であり、そのためそれは、手元に持っているツールキットに明確に存在しているということである。

3.11　ガウス＝マルコフの定理

　本節では、これまで展開してきたすべての材料を用いる機会を与えうる有名なガウス＝マルコフの問題を考えよう。ガウス＝マルコフモデルは、ノイズの多い間接的な測定値を与えられた観測できないパラメータを推定するにあたって、ノイズの多い中でのパラメータ推定のための基本的モデルである。同じモデルの具体化は、ガウスモデルのすべての研究で実現されている。この節の例は、写像や条件付き期待値について今までに学んだあらゆるものを使用する優れた機会である。

　Luenberger の文献[4] にしたがって、以下の問題を考えよう。

$$\mathbf{y} = \mathbf{W}\beta + \epsilon$$

ここで、$\mathbf{W}$ は $n \times m$ 次元の行例であり、$\mathbf{y}$ は $n \times 1$ 次元のベクトルである。また ϵ は n 次元の正規分布に従う確率ベクトルで、以下の式のようなゼロの平均と、共分散を持つ。

$$\mathbb{E}(\epsilon\epsilon^T) = \mathbf{Q}$$

エンジニアリングのシステムでは、通常 $\mathbf{Q}$ を推定できるような較正モードを提供するため、ノイズ統計値の何らかの知識を求めようとすることは、無茶な話ではないことに注意しよう。問題は、β を近似する $\hat{\beta} = \mathbf{K}\mathbf{y}$ についての行列 $\mathbf{K}$ を求めることである。$\mathbf{y}$ を通した β の知識だけしかないのでそれを直接測定できないことに注意しよう。さらに、$\mathbf{K}$ は行列であってベクトルではないため、計算するために $m \times n$ のエントリがあることに注意しよう。

　この問題は、最小平均二乗誤差（MMSE）の問題を解くことで通常の方法で解決できる。

$$\min_K \mathbb{E}(\|\hat{\beta} - \beta\|^2)$$

これは次のように書き直すことができる。

$$\min_K \mathbb{E}(\|\hat{\beta} - \beta\|^2) = \min_K \mathbb{E}(\|\mathbf{K}\mathbf{y} - \beta\|^2) = \min_K \mathbb{E}(\|\mathbf{K}\mathbf{W}\beta + \mathbf{K}\epsilon - \beta\|^2)$$

また、ϵ はここで唯一の確率変数であるため、次のように簡単になる。

$$\min_K \|\mathbf{K}\mathbf{W}\beta - \beta\|^2 + \mathbb{E}(\|\mathbf{K}\epsilon\|^2)$$

次の段階は、行列の跡の性質[*13]を用いて次式を計算することである。

$$\mathbb{E}(\|\mathbf{K}\epsilon\|^2) = \mathbb{E}(\epsilon^T \mathbf{K}^T \mathbf{K}^T \epsilon) = \mathrm{Tr}(\mathbf{K}\mathbb{E}(\epsilon\epsilon^T)\mathbf{K}^T) = \mathrm{Tr}(\mathbf{KQK}^T)$$

すべてをまとめると以下のようなる。

$$\min_K \|\mathbf{KW}\beta - \beta\|^2 + \mathrm{Tr}(\mathbf{KQK}^T)$$

ここで、これを $\mathbf{K}$ について解ければ、それは β の関数であり、推定量 $\hat{\beta}$ は推定しようとしている β の関数であると言っていることと同じであり、何の意味もなさない。しかしこれを書き記すことは、もし $\mathbf{KW} = \mathbf{I}$ であるならば第1項は消えて、この問題は以下の式のように簡単になることを教えている。

$$\mathbf{KW} = \mathbf{I}$$

の制約の下で、

$$\min_K \mathrm{Tr}(\mathbf{KQK}^T)$$

が成り立っている。この要件は、以下のように推定量が不偏であると主張することと同じである。

$$\mathbb{E}(\hat{\beta}) = \mathbf{KW}\beta = \beta$$

この問題を先の計算に合わせて並べて比較するために、$\mathbf{K}$ の i 番目の列 $\mathbf{k}_i$ を考える。ここで、この式を次のように書きなおせる。

$$\min_k (\mathbf{k}_i^T \mathbf{Q}\mathbf{k}_i)$$

ここで、

$$\mathbf{k}_i^T \mathbf{W} = \mathbf{e}_i$$

であり、制約条件を課して計算した先の最適化の結果から、これに対する解答がわかっており、以下のようになる。

$$\mathbf{k}_i = \mathbf{Q}^{-1}\mathbf{W}(\mathbf{W}^T\mathbf{Q}^{-1}\mathbf{W})^{-1}\mathbf{e}_i$$

ここでやるべきことは、一般解を求めるために次のようにこれらを一緒に積み上げて並べればよい。

[*13] ［訳　註］　行列の跡とは、行列の対角和ともいい、行列の主対角成分の総和である。それは基底変換に関して不変であり、また固有値の総和（固有値和）に等しい。即ち、行列の跡は行列の相似を除いて定まり、したがって一般に行列に対応する線型写像の跡として定義することができる。

図3.24 赤丸は、黒点により xy 平面に推定される点を示す。（口絵参照）

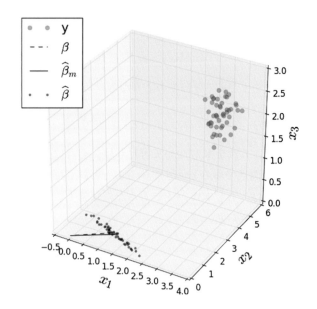

$$\mathbf{K} = (\mathbf{W}^T \mathbf{Q}^{-1} \mathbf{W})^{-1} \mathbf{W}^T \mathbf{Q}^{-1}$$

これらすべての考え方を並べてみると、簡単に求められる！ 最終的な結果として、誤差の共分散は以下のようになる。

$$\mathbb{E}(\hat{\boldsymbol{\beta}} - \boldsymbol{\beta})(\hat{\boldsymbol{\beta}} - \boldsymbol{\beta})^T = \mathbb{E}(\mathbf{K}\boldsymbol{\epsilon}\boldsymbol{\epsilon}^T\mathbf{K}^T) = \mathbf{K}\mathbf{Q}\mathbf{K}^T = (\mathbf{W}^T \mathbf{Q}^{-1} \mathbf{W})^{-1}$$

図3.24 には、シミュレートした **y** のデータを赤い丸で示す。黒い点はそれに対応する推定量で、各標本に対する $\hat{\beta}$ である。黒い線は、推定した β 値の平均である $\widehat{\beta_m}$ に対する β の真の値を示す。行列 **K** は対応する点の中に赤丸で示して（マップして）いる。平面に赤丸をマップする多数の可能な方法があるが、**K** は β に対し平均二乗誤差（MSE）を最小化するものであることに注意しよう。

> **プログラミングの コツ**
>
> これに対応する IPython Notebook 内で完全なソースコードを利用することが可能であるが、以下の抜粋は、迅速な見通しを与えている。目標データをシミュレートするため、関連する行列を以下に定義する。

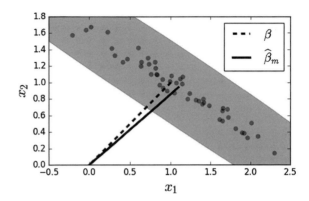

図3.25 図3.24のxy平面に焦点を当てると、破線は、推定量の平均 $\hat{\beta}_m$ に対する β の真の値を示す。

```
Q = np.eye(3)*0.1  # 誤差共分散行列
# これが推定しようとするものである
beta = matrix(ones((2,1)))
W = matrix([[1,2],
            [2,3],
            [1,1]])
```

そのあと、ノイズ項を生成し、シミュレートしたデータyを作成する。

```
ntrials = 50
epsilon = np.random.multivariate_normal((0,0,0),Q,ntrials).T
y=W*beta+epsilon
```

図 3.25 は、図 3.24 の水平な xy 平面のより詳細な内容を示す。図 3.25 はドットを示し、これは対応するシミュレートした y のデータからの $\hat{\beta}$ の個別の推定量である。破線は β の真の値であり、実線 ($\hat{\beta}_m$) はすべてのドットの平均である。グレーの楕円（図では帯状になっている）は、推定 β 値の共分散に対するエラー楕円である。

> **プログラミングのコツ**
>
> これに対応する IPython Notebook 内で完全なソースコードを利用することが可能であるが、以下の抜粋は、迅速な図 3.25 を作成するための見通しを与えている。楕円を描画するために、以下のように、パッチプリミティブ[*14] をインポートする必要がある。
>
> ```
> from matplotlib.patches import Ellipse
> ```

---

*14 [訳 注] パッチプリミティブとは、複数のパッチが連続的に連なったもの。

190 ●第3章 統 計●

以下のコードは、そのコード内に示した bm_cov 変数内の β の個々の推定量の共変量行列に基づくエラー楕円のパラメータを計算するためのものである。

```
U,S,V = linalg.svd(bm_cov)
err = np.sqrt((matrix(bm))*(bm_cov)*(matrix(bm).T))
theta = np.arccos(U[0,1])/np.pi*180
```

そのあと、以下のコードで、追加のスケール化した楕円を描画する。

```
ax.add_patch(Ellipse(bm,err*2/np.sqrt(S[0]),
                         err*2/np.sqrt(S[1]),
                         angle=theta,color='gray')
```

3.12　ノンパラメトリック法

　今まで、パラメータの当てはめへの推論あるいは予測を実施するパラメトリックな方法を考えてきた。しかし、これらが動作するためには、データの未知の確率分布に対して特定の関数形態を仮定する必要があった。ノンパラメトリック法では、関数のクラスに一般化することで、特定の関数形態を仮定する必要性を除去する。

3.12.1　カーネル密度推定

　すでにヒストグラムを用いてこの方法を多く使用しており、これらはカーネル密度推定の特殊な例である。ヒストグラムは最も粗く、最も有用なノンパラメトリック法と考えられるが、これはデータの背景の確率分布を推定する。

　定式的に、かつ前の推定と同じ形跡上にヒストグラムを配置するために、$\chi = [0, 1]^d$ を d 次元の単位立方体とし、h をビン（bin）または部分立方体の帯域幅、またはサイズであるとする。すると、それぞれ容量が h^d である $N \approx (1/h)^d$ 個のビン $\{B_1, B_2, \ldots, B_N\}$ が存在する。これらすべてを配置すると、ヒストグラムは次式で表される確率密度推定量を持っている。

$$\hat{p}_h(x) = \sum_{k=1}^{N} \frac{\hat{\theta}_k}{h} I(x \in B_k)$$

ここで、

$$\hat{\theta}_k = \frac{1}{n} \sum_{j=1}^{n} I(X_j \in B_k)$$

は、各ビン B_k 内のデータ観測点 (X_k) の分画である。$\hat{p}_h(x)$ の偏り（バイアス）と分散（バリアンス）に境界をつけたい。x の関数を推定しようとしていることを念頭に置いているが、すべての

可能な確率分布関数の集合は非常に大きく、処理するのは難しい。そのため、以下の、いわゆるリプシッツ関数の確率分布のクラスに注意を限定する必要がある。

$$\mathcal{P}(L) = \{p : |p(x) - p(y)| \le L\|x - y\|, \forall\, x, y\}$$

大まかに言うと、これらは傾き（すなわち、成長速度）が L によって境界づけられている密度関数である。ヒストグラムの推定量の偏り（バイアス）が次式のように境界づけられることになる。

$$\int |p(x) - \mathbb{E}(\hat{p}_h(x))|\,dx \le Lh\sqrt{d}$$

同様に、何らかの定数 C に対して、分散は次式によって境界づけられる。

$$\mathbb{V}(\hat{p}_h(x)) \le \frac{C}{nh^d}$$

この 2 つの事実を合わせることは、リスクが次の式によって境界づけられることを意味する。

$$R(p, \hat{p}) = \int \mathbb{E}(p(x) - \hat{p}_h(x))^2 dx \le L^2 h^2 d + \frac{C}{nh^d}$$

この境界は次式を選択することで最小となる。

$$h = \left(\frac{C}{L^2 nd}\right)^{\frac{1}{d+2}}$$

特に、これは次式を意味する。

$$\sup_{p \in \mathcal{P}(L)} R(p, \hat{p}) \le C_0 \left(\frac{1}{n}\right)^{\frac{2}{d+2}}$$

ここで、定数 C_0 は L の関数である。これをしっかりと境界付けすることを示す定理[2]があり、これは基本的に、ヒストグラムはそのリスクが $\left(\frac{1}{n}\right)^{\frac{2}{d+2}}$ に至るリプシッツ関数に対して実に強力な確率密度推定量であることを意味している。この関数のクラスは、リプシッツ条件が非平滑関数を許容することから、必ずしも平滑ではないことに注意しよう。これは確かな結果ではあるが、一般的には、特定の確率がどの関数クラスか（リプシッツ関数かどうか）は前もってわからない。にもかかわらず、次元 d と n 標本の両方で変化するリスクの比率は、この結果なしで理解することは困難であろう。**図 3.26** は、様々な n の値で計算してヒストグラムと比較したベータ分布 $\beta(2, 2)$ の確率分布関数を示す。各点上の四角いプロットは、ヒストグラムの各ビン内の変動が n の増加でどのように減少するかを示している。上記のリスク関数 $R(p, \hat{p})$ は、ヒストグラム（x の区分関数として）と確率分布関数の間の二乗の差を積分することに基づいている。

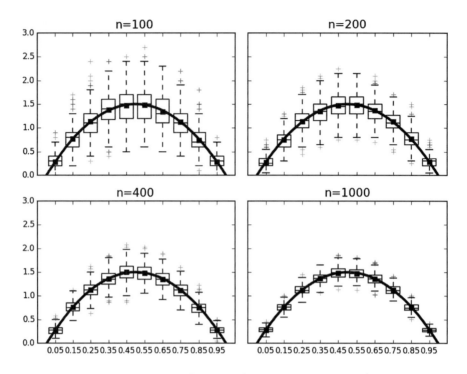

図3.26 各点上の四角いプロットは、ヒストグラムの各ビン内の変動が n の増加でどのように減少するかを示している。

プログラミングのコツ

このコードに対応する IPython Notebook は図 3.26 を生成する完全なソースコードを有する。しかし、以下の抜粋はコードの主要な要素である。

```
def generate_samples(n,ntrials=500):
    phat = np.zeros((nbins,ntrials))
    for k in range(ntrials):
        d = rv.rvs(n)
        phat[:,k],_=histogram(d,bins,density=True)
    return phat
```

このコードは Numpy 由来の histogram 関数を使用する。リスク関数 $R(p, \hat{p})$ と一致させるためには、bins キーワード引数を1つの整数にするのではなく bin 端の数列を用いて正しく形式を指定していることを確実にする必要がある。また、density=True キーワード引数は、ヒストグラムを適切に正規化する。そのため、ヒストグラムは相互に比較され、シミュレートしたベータ分布の確率分布関数は正確にスケール化される。

3.12.2 カーネル平滑化

カーネル関数を用いて本書のこれまで方法を他の関数クラスに拡張できる。一次元平滑化カーネルは、次の特性を持つ平滑関数 K である。

$$\int K(x)dx = 1$$
$$\int xK(x)dx = 0$$
$$0 < \int x^2 K(x)dx < \infty$$

たとえば、$K(x) = I(x)/2$ は巨大なカーネルであり、ここで $|x| \leq 1$ のときは $I(x) = 1$ で、それ以外のときはゼロである。カーネル密度推定量はヒストグラムに非常に類似するが、例外は以下のように、各観測点に対してカーネル関数を配置する点である。

$$\hat{p}(x) = \frac{1}{n}\sum_{i=1}^{n} \frac{1}{h^d} K\left(\frac{\|x - X_i\|}{h}\right)$$

ここで、$X \in \mathbb{R}^d$ である。図 3.27 はガウスカーネル関数 $K(x) = e^{-x^2/2}/\sqrt{2\pi}$ を用いたカーネル密度推定量の例を示す。上の図には、垂線で示された5つのデータ観測点がある。点線は各データ観測点での個別の $K(x)$ 関数を示す。下の図は全体のカーネル密度推定量を示し、これは上の図のスケーリングの和である。

3.4 節の最大尤度で考察した感覚で言うと、文献[2]に、カーネル密度推定量はミニマックスであると言及する重要な技術的な結果がある。大まかに言うと、これは、カーネル密度推定量に対する類似のリスクは以下に示すようなある定数 C についての要因によってほぼ制限されることを意味する。

$$R(p, \hat{p}) \lesssim n^{-\frac{2m}{2m+d}}$$

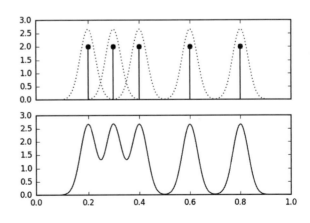

図3.27 上の図は各データ観測点に置かれた個々のカーネル関数を示す。下の図は、上の図の個々の関数の合計である合成カーネル密度推定量を示す。

194 ●第3章 統 計●

ここで、m は確率密度関数の導関数を制限することに関連する因子である。たとえば、密度関数の第二の微分値が限定される場合、$m = 2$ となる。これは、この推定量の収束速度が次元 d の増加につれて減少することを意味する。

交差検定

　実際に、カーネル密度推定量の扱いにくい部分（特定の例としてヒストグラムを含む）は、データを用いて帯域幅 h の項を何とかして計算する必要があることである。ガウスカーネルについては Silverman 規則や Scott 規則など、いくつかの一般的なカーネルに用いる数種のおおまかな方法が存在する。たとえば、Scott 因子は $h = n^{-1/(d+4)}$ を単純に計算することであり、Silverman の方法は $h = (n(d+2)/4)^{(-1/(d+4))}$ を計算することである。この種の規則では、背景の確率密度関数が特定のファミリー（たとえば、ガウス密度分布）であると仮定し、その後に、通常は余分な関数特性（特定の順序の連続した導関数など）を備えた、特定のタイプのカーネル密度推定量について最善の h を求めることにより求められる。実際に、特に単峰形の確率密度関数に対して、これらの法則は非常によく機能するようである。これらの種類の仮定を回避することは、データから直接に帯域幅を計算することを意味し、それは交差検定が導入されるところである。

　交差検定は、データ自体から帯域幅を推定する方法である。その考え方は、以下のような積分二乗誤差（ISE）を求めることである。

$$\text{ISE}(\hat{p}_h, p) = \int (p(x) - \hat{p}_h(x))^2 dx$$
$$= \int \hat{p}_h(x)^2 dx - 2 \int p(x)\hat{p}_h dx + \int p(x)^2 dx$$

この式の問題点は、以下の真ん中の項[‡8] である。

$$\int p(x)\hat{p}_h dx$$

ここで $p(x)$ は、$\hat{p}_h$ を用いて推定しようとしているものである。最後の式の形は $p(x)$ の密度上の $\hat{p}_h$ の期待値、$\mathbb{E}(\hat{p}_h)$ のように見える。この方法は、以下のように、これを平均で近似することである。

$$\mathbb{E}(\hat{p}_h) \approx \frac{1}{n} \sum_{i=1}^{n} \hat{p}_h(X_i)$$

この方法の問題点は、近似で用いるのと同じデータを用いて $\hat{p}_h$ を計算していることである。これを回避する方法は、データを2つの等しいサイズの塊である D_1 と D_2 に分けることである。

---

‡8［原書注］ 最後の項は興味を引くものではない。なぜならば、ISE における相対的変化にのみ注目しているからである。

そしてそのあと、D_1 の集合にわたって様々な h 値の数列について $\hat{p}_h$ を計算することである。その後、D_2 の集合内でデータ（Z_i）に対して上記の近似を求める場合には、以下のように計算する。

$$\mathbb{E}(\hat{p}_h) \approx \frac{1}{|D_2|} \sum_{Z_i \in D_2} \hat{p}_h(Z_i)$$

この近似を積分二乗誤差に代入し直すと、以下のような目的関数が得られる。

$$\text{ISE} \approx \int \hat{p}_h(x)^2 dx - \frac{2}{|D_2|} \sum_{Z_i \in D_2} \hat{p}_h(Z_i)$$

いくつかのコードで、これらのステップが実装されるだろう。Scikit-learn からいくつかのツールが必要になる。

```
>>> from sklearn.cross_validation import train_test_split
>>> from sklearn.neighbors.kde import KernelDensity
```

train_test_split 関数は、交差検定に必要な D_1 および D_2 に集合を分けて追跡することを容易にする。Scikit-learn はすでに、カーネル密度推定量の強力で柔軟な実装を有している。目的関数を計算するために、Scipy からいくつかの基本的な数値積分ツールが必要である。この例では、ベータ分布 $\beta(2,2)$ から標本を生成し、これは Scipy 内の stats サブモジュールで実装される。

```
>>> from scipy.integrate import quad
>>> from scipy import stats
>>> rv= stats.beta(2,2)
>>> n=100                  # 生成された標本数
>>> d = rv.rvs(n)[:,None]  # 列ベクトルとして生成された標本
```

プログラミングの **コツ**

最終行の [:,None] の利用は、rvs 関数によって返された Numpy の配列を、Numpy の 1 次元の列ベクトルをもつ Numpy ベクトルの中にフォーマットする。これは、列次元が、Scikit-learn の様々な特徴（一般的に）に利用されるため、KernelDensity コンストラクタによって必要とされる。そのため、ただ 1 つの特徴しか必要ない場合でも、なお、Scikit-learn に依存する入力構造に従う必要がある。None を用いる以外に追加次元を注入する多数の方法がある。たとえば、隠蔽性のより高い np.c_、または隠蔽性のより低い [:,np.newaxis] は、np.reshape 関数ができることと、同じことができる。

次の段階は、データを半分ずつの 2 つに分け、D_1 データに基づいた別々のカーネル密度推定量を生成するために各 h_i の帯域幅でループを形成することである。

196 ●第 3 章　統　計●

```
>>> train,test,_,_=train_test_split(d,d,test_size=0.5)
>>> kdes=[KernelDensity(bandwidth=i).fit(train)
...             for i in [.05,0.1,0.2,0.3]]
```

> ### プログラミングの コツ
>
> Python では 1 つのアンダースコア記号は、直近の評価結果を参照することに注意する。先のコードは train_test_split で返されたタプルを 4 つの要素に分割する。最初の 2 つに興味があるだけなので、最後の 2 つは下線記号に割り当てる。これは、タプルの最後の 2 つの要素を使用しないことを読者に明示するための様式上の慣例である。あるいは、最後の 2 つの要素を後で使用しないダミー変数のペアに代入することもできるが、コードに目を通す読者はこれらのダミー変数が関連していると考えるかもしれない。

最終段階は、このように生成したカーネル密度推定量上でループを形成して、目的関数を計算することである。

```
>>> import numpy as np
>>> for i in kdes:
...     f = lambda x: np.exp(i.score_samples(x))
...     f2 = lambda x: f(x)**2
...     print 'h=%3.2f\t %3.4f'%(i.bandwidth,quad(f2,0,1)[0]
...                              -2*np.mean(f(test)))
...
h=0.05    -1.1323
h=0.10    -1.1336
h=0.20    -1.1330
h=0.30    -1.0810
```

> ### プログラミングの コツ
>
> Scikit-learn は、score_samples 関数を通してカーネル密度推定量の返り値を対数として実装するため、最後のブロックで定義されたラムダ関数を必要とする。Scipy からの数値求積関数 quad は、目的関数の $\int \hat{p}_h(x)^2 dx$ の部分を計算する。

　Scikit-learn は、この種のハイパーパラメータ（たとえば、カーネル密度帯域幅）の検索を自動化する多くのより高度なツールを持っている。これらの高度なツールを使用するために、以下のラッパークラスを定義することで、現在の問題を少し異なる形式に整える必要がある（**図 3.28**）。

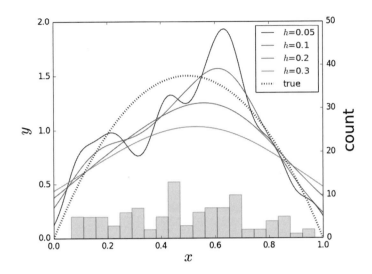

図3.28 上図の各線は、真の密度関数に近似した所定の帯域幅に対する、様々なカーネル密度推定量である。参考のために簡単なヒストグラムを底部に示す。（口絵参照）

```
>>> class KernelDensityWrapper(KernelDensity):
...     def predict(self,x):
...         return np.exp(self.score_samples(x))
...     def score(self,test):
...         f = lambda x: self.predict(x)
...         f2 = lambda x: f(x)**2
...         return -(quad(f2,0,1)[0]-2*np.mean(f(test)))
...
```

これは上に出てきたコードを Scikit-learn が要求する関数に再構成することに等しい。次に、以下のコードでは、`params` 上で検索したいパラメータの辞書を作成した後に、`fit` 関数によってグリッドサーチを開始する。

```
>>> from sklearn.grid_search import GridSearchCV
>>> params = {'bandwidth':np.linspace(0.01,0.5,10)}
>>> clf = GridSearchCV(KernelDensityWrapper(), param_grid=params,cv=2)
>>> clf.fit(d)
GridSearchCV(cv=2,
estimator=KernelDensityWrapper(algorithm='auto',atol=0,bandwidth=1.0,
breadth_first=True,kernel='gaussian',leaf_size=40,
metric='euclidean',metric_params=None,rtol=0),
fit_params={},iid=True,loss_func=None,n_jobs=1,
param_grid={'bandwidth':array([0.01,0.06444,0.11889,0.17333,0.22778,0.28222,
0.33667,0.39111,0.44556,0.5])},
pre_dispatch='2*n_jobs',refit=True,score_func=None,scoring=None, verbose=0)
>>> print clf.best_params_
{'bandwidth': 0.17333333333333334}
```

198 ●第3章 統 計●

グリッド検索は、params 辞書内のすべての要素にわたって繰り返され、パラメータ値のリスト
上の最良の帯域幅を表示する。上記の cv キーワード引数は、訓練と検定のためにデータを 2 つ
の等しいサイズの集合に分けることを指定している。また、以下のようにグリッド上の各観測点
のための目的関数の値を検討できる。

```
>>> from pprint import pprint
>>> pprint(clf.grid_scores_)
[mean: 0.60758, std: 0.07695, params: {'bandwidth': 0.01},
 mean: 1.06325, std: 0.03866, params: {'bandwidth': 0.064444444444444443},
 mean: 1.11859, std: 0.02093, params: {'bandwidth': 0.11888888888888888},
 mean: 1.13187, std: 0.01397, params: {'bandwidth': 0.17333333333333334},
 mean: 1.12007, std: 0.01043, params: {'bandwidth': 0.22777777777777777},
 mean: 1.09186, std: 0.00794, params: {'bandwidth': 0.28222222222222221},
 mean: 1.05391, std: 0.00601, params: {'bandwidth': 0.33666666666666667},
 mean: 1.01126, std: 0.00453, params: {'bandwidth': 0.39111111111111108},
 mean: 0.96717, std: 0.00341, params: {'bandwidth': 0.44555555555555554},
 mean: 0.92355, std: 0.00257, params: {'bandwidth': 0.5}]
```

プログラミングの コツ

pprint 関数は標準出力をよりきれいにする。ここでそれを使用する唯一の理由は、印刷し
たページ上できれいに見えるようにすることである。そうでなければ、IPython
Notebook は、内部の display フレームワーク経由でノートブックに埋め込まれた出力
の視覚化レンダリングを処理する。

グリッド検索は、上記の平均と標準偏差を計算するために交差検定に対して何回も実行すること
を念頭に置いておこう。リストの代わりに、むしろパラメータの分布を指定しようとする場合に
は、RandomizedSearchCV も存在することに注意しよう。これは、徹底的なグリッド検索を
すると計算コストがかかりすぎる非常に大きなパラメータ空間を検索するために、特に有用であ
る。カーネル密度推定量は理解しやすく、魅力的な解析特性が多いが、実際には大きな高次元の
データ集合には使用できない。

3.12.3 ノンパラメトリック回帰推定量

背後にある確率密度を推定すること以外にも、データを生成している背後の関数の推定量を計
算するためにノンパラメトリック法を使用できる。以下の形式のノンパラメトリック回帰推定量
は線形平滑器として知られる。

$$\hat{y}(x) = \sum_{i=1}^{n} \ell_i(x) y_i$$

これらの平滑器の性能を明らかにするため、以下のようなリスクを定義する。

$$R(\hat{y}, y) = \mathbb{E}\left(\frac{1}{n}\sum_{i=1}^{n}(\hat{y}(x_i) - y(x_i))^2\right)$$

そして、これを最小にする最良の推定量$\hat{y}$を求めることができる。この計量の問題点は$y(x)$が未知であることであり、それが、なぜそれを$\hat{y}(x)$で近似しようとするかの理由である。以下のように、手持ちのデータを用いて推定量を構築できる。

$$\hat{R}(\hat{y}, y) = \frac{1}{n}\sum_{i=1}^{n}(\hat{y}(x_i) - Y_i)^2$$

ここでデータY_iを、未知の関数値$y(x_i)$の代わりに代入する。この方法の問題点は、関数を推定するためにデータを使用した後に、それをするリスクを評価するために同じデータを使用していることである。この種の二重漬けが、過度に楽観的な推定量を導く。この難問題の1つの解決法は、leave-one-out 交差検証を使うことである。そこでは、$\hat{y}$関数は1組のデータのペア以外のすべての(X_i, Y_i)を用いて推定される。そのあと、上記のリスクの推定にこの除かれたデータ要素が用いられる。これは表記すると、以下のように記述する。

$$\hat{R}(\hat{y}, y) = \frac{1}{n}\sum_{i=1}^{n}(\hat{y}_{(-i)}(x_i) - Y_i)^2$$

ここで$\hat{y}_{(-i)}$はi番目のデータペアを使用せずに推定量を計算することを意味する。残念ながら、比較的小さなデータセットを除けば、leave-one-out 交差検定の実際の適用は計算上すぐに手に負えないものとなる。この後、この問題にすぐに戻って来るが、そのようなノンパラメトリック平滑器の具体的な例を考えよう。

3.12.4　最近傍回帰

　最も簡単なノンパラメトリック回帰法は、k近傍回帰である。これは、数式で書くより言葉で説明するほうが簡単である。入力データxがある場合に、それを含むk個のクラスタのうち最も近いものを見つけ、その後、そのクラスタ内のデータ数値の平均に戻る。単変量の例として、以下のチャープ波形を考える。

$$y(x) = \cos\left(2\pi\left(f_o x + \frac{BW x^2}{2\tau}\right)\right)$$

この波形は、高分解能レーダへの応用に重要である。f_oは信号の開始周波数で、BW/τは信号の周波数の傾きである。この例では、その領域にわたって一様ではないという事実が重要である。以下のように、チャープ波形をサンプル抽出することで、いくらかのデータを簡単に生成することができる。

200 ●第3章 統 計●

```
>>> import numpy as np
>>> from numpy import cos, pi
>>> xi = np.linspace(0,1,100)[:,None]
>>> xin = np.linspace(0,1,12)[:,None]
>>> f0 = 1 # 頻度を初期化
>>> BW = 5
>>> y = cos(2*pi*(f0*xin+(BW/2.0)*xin**2))
```

このデータを用いて、Scikit-learn の使用により簡単な最近傍推定量を生成できる。

```
>>> from sklearn.neighbors import KNeighborsRegressor
>>> knr=KNeighborsRegressor(2)
>>> knr.fit(xin,y)
KNeighborsRegressor(algorithm='auto',leaf_size=30,metric='minkowski',
metric_params=None,n_neighbors=2,p=2,weights='uniform')
```

プログラミングの コツ

Scikit-learn は、非常に一貫したインタフェースを持っている。上記の fit 関数は、モデルパラメータをデータに当てはめる。対応する predict 関数は、任意の入力を与えられたモデルの出力を返す。機械学習の章では、Scikit-learn にたくさんの時間を費やすことになる。末端部分の [:,None] 部分は、Scikit-learn の次元の必要条件を満たすために、まさに列次元を配列に注入している。

図 3.29 は、最近傍推定量によって生成された値（実線）に対してサンプル抽出した信号（グレーの丸）を示す。点線は、全くサンプル抽出されていないチャープ信号であり、これは x の増加につれて周波数が増加する。これは、この例では重要である。なぜなら、それは、x が増加するにつれ、次第により波動するようになるという点で、この問題に非定常的な側面を加えるからである。推定曲線と信号の間の面は、グレーとした。最近傍推定量は、2つだけの最近傍値を使用するため、それぞれの新しい x に対して2つの隣接する X_i を求め、訓練データ内でその x を一括する。その後、推定量を計算するために対応する Y_i の値を平均する。すなわち、図の中の連続したグレーの丸の、各隣接ペアをとる場合、水平の実線がそのペアを垂直軸上で分けることが理解できる。以下のように、コンストラクタを変えることで最近傍の数を調整できる。

```
>>> knr=KNeighborsRegressor(3)
>>> knr.fit(xin,y)
KNeighborsRegressor(algorithm='auto',leaf_size=30,metric='minkowski',
metric_params=None,n_neighbors=3,p=2,weights='uniform')
```

これは、以下の対応する**図 3.30** を生成する。

この例に対して、図 3.30 は最近傍値が大きくなるほど、当てはめは不良となることを示して

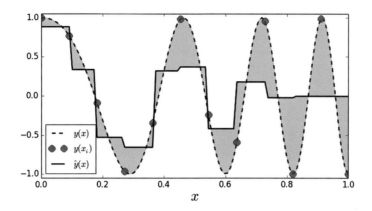

図3.29 点線はチャープ信号を示し、実線は最近傍推定量を示す。グレーの丸は最近傍推定量を当てはめるために用いた標本観測点である。グレーの面は推定量とサンプリングされていないチャープ信号との間のギャップを示す。

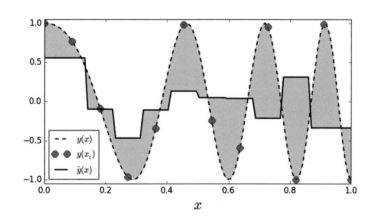

図3.30 これは、推定量の構築に使用する 3 つの最近傍値があることを除けば、図 3.29 と同じである。

おり、特に信号の末端の方がそうであり、そこでは変動が増加している。なぜなら、チャープ波は一様に連続していないからである。

Scikit-learn は交差検定のための多数のツールを持っている。以下のコードは、leave-one-out 交差検定のためのツールをセットアップする。

```
>>> from sklearn.cross_validation import LeaveOneOut
>>> loo=LeaveOneOut(len(xin))
```

LeaveOneOut オブジェクトは、データの非結合型インデックスの集合を生成する iterable である。これは、以下の短い標本で示すように、モデル（訓練セット）を当てはめるものであり、またモデル（検証セット）を評価するためのものである。

```
>>> pprint(list(LeaveOneOut(3)))
[(array([1, 2]), array([0])),
 (array([0, 2]), array([1])),
 (array([0, 1]), array([2]))]
```

次のブロックは、推定リスクを評価するために、loo 変数によって与えられた訓練および検定インデックスの iterates（訳注：繰り返し単位のこと）から成る非結合集合にループを実行する。この、推定リスクは out リスト内に蓄積する。

```
>>> out=[]
>>> for train_index, test_index in loo:
...     _=knr.fit(xin[train_index],y[train_index])
...     out.append((knr.predict(xi[test_index])-y[test_index])**2)
...
>>> print 'Leave-one-out Estimated Risk: ',np.mean(out),
Leave-one-out Estimated Risk:  1.03517136627
```

上記コードの最終行は、leave-one-out 交差検定の推定リスク（Leave-one-out Estimated Risk）を表示する。

このタイプの線形円滑器は、以下の行例を用いて書き直せる。

$$\mathcal{S} = \left[\ell_i(x_j) \right]_{i,j}$$

そうすると、以下の結果が得られる。

$$\hat{\mathbf{y}} = \mathcal{S}\mathbf{y}$$

ここで、$\mathbf{y} = [Y_1, Y_2, \ldots, Y_n] \in \mathbb{R}^n$、および $\hat{\mathbf{y}} = [\hat{y}(x_1), \hat{y}(x_2), \ldots, \hat{y}(x_n)] \in \mathbb{R}^n$ である。これは、以下のような leave-one-out 交差検定を近似する迅速な方法を導く。

$$\hat{R} = \frac{1}{n} \sum_{i=1}^{n} \left(\frac{y_i - \hat{y}(x_i)}{1 - \mathcal{S}_{i,i}} \right)^2$$

しかしこれは、それぞれの $\hat{y}_{(-i)}(x_i)$ は、$\hat{y}(x)$ より 1 つ少ない最近傍値を消費すると仮定するため、上記のコード内のアプローチを再生成しない。

この $\mathcal{S}$ 行列を knr オブジェクトから、以下のように生成することができる。

```
>>> _= knr.fit(xin,y)  # すべてのデータを当てはめる
>>> S=(knr.kneighbors_graph(xin)).todense()/float(knr.n_neighbors)
```

todense の部分は通常の Numpy の行列に返される、疎な行列を再フォーマットする。次の表示は、この $\mathcal{S}$ 行列の一部分である。

```
>>> print S[:5,:5]
[[ 0.33333333  0.33333333  0.33333333  0.          0.        ]
 [ 0.33333333  0.33333333  0.33333333  0.          0.        ]
 [ 0.          0.33333333  0.33333333  0.33333333  0.        ]
 [ 0.          0.          0.33333333  0.33333333  0.33333333]
 [ 0.          0.          0.          0.33333333  0.33333333]]
```

このサブブロックは、最近傍推定量によって処理されたデータ y のウィンドウを表示する。た
とえば、以下のような例である。

```
>>> print np.hstack([knr.predict(xin[:5]),(S*y)[:5]]) #マッチした列
[[ 0.55781314  0.55781314]
 [ 0.55781314  0.55781314]
 [-0.09768138 -0.09768138]
 [-0.46686876 -0.46686876]
 [-0.10877633 -0.10877633]]
```

あるいは、以下のコードは、おおよそ等しいことを確認するために、すべてのエントリーを簡単
にチェックしている。

```
>>> print np.allclose(knr.predict(xin),S*y)
True
```

これは、最近傍オブジェクトと行列の結果が乗算的に一致することを示している。

プログラミングの コツ

返された S を Numpy の行列としてフォーマットしたために、S*y 項内におけるデフォル
トの要素ごとの乗算の代わりに、行列乗算を自動的に行っていることに注意しよう。

3.12.5　カーネル回帰

　確率密度を推定するために、ヒストグラムから開始して、より一般的なカーネル密度推定まで
シフトした。同様に、最近傍からの回帰を Nadaraya-Watson カーネル回帰推定量を用いてカー
ネルベースの回帰に拡張できる。帯域幅 $h > 0$ があるとすると、カーネル回帰推定量は以下のよ
うに定義される。

$$\hat{y}(x) = \frac{\sum_{i=1}^{n} K\left(\frac{x-x_i}{h}\right) Y_i}{\sum_{i=1}^{n} K\left(\frac{x-x_i}{h}\right)}$$

残念ながら、Scikit-learn はこの回帰推定量を実装していない。しかし、Jan Hendrik Metzen は
github.com 上に、利用可能な互換性のあるバージョンを作成している。

```
>>> from kernel_regression import KernelRegression
```

このコードは以下のように、潜在的な帯域幅の値のグリッドを指定する（gamma）ことで、leave-one-out 交差検定を用いて帯域幅パラメータにわたって内部的に最適化することを可能にする。

```
>>> kr = KernelRegression(gamma=np.linspace(6e3,7e3,500))
>>> kr.fit(xin,y)
KernelRegression(gamma=6000.0,kernel='rbf')
```

図3.31 は、最近傍推定量（細い黒の実線）と比較した、ガウスカーネルを用いたカーネル推定量（太い黒の線）を示す。以前と同様、データ観測点は丸で示す。図 3.31 は、カーネル推定量が最近傍推定量で消失するシャープなピークの抽出が可能なことを示す。

そのため、最近傍推定量とカーネル推定量の相違は、後者が観測点の平滑な移動平均化を与える一方、前者は不連続な平均化を与えることである。カーネル推定量は、エッジとカーネル関数がつり合わない境界の近くで悪影響を受けることに注意しよう。この問題は、高い次元では、データが境界の方へ自然に移動するため、さらに悪化することに注意しよう（これは「次元の呪い」の結果である）。実際、局所の正確性（すなわち、低いバイアス）と寛大な近傍値（すなわち、低い分散）を同時に維持することは不可能である。この問題を処理する 1 つの方法は、たとえば以下に示すような、対象領域を局所化するウィンドウとしてカーネル関数を用いて局所多項回帰を実施することである。

$$\hat{y}(x) = \sum_{i=1}^{n} K\left(\frac{x - x_i}{h}\right)(Y_i - \alpha - \beta x_i)^2$$

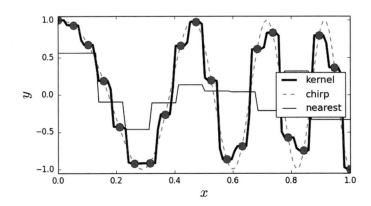

図3.31 太い黒線はガウスカーネル推定量である。細い黒線は最近傍推定量である。データ観測点はグレーの丸で示す。最近傍推定量とは異なり、ガウスカーネル推定量は訓練データ内のシャープなピークを抽出できることに注意しよう。

そして、2つの線形パラメータ α および β について最適化しなければならない。この方法は、局所線形回帰[5, 6]として知られている。当然に、これはより高次の多項式に拡張可能である。これらの方法は Scikit-learn でまだ実装されていないことに注意しよう。

3.12.6 次元の呪い

いわゆる次元の呪いは、より高い次元に移動するほど生じる。この用語は、適応制御工程を研究している Bellman が 1961 年に作り出した。今日、この用語は次元の数が実質的に増加するとより複雑になる何かを漠然と言及している。にもかかわらず、その概念は高次元の解析と推定の実際的な困難を理解し特徴付けるために有用である。

n 次元球の体積を考えよう。

$$V_s(n, r) = \begin{cases} \pi^{n/2} \frac{r^n}{(n/2)!} & n \text{ が偶数の場合} \\ 2^n \pi^{(n-1)/2} \frac{r^{(n-1)}}{(n-1)!} ((n-1)/2)! & n \text{ が奇数の場合} \end{cases} \tag{3.12.6.1}$$

さらに、n 次元の単位立方体で囲まれた球 $V_s(n, 1/2)$ を考えよう。立方体の体積は常に 1 に等しいが、$\lim_{n \to \infty} V_s(n, 1/2) = 0$ である。これは何を意味するのだろうか？ それは、立方体の体積が、埋め込まれた次元超球の存在する中心から押し出されることを意味する。特に、n 次元で立方体の中心から頂点までの距離は $\sqrt{n}/2$ であり、一方、内接する球の中心からの距離は 1/2 である。この対角の距離は、n が無限大になるにつれて無限大となる。固定した n に対して、立方体の中心のごく小さい表面領域は、超次元のウニあるいはヤマアラシのように、それに付着した多数の長いとげを持つ。

この結果はどうなるだろう？ 最近傍（回帰）による方法について、バイアスを下げた局在での探索は困難になる。たとえば、n 次元の空間と、周囲に局在化させたい原点近くの点を持つとしよう。この点の周囲での挙動を推定するために、この点に関する未知の関数を平均化する必要があるが、高次元空間では、平均化するための近傍（の関数）が求まる機会はわずかである。逆の視点から見ると、コイン投げの問題のように、2 項の変数を持つとする。1,000 回の試行を行う場合、初期の検討に基づき、表の出る確率の推定を確実に予測できる。ここで、10 個の 2 項変数があるとしよう。すると、推定する $2^{10} = 1,024$ 個の頂点がある。同じ 1,000 点を持つ場合、少なくとも 24 の頂点はどんなデータも取得できないだろう。同じ解象度を維持するためには、総合計 $1,000 \times 1,024 \approx 10^6$ のデータ点に対して各頂点で 1,000 個の標本が必要だろう。そこで、変数の数の 10 倍増加に対して、同じ統計的解象度を維持するためには、さらに約 1,000 個の収集すべき点が存在する。これが次元の呪いである。

おそらく、何らかのコードはこれを明らかにするだろう。次のコードは、2 次元の内接円を持つ**図 3.32**内の点としてプロットされる 2 次元の標本を生成する。$d = 2$ 次元については、大部分の点が円の中に含まれることに注意しよう。

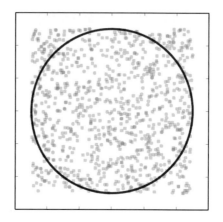

図3.32 単位立方体内に無作為（ランダム）かつ独立に一様分布した点の2次元での散らばり。大部分の点は円に含まれることに注意しよう。直観とは逆に、次元の数が増加するとこれは持続しない。

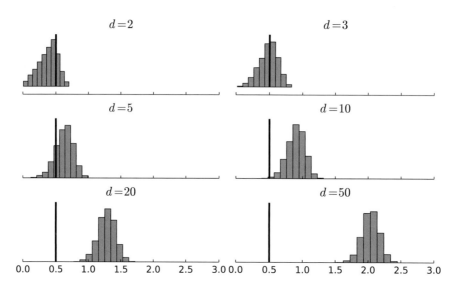

図3.33 それぞれの図は一様分布したd次元の確率ベクトルの長さのヒストグラムを示す。黒い垂線の左側の集団は内接した超球に含まれる集団である。これは、次元が増加すると超球に含まれる点が少なくなることを示す。

```
>>> import numpy as np
>>> v=np.random.rand(1000,2)-1/2.
```

次のコードブロックは、**図 3.33** のコアな部分の計算を記述している。各次元に対し、各次元に沿った一様分布に従う確率変数の集合を作成し、その後、各d次元ベクトルが原点にどの程度近いかを計算する。1/2 で測定しているものは、超球に含まれているものである。各測定値のヒストグラムを図3.33の対応する図に示す。黒い垂線は閾値を示す。この左側の値は、ハイパー球

に含まれる集団を示す。そのため、図 3.33 は d が増加するほど内接する超球に含まれる点が少なくなることを示す。次のコードは図 3.33 の内容をわかりやすく表現している。

```
for d in [2,3,5,10,20,50]:
    v=np.random.rand(5000,d)-1/2.
    hist([np.linalg.norm(i) for i in v])
```

参照文献

1. W. Feller, *An Introduction to Probability Theory and Its Applications: Volume One* (Wiley, 1950)
2. L. Wasserman, *All of Statistics: a Concise Course in Statistical Inference* (Springer, 2004)
3. R. A. Maronna, D. R. Martin, V. J. Yohai, *Robust Statistics: Theory and Methods*, Wiley Series in Probability and Statistics (Wiley, Chichester, 2006)
4. D. G. Luenberger, *Optimization by Vector Space Methods*, Professional Series (Wiley, 1968)
5. C. Loader, *Local Regression and Likelihood* (Springer, New York, 2006)
6. T. Hastie, R. Tibshirani, J. Friedman, *The Elements of Statistical Learning: Data Mining, Inference, and Prediction*, Springer Series in Statistics (Springer, New York, 2013)

第4章

機械学習

Machine Learning

4.1　はじめに

　機械学習は巨大かつ成長している分野である。この章では、この分野を概観することすらできないかもしれないが、確率と統計に関する文脈や関連を提供することはできる。そのことは機械学習について考えること、これらの手法を実世界の問題に適用することを容易にするだろう。統計学の根本的問題は、基本的には機械学習と同じである。つまり、データが与えられたときにそれをどう実用できるだろうかということである。統計学にとってその答えは、強力な理論を使って解析的推定量を生成することである。機械学習にとってのその答えは、アルゴリズムによる予測である。データセットが与えられたときに、どのような前向きの推論ができるだろうか？　この言い方には次のようなちょっとしたこと——過去のデータしか持っていない時に未来を予測するにはどうすればよいだろうか？　ということが含まれている。これは機械学習の要点であり、この章で探っていくことである。

4.2　Python の機械学習モジュール

　Python は機械学習ライブラリへの接続手段を多く持っており、なかにはニューラルネットワークのような特定の技術のためのものもあれば、初心者向けに作られたものもある。我々の議論のなかでは、強力かつ人気のある Scikit-learn モジュールに集中することとする。Scikit-learn は、一貫していてかつ合理的な API、豊富な機械学習アルゴリズム、わかりやすいドキュメント、オンラインドキュメントを読むのを楽にする、すぐに利用できるデータ集合で知られている。Pandas と同様、Scikit-learn の数値配列は Numpy に依存している。2007 年のリリース以来、Scikit-learn は最も広く使われる汎用目的のオープンソース機械学習モジュールであり、産業界とアカデミアの両方で人気がある。Python の他のモジュールと同様に、Scikit-learn はすべての主要なプラットフォームで利用可能である。

© Springer International Publishing Switzerland 2016
J. Unpingco, *Python for Probability, Statistics, and Machine Learning*,
DOI 10.1007/978-3-319-30717-6_4

●第4章　機械学習●

では手始めに、すでにおなじみの線形回帰について Scikit-learn を使って復習してみよう。まずはデータを作成する。

```
>>> import numpy as np
>>> from matplotlib.pylab import subplots
>>> from sklearn.linear_model import LinearRegression
>>> X = np.arange(10)             # いくつかのデータを作成
>>> Y = X+np.random.randn(10)  # ノイズを線形回帰
```

次に、Scikit-learn から LinearRegression クラスをインポートし、インスタンスを作成する。

```
>>> from sklearn.linear_model import LinearRegression
>>> lr=LinearRegression() # モデルを作成
```

Scikit-learn は素晴らしく一貫性のある API である。すべての Scikit-learn オブジェクトは、fit メソッドを使ってモデルパラメータを計算し、predict メソッドを使ってモデルの評価をする。LinearRegression インスタンスでは、fit メソッドは線形適合（線形モデルへの当てはめ）の係数を計算する。このメソッドは行列を入力として必要とし、その行列の行は標本を表し、列は特徴を表す。回帰の目標は Y の値であり、それは次に示すように相応な型である必要がある。

```
>>> X,Y = X.reshape((-1,1)), Y.reshape((-1,1))
>>> lr.fit(X,Y)
LinearRegression(copy_X=True, fit_intercept=True, normalize=False)
>>> lr.coef_
array([[ 0.94211853]])
```

> **プログラミングの コツ**
>
> reshape((-1,1)) という呼び出しの負の数は、上記コードで遅延して決めたいときに使われる。負の数字を使うと、その次元がどうなるかは、他の次元と配列要素の数から Numpy に計算させることになる。

線形回帰オブジェクトの coef_ プロパティは、当てはめにより推定されたパラメータを意味する。推定されたパラメータは末尾にアンダースコア（_）を付けるのが慣習となっている。回帰のために、モデルには R^2 値を計算する score メソッドも存在する。統計の章の 3.7 節を思い出すと、R^2 値は当てはめの質を表す指標であり、0（悪い当てはめ）から 1（完璧な当てはめ）の間の値をとる。

```
>>> lr.score(X,Y)
0.9059042979442371
```

当てはめが終わったので、predict メソッドを使ってその当てはめを評価することができる。

図4.1 Scikit-learn モジュールは簡単に線形回帰ができる。丸（●）は訓練データを意味し、当てはめた線は黒で示される。

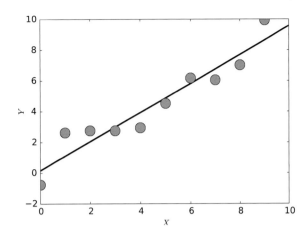

```
>>> xi = np.linspace(0,10,15)   # さらに描画のための点を作成
>>> xi = xi.reshape((-1,1))     # 列を再形成
>>> yp = lr.predict(xi)
```

結果として得られる当てはめの様子は**図4.1**に示した。

多変量線形回帰

　Scikit-learn モジュールは、線形回帰を容易に多次元に拡張できる。たとえば、多変量線形回帰では次のようになる。

$$y = \alpha_0 + \alpha_1 x_1 + \alpha_2 x_2 + \cdots + \alpha_n x_n$$

この問題は、すべての与えられた訓練集合 $\{x_1, x_2, \ldots, x_m, y\}$ に対してすべての α 項を求めることである。ここで新たに例示用データ集合を作成し、これがどう機能するか見てみることとする。

```
>>> X=np.random.randint(20,size=(10,2))
>>> Y=X.dot([1, 3])+1 + np.random.randn(X.shape[0])*20
```

図4.2は2次元の回帰例である。ここで丸（●）の大きさは、目的となる Y の値に比例している。ここで、面白くするために結果には無作為なノイズを加えている。にもかかわらず、Scikit-learn とのインタフェースは変わらない。

```
>>> lr=LinearRegression()
>>> lr.fit(X,Y)
LinearRegression(copy_X=True, fit_intercept=True, normalize=False)
>>> print lr.coef_
[ 0.35171694  4.04064287]
```

2つの入力次元に対応して、変数 coef_ には2つの値があることに注意しなければならない。

図4.2 Scikit-learnは多変数線形回帰を簡単に実行できる。丸（●）の大きさは、2変数（X_1, X_2）の関数の値を意味している。

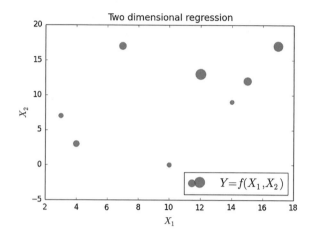

定数オフセットは`LinearRegression`コンストラクタにすでに組み込まれていてオプションである。**図4.3**はそれがどのように機能するかを示している。

多項式回帰

`preprocessing`サブモジュールで`PolynomialFeatures`を使うことにより、これを多項式回帰を含むように拡張できる。簡単のため、1次元の例に戻ろう。まずは、人工的データを作ることとする。

```
>>> from sklearn.preprocessing import PolynomialFeatures
>>> X = np.arange(10).reshape(-1,1)  # いくつかのデータを作成
>>> Y = X+X**2+X**3+ np.random.randn(*X.shape)*80
```

次に、XからXの多項式への変換を作成する。

図4.3 予測されたデータは黒（✕）でプロットされている。それは訓練データと重なっており、よく適合して（当てはまって）いることを表している。

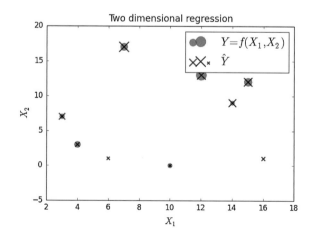

図4.4 タイトルは線形回帰と二次回帰の R^2 スコアを表している。

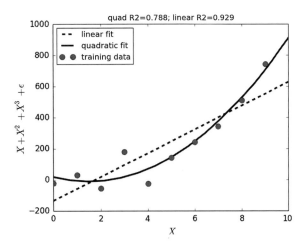

```
>>> qfit = PolynomialFeatures(degree=2) # 多項式
>>> Xq = qfit.fit_transform(X)
>>> print Xq
[[ 1  0  0]
 [ 1  1  1]
 [ 1  2  4]
 [ 1  3  9]
 [ 1  4 16]
 [ 1  5 25]
 [ 1  6 36]
 [ 1  7 49]
 [ 1  8 64]
 [ 1  9 81]]
```

自動的に決定される定数項が出力の0列目で、これは`fit_transform`が1列しかない入力データを複数の列に変換し、そのそれぞれが多項式の項を表している。中央の列が線形項で、一番右が2次の項である。このような多項式の特徴量がXqの列として格納されているので、これから当てはめ（`fit`）を行い予測（`predict`）すればよい。次のようにすれば線形回帰と二次回帰の比較を描くことができる（**図4.4**）。

```
>>> lr=LinearRegression() # 線形モデルを作成
>>> qr=LinearRegression() # 多項式モデルを作成
>>> lr.fit(X,Y)  # 線形モデルを当てはめ
LinearRegression(copy_X=True, fit_intercept=True, normalize=False)
>>> qr.fit(Xq,Y) # 多項式モデルを当てはめ
LinearRegression(copy_X=True, fit_intercept=True, normalize=False)
>>> lp = lr.predict(xi)
>>> qp = qr.predict(qfit.fit_transform(xi))
```

ここではScikit-learnの表面をなぞっただけで、後にもっと多くの例を示す。しかし、使い方について主に集中すべきこと（つまり`fit`と`predict`）は、Scikit-learnで実装されているす

214　●第4章　機械学習●

べての機械学習メソッドで標準化されている。

4.3　学習の理論

　良い理論ほど実用的なものはない。この節では、機械学習の考え方について形式的な枠組みを作り上げる。この枠組は機械学習の特定の手法を越えて役に立つものであり、新しい手法を組み込んだり、既存の複数の手法を賢く組み合わせるのにも役立つ。

　機械学習も統計も、データに対する解釈を引き出すという同じ目標を共有している。歴史的な展望は役に立つだろう。ほとんどの統計的手法はデータを入手するのが難しかった20世紀初めに生み出された。社会は人口過多の潜在的危険性に気を取られていて、農業と穀物生産の研究に注力していた。この時は、数十のデータ件数でも大量だとみなされた。同じ時期に、確率についての深い基盤がコルモゴロフ（Kolmogorov）によって確立された。したがって、データが不足しているということが意味していたことは、結論を支えているのは強い仮定と、確率についての新興の理論が提供するしっかりとした数学であるということである。さらには、あまり高価でない強力なコンピュータはまだ広く使われていなかった。現在の状況は全く異なる。多くのデータが集められていて、強力でしかも簡単にプログラミングできるコンピュータが手に入る。農場で数十のデータを処理するのはもう重要な問題ではなく、1平方ミリメートルのDNAマイクロアレイ上の数百万のデータを処理することが重要な問題となってきた。このことから、統計が機械学習に後を譲ったということはできるだろうか？

　現象を特徴づけし、説明し、記述するモデルを開発することに関わってきた古典的な統計学とは対照的に、機械学習は最初から予測に関わり、通常は他のことはやらない。探索的統計学のような分野は機械学習ととても密接に関係しているが、予測をどの程度強調するかという点でそれらは区別されている。機械学習が縮小できるデータのサイズを考えると、このことはある意味避けることはできないのである。言い方を変えると、機械学習は100万の列がある表を100列にまで濃縮するが、それでも100列のデータを意味深く解釈することができるだろうか？　古典的な統計学では、データがずっと小さいスケールだったので、このことは問題にならなかった。数学的モデル、通常は正規分布を観測データに当てはめるのが統計では普通であったが、機械学習では複雑なデータ構造の上にモデルを構築し、閉じた形の解がないような非線形最適化問題を利用する。よく言われることは、統計学とはデータと分析理論であり、機械学習とはデータと計算可能な構造である。このことから、機械学習は完全にアドホックなものであり、根底となる理論がないかのように見えるかもしれない。しかしそうではなく、機械学習も統計学も多くの同じ理論的結果を共有している。対比のため、具体的な問題を見てみよう。

　壺の中の玉という古典的な問題を考えよう（**図4.5**参照）。赤と青の玉の入った壺があり、壺から5つの玉を取り出し、それぞれの玉の色を記録し、壺の中の赤と青の玉の数の比率を決定しようとする。前節でこの問題を扱うための統計的手法はすでに学んだ。では、この問題を少し一般化しよう。壺には白い玉だけが入っていて、目標となる未知の関数fが選ばれた玉をそれぞれ

図4.5 古典的な統計学の問題。標本を観測し、壺の中のモデルを作る。（口絵参照）

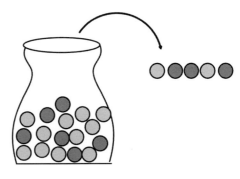

図4.6 機械学習の問題では、玉を彩色する関数を求めたい。（口絵参照）

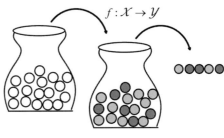

図4.7 難しい問題として、もとの問題では存在しなかった色に彩色された玉を見るかもしれない。（口絵参照）

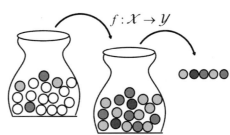

赤か青に塗ることとする（**図4.6**参照）。観測された赤と青の玉からこの関数fを予測するのが機械学習である。いまのところ、これは統計学の問題とあまり変わらないように思えるかもしれない。しかし、今度は関数fの推定値$\hat{f}$を使って、他の壺から出てくるいくつかの玉を予測したい。その壺にはすでに赤と青の玉が入っているものとする。すると、関数fを適用することは、訓練データに含まれなかった紫の玉が出てくるかもしれない（**図4.7**参照）。では、何ができるだろうか？　ここでは統計学の一部ではない手法を使って、機械学習が立ち向かうべき問題の表面だけを扱った。

4.3.1　機械学習理論への入門

形式化して例を示してから先に進むこととする。未知の目標関数$f: \mathcal{X} \mapsto \mathcal{Y}$を定義する。訓練集合は$\{(x, y)\}$という形式で、関数の入力と出力として見るものとする。仮説集合$\mathcal{H}$は、fについてのすべての推測の集合を意味する。この集合から最終的な推定$\hat{f}$を選ぶことになる。機械学習の問題とは、訓練集合を使ってどのようにして最良の要素を仮説集合から取り出すかというこ

216 ●第4章　機械学習●

とである。以下のコードに示す具体的な例を考えてみよう。コードに示すように、$\mathcal{X}$ はすべての3ビットベクトルから構成される $\mathcal{X} = \{000, 001, \ldots, 111\}$ とする。

```
>>> import pandas as pd
>>> import numpy as np
>>> from pandas import DataFrame
>>> df=DataFrame(index=pd.Index(['{0:04b}'.format(i) for i in range(2**4)],
...                             dtype='str',
...                             name='x'),columns=['f'])
```

> **プログラミングの　コツ**
>
> 上記の文字列の指定では、Python の発展的な文字列フォーマッティングミニ言語を使っている。この例では、整数は 4 文字の二進数表現（04b）という固定幅に変換される。

次に、以下の目標とする関数 f は、二進数表現で 0 になる桁の数の方が 1 になる桁より多いかを検査するものとする。もしそうならばこの関数は 1 を出力し、それ以外は 0 を出力する（すなわち、$\mathcal{Y} = \{0, 1\}$）。

```
>>> df.f=np.array(df.index.map(lambda i:i.count('0'))
...                      > df.index.map(lambda i:i.count('1')),dtype=int)
>>> df.head(8) # 上半分のみを表示
      f
x
0000  1
0001  1
0010  1
0011  0
0100  1
0101  0
0110  0
0111  0
```

この問題の仮説集合はすべての $\mathcal{X}$ の関数である。集合 $\mathcal{D}$ がすべてのありうる入力・出力の組を表すとする。対応する仮説集合 $\mathcal{H}$ は 2^{16} 個の要素を持ち、その 1 つが f に一致する。仮説集合に 2^{16} 個の要素があるという理由は、入力には 16 個の要素があり、それぞれの入力について対応して 0 と 1 の値が考えられるからである。よって、仮説集合の大きさは $2 \times 2 \times \cdots \times 2 = 2^{16}$ となる。ここで、訓練集合は最初の 8 個の入力・出力対から構成されるとして、目標は訓練集合（$E_{in}(\hat{f})$）における誤差を最小化することである。訓練集合について f と完全に一致するのは、仮説集合の要素としては 2^8 個ある。しかし、この 2^8 からどうやって選ぶのだろうか？　ここで先に進めなくなってしまう。前に進むためには問題からもう 1 つの要素を取り出さなければならない。我々がさらに仮定しなければならないのは、訓練集合（標本内データ）はさらに大きな母集団（標本外データ）からの無作為抽出であり、その母集団は最終的に $\hat{f}$ が予測するものと一致

しなければならないということだ。言い換えると、標本内と標本外の両データに安定した確率的構造を仮定している。これは重要な前提である！

　この前提から導かれる少しわかりづらい事実がある。どんなものであれ機械学習の手法が1つ採用されたら、それが機能し続けるためには、学習しようとしているデータ環境を乱してはならない、ということだ。違う言い方をすると、もし手法が継続して訓練されないのならば、訓練をするデータを生成する環境を変えることにより前提を崩してはならない。たとえば、病院での再入院を季節的な天候と患者の健康状態から予測するモデルを開発したとしよう。モデルがとても効果的だったので、次の6ヶ月間病院は、患者の健康状態を向上するような介入をして再入院を防止する。モデルが季節的な天候を変えることはないのは明らかだが、病院はモデルを使って患者の健康状態を変えてしまったので、モデルを作った訓練データはもう将来の患者の健康状態とは整合性を持たない。したがって、このモデルがこの先も機能し続けると思う根拠はほとんどない。

　例に戻ると、$\mathcal{X}$の最初の8要素は最後の8個と比べて2倍の確からしさであるとする。以下のコードでは、分布に従って$\mathcal{X}$から要素を生成する関数を示す。

```
>>> np.random.seed(12)
>>> def get_sample(n=1):
...     if n==1:
...         return '{0:04b}'.format(np.random.choice(range(8)*2+range(8,16)))
...     else:
...         return [get_sample(1) for _ in range(n)]
...
```

プログラミングの **コツ**

無作為標本を返す関数は Numpy の np.random.choice 関数を使っている。これは与えられた iterable から復元抽出により標本を取り出す。最初の8個の数字を他より2倍出やすくするため、iterable 内で range(8)*2 によりそれらを繰り返している。Python のリストに整数を掛け算するのは、リストを複製して与えられた整数回繰り返すことを意味する、ということを思い出してほしい。Numpy の配列のように要素毎の掛け算をするわけではない。もし最初の8つを10倍出やすくしたいなら、range(8)*10 を使うことができる。これは少ししかコードを必要としない単純だが強力なテクニックである。np.random.choice の p キーワード引数は、もっと複雑な分布を明示的に指定できる方法である。

次のコードでは標本データに関数fの定義を適用して、8つの要素からなる訓練集合を生成する。

```
>>> train=df.f.ix[get_sample(8)]  # 8要素の訓練セット
>>> train.index.unique().shape     # ユニークな要素を計数
(6,)
```

218 　●第 4 章　機械学習●

8 つの要素があるといっても、これらは背景となる確率に従って取り出されたものなので、冗長性があることに注意すべきである。そうでなければ、もし 16 個の異なる要素を取得すれば、f の完全な仕様を含む訓練集合を手に入れ、どの $h \in \mathcal{H}$ を選ぶべきかわかってしまうからだ！　しかし、このことは、最終的にどのように機能するかについての手がかりを教えてくれる。訓練集合の要素群が与えられたとして、完全に一致する仮説集合の要素を考えてみよう。どうやってそのようなものを選ぶのか？　答えはそんなことはどうでもよいということだ！　なぜだろうか？　それは、同じ確率が決定された環境で予測が行われるという仮定の下では、訓練集合の外から取り出すことは、訓練集合の中から取り出すことと同様に確からしいからだ。訓練集合のサイズがここでは鍵になる。訓練集合が大きくなるほど、現実のデータがそこから漏れる可能性は低くなるし、f が良い結果を出せるようになる[‡1]。以下に示すコードは、すべてのありうるデータのコンテキストでの訓練集合の要素を表示する。

```
>>> df[ 'fhat ']=df.f.ix[train.index.unique()]
>>> df.fhat
x
0000    NaN
0001    NaN
0010    1
0011    0
0100    1
0101    NaN
0110    0
0111    NaN
1000    1
1001    0
1010    NaN
1011    NaN
1100    NaN
1101    NaN
1110    NaN
1111    NaN
Name: fhat, dtype: float64
```

NaN という記号があるが、これは訓練集合が値を持たないところである。確定性のため、これらを 0 で埋めることとする。それが訓練集合で決定されたものでない限りは、好きなものでそれらを埋めることができる。

```
>>> df.fhat.fillna(0,inplace=True)  # fhat の最終仕様
```

これをデプロイしたつもりになって、テストデータを生成してみよう。

```
>>> test= df.f.ix[get_sample(50)]
>>> (df.ix[test.index][ 'fhat '] != test).mean()
0.17999999999999999
```

[‡1]［原書注］　これは設定した仮説が全体の訓練セット（この事例のための）を捉えるのに十分な大きさであることを前提としている。この後、より大きな汎化性におけるトレードオフについて説明する。

この結果は、データを生成する確率的な機構が与えられたときの誤差率を示す。以下に示す Pandas 技は、すべての考えられるデータのコンテクストにおいて、訓練集合とテスト集合の重なりを比較する。NaN 値は訓練データに含まれていないテストデータを意味する行である。このような値にはメソッドは 0 を返すことを思い出してほしい。見ての通り、これはうまくいくこともあるが、うまくいかないこともある。

```
>>> pd.concat([test.groupby(level=0).mean(),
...            train.groupby(level=0).mean()],
...           axis=1,
...           keys=[ 'test ', 'train '])
       Test    train
0000     1      NaN
0001     1      NaN
0010     1      1
0011     0      0
0100     1      1
0101     0      NaN
0110     0      0
0111     0      NaN
1000     1      1
1001     0      0
1010     0      NaN
1011     0      NaN
1100     0      NaN
1101     0      NaN
1110     0      NaN
1111     0      NaN
```

テストデータと訓練データが要素を共有するところでは、それらは一致することに注意すること。テスト集合に見たことがない要素があれば、結果が一致することもしないこともある。

> **プログラミングの コツ**
>
> pd.concat 関数は、リスト内の 2 つの Series オブジェクトをつなげる。axis=1 は、2 つのオブジェクトを列方向につなげることを意味し、そこで新しくできた列には与えられたキーに応じた名前がつけられる。Series オブジェクトそれぞれでの groupby 内の level=0 は、インデックスについてのグループ化を意味する。インデックスは 4 ビットの要素を意味しており、このことにより要素は繰り返すことになる。mean という集合関数はそれぞれの 4 ビットの値に対応した計算をする。それぞれのグループ内で関数は同じ値をとり、同一値の平均はその値と同じ値になるので、mean をとることはただその値を取り出すことを意味する。

ここで、あるレベルのパフォーマンスを出すのにどの程度の訓練集合が必要かという議論をす

220 ●第4章　機械学習●

る段階になった。たとえば、誤差率が与えられたときに、平均的に標本内にいくつ必要だろうか？
この問題では、すべての可能性を網羅して標本外の誤差率を完璧にするにはどのくらい大きい
データが必要だろうかと問うこともできる。この問題では、それは63であった‡2。そのくらい
の数の標本内データを保持するところからやり直してみよう。

```
>>> train=df.f.ix[get_sample(63)]
>>> del df['fhat']
>>> df['fhat']=df.f.ix[train.index.unique()]
>>> df.fhat.fillna(0,inplace=True)  # fhatの最終仕様
>>> test= df.f.ix[get_sample(50)]
>>> (df.fhat.ix[test] != df.f.ix[test]).mean()  # 誤差率
0.0
```

注意すべきは、このさらに大きな訓練集合はより良い誤差率を達成できるが、それは訓練集合が
未知のfの複雑性をさらに良くとらえることができ、仮説集合から最良な要素を取り出せるから
だ、ということだ。この例は、訓練集合のサイズ、目標関数の複雑さ、データの確率的構造、仮
説集合のサイズの間のトレードオフを示している。

4.3.2　汎化の理論

　我々が本当に知りたいのは、手法がデプロイ後にどのようなパフォーマンスを出すかだ。ある
種のパフォーマンスが保証されていると素晴らしい。言い換えると、我々は訓練集合での誤差を
最小化するように頑張ってきたが、デプロイ後にどのような誤差が期待されるだろうか。学習で
は、標本内の誤差$E_{in}(\hat{f})$を最小化したが、それだけでは十分ではない。標本外の誤差$E_{out}(\hat{f})$
について保証したい。これが機械学習における汎化の意味である。これに関しての数学的な記述
は以下のようになる。すなわち、任意のϵとδに対し以下の式が成り立っている。

$$\mathbb{P}\left(|E_{out}(\hat{f}) - E_{in}(\hat{f})| > \epsilon\right) < \delta$$

数式を用いずに言うと、これは双方向の誤差が与えられたϵより大きくなる確率はある値δより
小さいという意味である。これは基本的に、訓練集合でのパフォーマンスがどうであれ、それは
デプロイ後の対応するパフォーマンスにとても近いであろうということだ。これは、標本内の誤
差（E_{in}）がいつも絶対的な意味でよいということを意味しているわけではないので気をつける
べきである。ただ、デプロイ後に改善を期待できないというだけである。したがって、良い汎化
とは、どのような場合もデプロイ後に驚くようなものではないし、必ずしもよいパフォーマンス
を意味しないのである。これを達成するには主に2つの手法がある——交差検定と確率不等式で
ある。まずは後者について考えよう。2つの関係した問題として、仮説集合の複雑性とデータの
確率がある。特定のデータの確率から、複雑性を含まない部分を取り出すことで、これらの2つ

---

‡2 [原書注]　これは古典的なクーポン集めの問題のちょっとした一般化である。

を分離することができる。

VC 次元 (Vapnik-Chervonenkis 次元)

まずはモデルの複雑さを数値化する手法が必要である。Wasserman[1]に従い、$\mathcal{A}$ を集合のクラスで、$F = \{x_1, x_2, \ldots, x_n\}$ を n 個のデータ点とする。そして次のように定義する。

$$N_{\mathcal{A}}(F) = \#\{F \cap A : A \in \mathcal{A}\}$$

これはつまり $\mathcal{A}$ の集合によって抽出された F の部分集合の数を数えている。集合の要素の数 (つまり基数) は $\#$ 記号で表される。たとえば、$F = \{1\}$ で $\mathcal{A} = \{(x \leq a)\}$ とする。言い換えると、$\mathcal{A}$ は a によってパラメタライズされた右側に閉じたすべての区間で構成される。この場合、F のすべての要素は $\mathcal{A}$ によって抽出されることができるので、$N_{\mathcal{A}}(F) = 1$ となる。

シャッタ係数は次のように定義される。

$$s(\mathcal{A}, n) = \max_{F \in \mathcal{F}_n} N_{\mathcal{A}}(F)$$

ここで、$\mathcal{F}$ はすべてのサイズ n の有限集合により構成されたものである。注意すべきは、これがすべての有限集合を網羅するので、特定の有限点のデータ集合を意識する必要はないことである。この定義が関係あるのが、$\mathcal{A}$ と、その集合がデータ集合からどのように要素を抽出するかである。集合 F が $\mathcal{A}$ によりシャッタされるとは、その要素がすべて抽出されることをいう。このおかげで、$\mathcal{A}$ の複雑さがどのようにデータを消費するかについての感覚が得られる。前述の例では、片側に閉じた区間は、すべての単一要素集合 $\{x_1\}$ をシャッタした。

ここで、重要な Vapnik-Chervonenkis[2] 次元 d_{VC} の定義をする。これは、$s(\mathcal{A}, n) = 2^k$ となる最大の k によって定義され、$s(\mathcal{A}, n) = 2^n$ のときは例外で、この場合は無限大と定義される。たとえば $F = \{x_1\}$ のとき、我々はすでに $\mathcal{A}$ が F をシャッタすることを見た。$F = \{x_1, x_2\}$ のときはどうであろうか。今度は 2 つの点があるので、すべての部分集合が $\mathcal{A}$ によって抜き出されるかを考えなければならない。この場合、4 つの部分集合 $\{\varnothing, \{x_1\}, \{x_2\}, \{x_1, x_2\}\}$ がある。ここで $\varnothing$ は空集合のことである。空集合は簡単に抽出できる。x_1 と x_2 の両方より小さい a を選べばよい。$x_1 < x_2$ を仮定すると、次の集合は $x_1 < a < x_2$ となるように選択すれば得ることができる。問題は、3 つ目の集合 $\{x_2\}$ を、同時に x_1 を取り出さずには取り出せないことである。つまりこれは、$n = 2$ のときに $\mathcal{A}$ を使って任意の有限集合をシャッタできないことを意味する。ゆえに、$d_{\mathrm{VC}} = 1$ となる。

ここで、次のような式は少なくとも確率 $1 - \delta$ で成り立つことがわかる。

$$E_{\mathrm{out}}(\hat{f}) \leq E_{\mathrm{in}}(\hat{f}) + \sqrt{\frac{8}{n} \ln\left(\frac{4((2n)^{d_{\mathrm{VC}}} + 1)}{\delta}\right)}$$

基本的にこれが意味しているのは、標本外での誤差の期待値は、標本内の誤差に仮説集合の複雑

222 ●第4章 機械学習●

さによるペナルティを足したものよりは悪くはならないということである。標本内の誤差は訓練
集合からくるものだが、複雑性ペナルティは仮説集合にのみ由来するものである。したがって、
我々はこれら2つを分離することができた。

　このような一般的な結果により、データの確率について気にする必要がなくなる。この結果は
確かに非常に寛容なものなのだが、一方、複雑性ペナルティがどのように標本外集合に入り込む
かを教えてくれる。つまり、$E_{out}(f)$ は仮説集合が複雑になるほど悪くなる。つまり、この汎化
境界は役に立つガイドラインであるが、$E_{out}(f)$ を正しく見積もろうとするとあまり実用的では
ない。

4.3.3　汎化と近似の複雑さについての動作例

　図4.8 の曲線は、訓練集合が与えられたときに最良の汎化を示す複雑性の最適値がどこかに存
在することを説明している。

　これらの曲線をきちんと扱うために、単純な1次元の機械学習手法を考案し、手順を踏みなが
らこのグラフを作っていく。x-y の組 $\{(x_i, y_i)\}$ により構成される訓練集合があるとする。我々の
手法では、x データを区間によってグループ分けし、y データをその区間内で平均する。新しい
x データを予測することは、そのデータがどの区間に入るかを同定し、対応する値を答えること
を意味する。言い換えると、我々は単純な一次元最近傍分類器を生成しているのである。たとえ
ば、x データが以下のとおりであるとする。

```
>>> train=DataFrame(columns=['x','y'])
>>> train['x']=np.sort(np.random.choice(range(2**10),size=90))
>>> train.x.head(10)  # 10個の要素の先頭
0     15
1     30
2     45
3     65
4     76
5     82
6    115
7    145
8    147
9    158
Name: x, dtype: int32
```

この例では、10 ビットの整数乱数の集合を使った。これをたとえば、10 個の区間にグループ分
けするには、次に示すように単純に Numpy の reshape を使えばよい。

図4.8 理想的な状況では、どこかに複雑性と誤差のトレードオフを示す最適なモデルが存在する。それが縦の線で示されている。

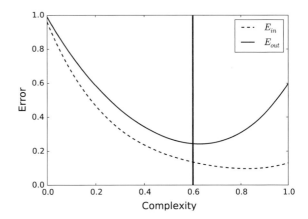

```
>>> train.x.reshape(10,-1)
array([[ 15,  30,  45,  65,  76,  82, 115, 145, 147],
       [158, 165, 174, 175, 181, 209, 215, 217, 232],
       [233, 261, 271, 276, 284, 296, 318, 350, 376],
       [384, 407, 410, 413, 452, 464, 472, 511, 522],
       [525, 527, 531, 534, 544, 545, 548, 567, 567],
       [584, 588, 610, 610, 641, 645, 648, 659, 667],
       [676, 683, 684, 697, 701, 703, 733, 736, 750],
       [754, 755, 772, 776, 790, 794, 798, 804, 830],
       [831, 834, 861, 883, 910, 910, 911, 911, 937],
       [943, 946, 947, 955, 962, 962, 984, 989, 998]])
```

ここで、それぞれの行はグループを示す。各グループの範囲（つまり区間の長さ）は、あらかじめ決められておらず、それも訓練データから学んでいく。この例では、yの値はxの値の二進数表現での1の数に対応している。そのような目標関数は次のコードによって定義される。

```
>>> f_target=np.vectorize(lambda i:sum(map(int,i)))
```

> **プログラミングのコツ**
>
> 上記の関数は`np.vectorize`を使っているが、これはNumpyの便利な関数で、素のPythonの関数をNumpyバージョンに変換する。このことはつまり、ループに関するセマンティクスを追加し、Numpyの配列や関数と使うことを容易にする。

次にすべての x データの二進数表現を作り、訓練集合の y の値を設定する。

```
>>> train['xb']= train.x.map('{0:010b}'.format)
>>> train.y=train.xb.map(f_target)
>>> train.head(5)
    x  y         xb
0  15  4  0000001111
1  30  4  0000011110
2  45  4  0000101101
3  65  2  0001000001
4  76  3  0001001100
```

このデータで学習するには、指定した量によってグループ化し、y データの平均をそれぞれの
グループでとればよい。

```
>>> train.y.reshape(10,-1).mean(axis=1)
array([ 3.55555556,  4.88888889,  4.44444444,  4.88888889,  4.11111111,
        4.        ,  6.        ,  5.11111111,  6.44444444,  6.66666667])
```

この axis=1 というキーワード付き引数は列方向の平均を意味する。とりあえずはこれで訓練
集合を定義できる。この手法で予測を行うには、各グループの境界値を抽出し、y の値について
計算したグループごとの平均で埋める必要がある。以下のコードにより各グループの境界値を取
得できる。

```
>>> le,re=train.x.reshape(10,-1)[:,[0,-1]].T
>>> print le # グループの左端
[ 15 158 233 384 525 584 676 754 831 943]
>>> print re # グループの右端
[147 232 376 522 567 667 750 830 937 998]
```

次にグループごとの平均値をとり、その値を両端に割り当てる。

```
>>> val = train.y.reshape(10,-1).mean(axis=1).round()
>>> func = pd.Series(index=range(1024))
>>> func[le]=val      # 左端に値を代入
>>> func[re]=val      # 右端に値を代入
>>> func.iloc[0]=0    # 値が存在しない場合デフォルトを0
>>> func.iloc[-1]=0   # 値が存在しない場合デフォルトを0
>>> func.head()
0      0
1    NaN
2    NaN
3    NaN
4    NaN
dtype: float64
```

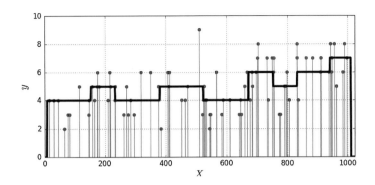

図4.9 縦の線は訓練データを意味し、太実線は訓練データから学習した近似値である。

Pandas の Series オブジェクトは、値が割り当てられてないところに自動で NaN を埋めることに注意すること。したがって、今のところグループの両端に値を埋めただけである。ここで、その間の値も埋める必要がある。

```
>>> fi=func.interpolate('nearest')
>>> fi.head()
0    0
1    0
2    0
3    0
4    0
dtype: float64
```

Series オブジェクトの interpolate メソッドは多くの種類の補間手法を適用できるが、ここでは区間ごとの近似のため単純な最近傍法しか必要としない。**図4.9** は我々が作った訓練データではそれがどうなるかを示している。

ここで、すべての工程を終了すると、機械学習の手法に対応する曲線を描くことができる。訓練データを交差検定（後に説明する）のために分割するのではなく、次のように訓練データと同じ仕組みでテストデータをシミュレートすることができる。

```
>>> test=pd.DataFrame(columns=['x','xb','y'])
>>> test['x']=np.random.choice(range(2**10),size=500)
>>> test.xb= test.x.map('{0:010b}'.format)
>>> test.y=test.xb.map(f_target)
>>> test.sort(columns=['x'],inplace=True)
```

曲線はそれぞれ訓練データとテストデータの誤差を示している。誤差の基準としては、次の式で示される平均二乗誤差を使った。

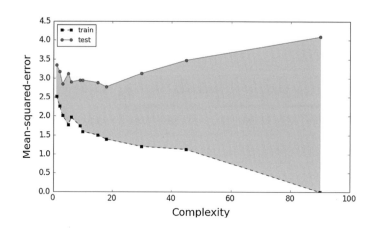

図4.10 点線は訓練集合の平均二乗誤差を表し、もう一方の線はテストデータの平均二乗誤差を表している。影をつけた領域がこの手法の複雑性ペナルティである。手法の複雑性が増加すれば、訓練誤差が減少し、手法がデータを記憶することに注意するべきである。しかしながら、このような訓練誤差の改善は、テスト誤差の増大という犠牲のもとに成り立っている。

$$E_{\text{out}} = \frac{1}{n}\sum_{i=1}^{n}(\hat{f}(x_i) - y_i)^2$$

ここで、$\{x_i, y_i\}_{i=1}^{n}$ はテストデータである。標本内での誤差（E_{in}）は、標本内データであること以外は同じように定義される。この例では、各グループの大きさは d_{VC} に比例する。つまり、グループを多く選べば、当てはめによる複雑性が大きくなる。ここまでで、複雑性と誤差のトレードオフを理解するための要素をすべて示した。

図4.10 は1次元のクラスタリング手法の曲線を表している。点線が訓練集合の平均二乗誤差を表し、もう1つの線がテストデータの平均二乗誤差を表している。影をつけた領域がこの手法の複雑性ペナルティである。十分な複雑性があれば、手法は訓練データを正確に記憶することができ、テスト誤差（E_{out}）がペナルティになるだけである。この効果は、まさにVapnik-Chervonenkis理論が言っていることである。横方向の軸がVC次元に比例している。本事例では、複雑性は区間分割のときの区間数に帰着される。右端では、データ集合の要素数と同じだけの区間を用意することができ、その場合すべての要素は専用の区間に入れられる。したがって、区間内のデータ値の平均は、その対応するデータyの値そのものになる。これは区間内に他にデータがないからである。この節に対応する、Jupyter/IPython Notebookには曲線を生成するコードが含まれているので、データ集合の大きさを変えてみれば、その曲線がどのように変化するかを確認できる。

この問題の締めくくりとして、学習手法のパフォーマンスを可視化する方法が他にもあることに触れておく。この問題は複数クラス同定問題とも言える。10ビットの整数が与えられたとき、二進数表記での1の数はクラス群 $\{0, 1, \ldots, 10\}$ のいずれかである。モデルの出力は、それぞれ

のクラスに整数を割り当てようとする。これがどのくらいうまくいっているかは、以下のコードブロックに示すように混同行列によって可視化される。

```
>>> from sklearn.metrics import confusion_matrix
>>> cmx=confusion_matrix(test.y.values,fi[test.x].values)
>>> print cmx
[[ 1  0  0  0  0  0  0  0  0  0]
 [ 1  0  1  0  1  1  0  0  0  0]
 [ 0  0  3  9  7  4  0  0  0  5]
 [ 1  0  3 23 19  6  6  0  2  0]
 [ 0  0  1 26 27 14 27  2  2  0]
 [ 0  0  3 15 31 28 30  8  1  0]
 [ 0  0  1  8 18 20 25 23  2  2]
 [ 1  0  1 10  5 13  7 19  3  6]
 [ 4  0  1  2  0  2  2  7  4  3]
 [ 2  0  0  0  0  1  0  0  0  0]]
```

この 10×10 行列の行はどのクラスが正しいかを示し、各列はモデルが予測したクラスを意味する。行列内の数は、何回関連付けが行われたかを示す。たとえば最初の行は、テスト集合に1が1つもないようなエントリ（つまり0）が1つだけ存在することを意味し、しかもそれが正しく分類された（つまり、それは最初の行の最初の列）ことを意味する。2行目では、二進数表記で1の数が1であるようなテスト集合では、4つのエントリがあることを示している。これは間違って分類されており、0クラス（つまり1列目）に1回、2クラス（つまり3列目）に1回、4クラス（つまり5列目）に1回、5クラス（つまり6列目）に1回分類されている。この行の2列目が0であるので、これは正しく分類されていない。つまり、対角成分が正しく分類された回数を意味することになる。

この行列を使って、仮説検定のところで説明したように、正しく認識される確率を推定することができる。

```
>>> print cmx.diagonal()/cmx.sum(axis=1)
[ 1.          0.          0.10714286  0.38333333  0.27272727  0.24137931
  0.25252525  0.29230769  0.16        0.        ]
```

つまり、最初の要素は0が正しいときに0が検出される確率であり、2つ目の要素は1が正しいときに1が検出される確率であり、以下同様である。同様に以下のようにして各クラスについて誤警報率を計算することができる。

```
>>> print (cmx.sum(axis=0) - cmx.diagonal())/(cmx.sum()-cmx.sum(axis=1))
[ 0.01803607  0.          0.02330508  0.15909091  0.20199501  0.15885417
  0.17955112  0.09195402  0.02105263  0.03219316]
```

228 ●第4章　機械学習●

> **プログラミングの　コツ**
>
> Numpy の sum 関数は、特定の座標軸についての和をとるか、もしくは軸が指定されていないときには配列のすべての和をとる。

本事例では、最初の要素は他のクラスが正しいのに 0 が選択される確率を示し、2つ目の要素は他のクラスが正しいのに 1 が選択される確率を示し、以下同様である。まともな分類器では、真の検出確率が誤警報率より大きくなってほしい。さもないと、分類器はコイン投げより良くならないからだ。この本の執筆の時点では、Scikit-learn はこの種の複数クラス分類タスクについて限られたツールしか提供していないので、注意が必要である。

　学習アルゴリズムの視点からこの問題で残された特徴は、目標変数 y を計算するのに使われた各要素の二進数表現を与えてない点である。その代わりに、10 ビットの数の整数値を使っただけで、本質的には y の値を生成する仕組みを隠したのである。言い換えると、入力空間 $\mathcal{X}$ から $\mathcal{Y}$ への未知の変換が与えられて、それを学習アルゴリズムは克服しなければならないが、少なくとも訓練データを記憶しなければ克服できないのである。このような知識の不足はすべての機械学習アルゴリズムで重要な問題であり、このような様式的な例によってそのことを明らかにしてきた。このことが意味するのは、ある1つまたは複数の変換 $\mathcal{X} \rightarrow \mathcal{X}'$ が存在して、それを使わないよりは良い汎化と近似のトレードオフをもたらしつつ、学習アルゴリズムがその変換後の空間をうまく飼いならすことができるということである。そのような変換を見つけることを、フィーチャーエンジニアリングと呼ぶ。

4.3.4　交差検定

　前節では、機械学習の複雑性の問題を理解するために様式的な機械学習の例を見てきた。しかしながら、標本外の誤差を見積もるために、単純にもっと人工的なデータを生成する。現実の問題ではこのようなことはできないので、訓練集合そのものから誤差を見積もらなければならない。これは交差検定（クロスバリデーション）によってなされる。交差検定の一番簡単な形は、k 分割評価である。たとえば、$K = 3$ とすると、訓練データは3つの断片に分割され、3つの断片のそれぞれがテストに使われ、残りの2つが訓練に使われる。これは Scikit-learn では以下のように実装される。

```
>>> import numpy as np
>>> from sklearn.cross_validation import KFold
>>> data =np.array(['a',]*3+['b',]*3+['c',]*3) # 例
>>> print data
['a' 'a' 'a' 'b' 'b' 'b' 'c' 'c' 'c']
>>> for train_idx,test_idx in KFold(len(data),3):
...     print train_idx,test_idx
...
[3 4 5 6 7 8] [0 1 2]
[0 1 2 6 7 8] [3 4 5]
[0 1 2 3 4 5] [6 7 8]
```

上記のコードでは、標本となるデータ配列を作り、KFold がどのようにインデックスを訓練用とテスト用に分割するかを見た。訓練用とテスト用のインデックスをまたがって見て、各行には重複要素はないことに注意すべきである。各カテゴリのデータ集合の要素を確認するには、各インデックスを以下のように使う。

```
>>> for train_idx,test_idx in KFold(len(data),3):
...     print 'training ', data[ train_idx ]
...     print 'testing ' , data[ test_idx ]
...
training ['b' 'b' 'b' 'c' 'c' 'c']
testing ['a' 'a' 'a']
training ['a' 'a' 'a' 'c' 'c' 'c']
testing ['b' 'b' 'b']
training ['a' 'a' 'a' 'b' 'b' 'b']
testing ['c' 'c' 'c']
```

これを見ると、それぞれのグループが訓練用／テスト用として順番に使われていることがわかる。shuffle キーワードが与えられなければ、データがランダムシャッフルされることはない。テスト集合の誤差は交差検定誤差と呼ぶ。ここでのアイデアは、複雑性の様々なモデルを前提として、交差検定誤差が一番良い物を選ぶということである。たとえば、次のようなサイン波のデータがあるとする。

```
>>> xi = np.linspace(0,1,30)
>>> yi = np.sin(2*np.pi*xi)
```

そして、これに昇順次数の多項式に当てはめたいとする。

図 4.11 は各パネルがそれぞれの分割を示す。丸は訓練データを表す。斜め線は適合した多項式を示す。グレーの影の部分は当てはめた多項式とテストデータの間の誤差を意味する。グレーの部分が大きくなれば交差検定誤差が大きくなるが、そのことは各フレームのタイトルを見ればわかる。

最後の3つの図を見てそれぞれ交差検定誤差の平均をとり、平均誤差が一番小さいのが勝者である。つまり、データ集合が1つ与えられた時に、最も良い複雑性のモデルが決定されれば、交差検定を使えばまだ見ぬ標本外データについて何かを知ることができる。この上記の図を作る過

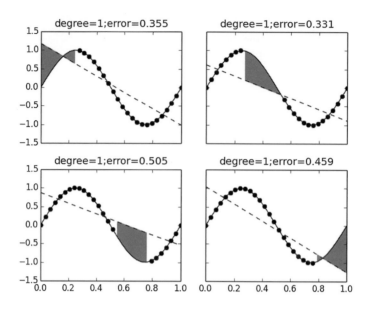

図4.11 これは線形モデルについて分割と誤差を示している。影のついた部分は各テスト集合での線形モデルの誤差 (つまり交差検定のスコア) を示している。

程のすべては、`cross_val_score` を使うことで可能であり、以下に線形回帰についてそれを示す (図 4.11 の各パネルのタイトルの値と、この出力を比べること)。

```
>>> from sklearn.metrics import  make_scorer, mean_squared_error
>>> from sklearn.cross_validation import cross_val_score
>>> from sklearn.linear_model import LinearRegression
>>> Xi = xi.reshape(-1,1)  # 列の幅に再度適合
>>> Yi = yi.reshape(-1,1)
>>> lf = LinearRegression()
>>> scores = cross_val_score(lf,Xi,Yi,cv=4,
...                          scoring=make_scorer(mean_squared_error))
>>> print scores
[ 0.3554451   0.33131438  0.50454257  0.45905672]
```

> **プログラミングのコツ**
>
> `make_scorer` 関数は、与えられた評価値の出力から `cross_val_score` でスコアを計算するためのラッパー関数である。

この手順はパイプライン (`Pipeline`) を使って、以下のようにさらに自動化できる。

```
>>> from sklearn.pipeline import Pipeline
>>> from sklearn.preprocessing import PolynomialFeatures
>>> polyfitter = Pipeline([('poly', PolynomialFeatures(degree=3)),
...                         ('linear', LinearRegression())])
>>> polyfitter.get_params()
{'linear': LinearRegression(copy_X=True, fit_intercept=True, normalize=False),
'linear__copy_X': True,
'linear__fit_intercept': True,
'linear__normalize': False,
'poly': PolynomialFeatures(degree=3, include_bias=True, interaction_only=False),
'poly__degree ': 3,
'poly__include_bias ': True,
'poly__interaction_only ': False}
```

Pipeline オブジェクトは標準的なステップを積み上げて 1 つの大きな分類器を作る手法であ
り、それぞれの通常の fit と predict のインタフェースを利用する。get_params 関数の出
力はすでに図 4.11 で繰り返しに使った多項式の次数などを含む。これらの名前付きパラメー
タは次のコードブロックで使う。これを polyfitter 予測器を使って自動的に行うために、格
子探索（グリッドサーチ）交差検定のオブジェクト、GridSearchCV が必要になる。次のステッ
プは以下のように、これを使ってパラメータの格子を作り、その上で繰り返しができるようにす
ることである。

```
>>> from sklearn.grid_search import GridSearchCV
>>> gs=GridSearchCV(polyfitter,{'poly__degree':[1,2,3]},cv=4)
```

gs オブジェクトは、4 分割交差検定 cv=4 を使って、以前我々が手動で行ったように多項式の
次数についてのループを 3 次まで行う。poly__degree という項目は、前述の get_param の
呼び出しで得られたものである。次に fit メソッドを訓練データに適用する。

```
>>> _=gs.fit(Xi,Yi)
>>> gs.grid_scores_
[mean: -3.48744, std: 2.51765, params: {'poly__degree': 1},
 mean: -36.06830, std: 28.84096, params: {'poly__degree': 2},
 mean: -0.07906, std: 0.95040, params: {'poly__degree': 3}]
```

ここで示されたスコアは（たとえば多項式の次数などの）それぞれのパラメータについての、4
分割交差検定のスコアに対応している。ここでは高いスコアのほうが良いことに注意すべきであ
り、以前観測したように 3 次多項式が一番良いということがわかる。このケースではスコア付け
にデフォルトの R^2 メトリックが使われていて、これは最小二乗誤差とは異なる。このパイプラ
インの 2 次式での当てはめの結果は**図 4.12** に示してあり、3 次式については**図 4.13** に示してある。
この値は、scoring=make_scorer(mean_squared_error) キーワード引数を GridSearchCV
に渡すことで変わってくる。また、すべての格子点について評価するのではなく、入力された確
率分布に応じて無作為に格子点を抽出する RandomizedSearchCV というのもある。これはハ
イパーパラメータの数が多いときにとても便利である。

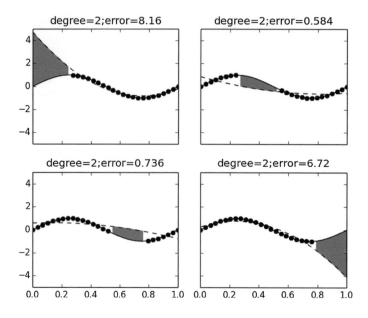

図4.12 これは図4.10や図4.11と同様に分割と誤差を表している。2次のモデルについて、影をつけた領域がそれぞれのテスト集合での誤差である。

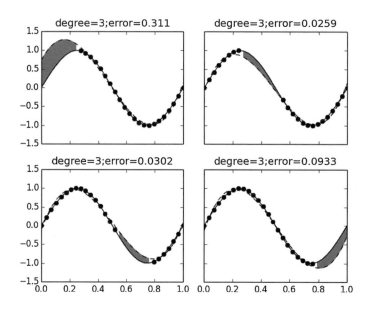

図4.13 これは分割と誤差を表している。3次のモデルについて、影をつけた領域がそれぞれのテスト集合での誤差である。

4.3.5 バイアスとバリアンス

　今までのところ、我々は標本内と標本外という視点から平均誤差を考えてきたが、これは特定のデータ集合に依存する。ここで必要になるのは、考えられるすべての訓練データという概念であり、そのなかで予測器$\hat{f}$のパフォーマンスをとらえたい。たとえば、究極的な予測器$\hat{f}$が特定の訓練データ集合（$\mathcal{D}$）から導かれるものとして、そのため$\hat{f}_\mathcal{D}$と書くことにする。このことにより標本外誤差が明示的$E_{\mathrm{out}}(\hat{f}_\mathcal{D})$にで示される。特定のデータ集合への依存をなくすためには、すべての訓練データについての期待値を計算しなければならない。

$$\mathbb{E}_\mathcal{D} E_{\mathrm{out}}(\hat{f}_\mathcal{D}) = \mathrm{bias} + \mathrm{var}$$

ここで、

$$\mathrm{bias}(x) = (\overline{\hat{f}}(x) - f(x))^2$$

かつ、

$$\mathrm{var}(x) = \mathbb{E}_\mathcal{D}(\hat{f}_\mathcal{D}(x) - \overline{\hat{f}}(x))^2$$

であり、$\overline{\hat{f}}$はすべてのデータ集合についての予測器の平均である。そのような平均は、特定の訓練データ集合について得られる予測器であることを意味していない。任意の点xについて、予測器の値の平均値が$\overline{\hat{f}}(x)$であるということ意味しているだけである。したがってバイアス（bias）が意味するのは、もし学習手法に対してすべてのデータが現れたとしても、この値は目標関数からの差異があるということである。一方で var は最終的な仮説のバリアンス（ばらつき）を意味し、訓練データの集合に依存し、目標関数には関係しない。したがって、近似と汎化の力関係はこれらの2つの項によって理解される。たとえば、仮に仮説が1つしかないと仮定しよう。このとき var=0 となるが、これは学習手法は訓練データによらず必ず唯一の仮説を選択するため、どのような訓練データの集合に対しても変化がないからである。この場合には、バイアスはとても大きくなる。なぜなら、訓練手法が訓練データに応じて仮説を変更することができず、つねに一つの仮説だけを選ぶからである。

　これを具体化する例を作ってみよう。仮説集合が、切片項のないすべての線形回帰$h(x) = ax$で構成されているとしよう。訓練データは2点$\{(x_i, \sin(\pi x_i))\}_{i=1}^2$だけをもつものとする。ここで$x_i$は区間$[-1, 1]$から等確率に抽出されるものとする。線形回帰についての3.7節から、aの解は以下のようになる。

$$a = \frac{\mathbf{x}^T\mathbf{y}}{\mathbf{x}^T\mathbf{x}} \tag{4.3.5.1}$$

ここで$\mathbf{x} = [x_1, x_2]$であり、$\mathbf{y} = [y_1, y_2]$である。$\overline{\hat{f}}(x)$は、固定されたxについて考えうる訓練データの集合すべてについての解を意味する。以下のコードで、訓練データの生成のしかたを示す。

図4.14 この図で示された2点で構成される訓練集合については、仮説集合 h(x) = ax の中ではこの直線が最良の当てはめである。

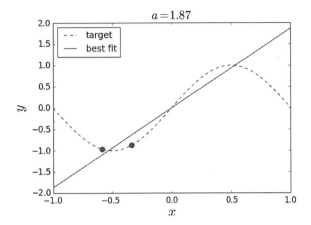

```
>>> from scipy import stats
>>> def gen_sindata(n=2):
...     x=stats.uniform(-1,1)  # 確率変数を定義
...     v = x.rvs((n,1))       # 標本を生成
...     y = np.sin(np.pi*v)    # サイン用に標本を使用
...     return (v,y)
...
```

Scikit-learn の LinearRegression オブジェクトをもう一度使って、パラメータ a を計算できる。デフォルトの切片の自動適合を抑制するために、fit_intercept=False というキーワード設定が必要であることに気をつけなければならない（**図4.14**）。

```
>>> lr = LinearRegression(fit_intercept=False)
>>> lr.fit(*gen_sindata(2))
LinearRegression(copy_X=True, fit_intercept=False, normalize=False)
>>> lr.coef_
array([[ 2.0570357]])
```

> **プログラミングのコツ**
>
> gen_sindata がタプルを返すように設計したので、lr.fit(*gen_sindata()) のなかでは Python 関数の自動アンパッキング機能を使っている。つまり、アスタリスク記法は、gen_sindata の出力を lr.fit に使う際に分割して割り当てる必要がないということである。

このケースでは、$\overline{f}(x) = \overline{a}x$ であり、ここで $\overline{a}$ はすべての考えられる訓練データについてのパラメータの期待値である。確率の知識を使えば、これを次のように明示的に書くことができる。

$$\overline{a} = \mathbb{E}\left(\frac{x_1 \sin(\pi x_1) + x_2 \sin(\pi x_2)}{x_1^2 + x_2^2}\right)$$

ここで式 4.3.5.1 に示したように、$\mathbf{x} = [x_1, x_2]$ であり、$\mathbf{y} = [\sin(\pi x_1), \sin(\pi x_2)]$ である。この期待値を解析的に解くのは難しいが、しかし、この特殊な状況では $\overline{a} \approx 1.43$ とわかる。シミュレーションによりこの値を得るには、次に示すように処理についてのループを実行して出力を集め平均を取ればよい。

```
>>> a_out=[]  # 出力内容
>>> for i in range(100):
...     _=lr.fit(*gen_sindata(2))
...     a_out.append(lr.coef_[0,0])
...
>>> np.mean(a_out)  # およそ 1.43
1.3753786877340366
```

ここでは目的の値にもっと近づきたければ繰り返しを増やさなければならない。var には a のバリアンスが必要になる。

$$\mathrm{var}(x) = \mathbb{E}((a - \overline{a})x)^2 = x^2 \mathbb{E}(a - \overline{a})^2 \approx 0.71 x^2$$

bias は次のようになる。

$$\mathrm{bias}(x) = (\sin(\pi x) - \overline{a} x)^2$$

図 4.15 はこの問題の bias、var、最小二乗誤差（MSE）を示している。ここで特筆すべきは、$x = 0$ で bias も var も 0 になっていることである。なぜなら、この点ではすべての仮説はこの値と一致するので、学習手法はこのような正確性以外とりえないのである。同様に var も 0 になるのは、$h(x) = ax$ は必ず原点を通るので、訓練データのすべてのペアはすべて原点を通って当てはめられるからである。誤差は両端で悪くなる。統計の章で考察したように、これらの点は仮説モデルに対して最もレベレッジが効いているため、誤差が最悪になる。端での誤差を軽減す

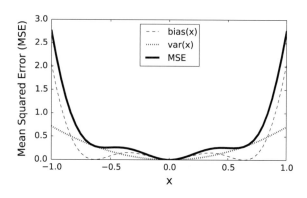

図4.15 これらの曲線は、平均二乗誤差を、それを構成するバイアスとバリアンスに分離する。

236 ●第 4 章　機械学習 ●

るためには、端のほうでの点を訓練データとして正しく得られるかどうかにかかっている。特定のデータ集合への感度はこの振る舞いのなかに反映されている。

　訓練データに 2 つより多い点があればどうなるであろうか？　bias と var には何が起こるだろうか？　大きく他と異なる訓練データを生成することが困難になってくるので、間違いなくvar は小さくなる。点が増えるということは区間内のサイン関数の近似は良くなるので、bias も小さくなる。仮説集合をもっと複雑な多項式を含むように変えたらどうなるだろうか？　この章で先に多項式回帰で見たように、ここでも同じような効果を見ることができるが、誤差の絶対値は比較的小さくなるし、端点で誤差が多い現象は同じである。対応する IPython/Jupyter Notebook にそのソースコードを示してあるので、これらの考えを自分で確認するときに利用するとよい。

4.3.6　学習ノイズ

　今までのところ、学習の解析でノイズの効果を考えてこなかった。以下の例はそれを解決するだろう。次のような目標関数があるとしよう。

$$y(\mathbf{x}) = \mathbf{w}_o^T \mathbf{x} + \eta$$

ここで、$\eta \sim \mathcal{N}(0, \sigma^2)$ は加算によるノイズ項であり、$\mathbf{w}, \mathbf{x} \in \mathbb{R}^d$ である。さらに、y には n 回の測定がある。つまり、訓練集合は $\{(\mathbf{x}_i, y_i)\}_{i=1}^n$ で構成される。測定を積み重ねてベクトル形式にすると次のようになる。

$$\mathbf{y} = \mathbf{X}\mathbf{w}_o + \boldsymbol{\eta}$$

ここで、$\mathbf{y} \in \mathbb{R}^n$、$\mathbf{w}_o \in \mathbb{R}^d$ であり、$\mathbf{X}$ は $\mathbf{x}_i$ を列として包含している。仮説集合は次で示すような線形モデルで構成される。

$$h(\mathbf{w}, \mathbf{x}) = \mathbf{w}^T \mathbf{x}$$

訓練データが与えられたとき、仮説集合から正しい $\mathbf{w}$ を学習しなければならない。今のところこれは問題に対する普通の設定なのだが、これに対してノイズ項はどのような影響を与えるだろうか？　通常の状況では、訓練集合はより広い空間から無作為に選ばれた要素である。この事例では、ベクトル $\mathbf{x}_i$ の無作為な集合を取得したことと同じになる。そのことはこの事例でも正しいのだが、問題は、もし同じ $\mathbf{x}_i$ が 2 度選ばれたとしても、η からくるノイズを加算している影響で、それが異なる y の値と関連付けられるということである。話を簡単にするために、ベクトル $\mathbf{x}_i$ の集合が固定されているとして、訓練集合にそれらすべてを含むとする。すべての訓練集合について、前述の統計学的計算で、次の最小平均二乗誤差（MMSE）を解く方法はわかっている。

$$\mathbf{w} = (\mathbf{X}^T\mathbf{X})^{-1}\mathbf{X}^T\mathbf{y}$$

　この設定で、標本内の平均二乗誤差はどうなるだろうか？　これは MMSE の解なので、この

ような系に付随する対角性の考察をすでに行った。

$$E_{\mathrm{in}} = \|\mathbf{y}\|^2 - \|\mathbf{Xw}\|^2 \tag{4.3.6.1}$$

ここで、最適な仮説は $\mathbf{h} = \mathbf{Xw}$ とする。次に、この値の η の分布についての期待値を計算したい。たとえば、我々が計算したい最初の項は次のようになる。

$$\mathbb{E}|\mathbf{y}|^2 = \frac{1}{n}\mathbb{E}(\mathbf{y}^T\mathbf{y}) = \frac{1}{n}\mathrm{Tr}\,\mathbb{E}(\mathbf{yy}^T)$$

ここで Tr は行列のトレース演算子（つまり対角成分の和）である。それぞれの η が独立であることより、次を得る。

$$\mathrm{Tr}\,\mathbb{E}(\mathbf{yy}^T) = \mathrm{Tr}\,\mathbf{Xw}_o\mathbf{w}_o^T\mathbf{X}^T + \sigma^2\mathrm{Tr}\,\mathbf{I} = \mathrm{Tr}\,\mathbf{Xw}_o\mathbf{w}_o^T\mathbf{X}^T + n\sigma^2 \tag{4.3.6.2}$$

ここで、$\mathbf{I}$ は $n \times n$ の単位行列である。式 4.3.6.1 の 2 つ目の項は次のようになる。

$$|\mathbf{Xw}|^2 = \mathrm{Tr}\,\mathbf{Xww}^T\mathbf{X}^T = \mathrm{Tr}\,\mathbf{X}(\mathbf{X}^T\mathbf{X})^{-1}\mathbf{X}^T\mathbf{yy}^T\mathbf{X}(\mathbf{X}^T\mathbf{X})^{-1}\mathbf{X}^T$$

これの期待値は次のようになる。

$$\mathbb{E}|\mathbf{Xw}|^2 = \mathrm{Tr}\,\mathbf{X}(\mathbf{X}^T\mathbf{X})^{-1}\mathbf{X}^T\mathbb{E}(\mathbf{yy}^T)\mathbf{X}(\mathbf{X}^T\mathbf{X})^{-1}\mathbf{X}^T \tag{4.3.6.3}$$

これに式 4.3.6.2 を代入して、

$$\mathbb{E}|\mathbf{Xw}|^2 = \mathrm{Tr}\,\mathbf{Xw}_o\mathbf{w}_o^T\mathbf{X}^T + \sigma^2 d \tag{4.3.6.4}$$

これと式 4.3.6.1 を合わせると式 4.3.6.2 は以下のようになる。

$$\mathbb{E}(E_{\mathrm{in}}) = \frac{1}{n}E_{\mathrm{in}} = \sigma^2\left(1 - \frac{d}{n}\right) \tag{4.3.6.5}$$

これはノイズの強さ σ^2、手法の複雑性 d、訓練用標本の数 n の間の明示的な関係を与える。これが特に説明的なのは、d/n が含まれる点であり、これはモデルの複雑性と標本内データのサイズのトレードオフを示している。VC 次元についての解析から、複雑性ペナルティについて複雑な上界が存在することを知っているが、この問題は特殊なので上界の議論をするまでもなく実際に計算式を導出できてしまうのである。さらにこの結果からわかるのは、訓練標本の数がとても大きくなると（つまり $n \to \infty$）、標本内の誤差の期待値は σ^2 に近づくということである。非定式的にいうと、学習手法はノイズからは汎化されることはないということであり、標本内誤差はただデータを記憶すること（つまり $d \approx n$）により小さくなるということである。

　標本外誤差の期待値に対応する解析は似ているが、対角性条件がないためにより複雑である。標本外データは重み $\mathbf{w}$ を導くのに使ったノイズとは違うノイズもある。これは、さらなる交差項を生む。

238　●第4章　機械学習●

$$E_{\text{out}} = \text{Tr}\Bigg(\mathbf{X}\mathbf{w}_o\mathbf{w}_o^T\mathbf{X}^T + {}_{,,}{}^T + \mathbf{X}\mathbf{w}\mathbf{w}^T\mathbf{X}^T - \mathbf{X}\mathbf{w}\mathbf{w}_o^T\mathbf{X}^T$$
$$-\mathbf{X}\mathbf{w}_o\mathbf{w}^T\mathbf{X}^T\Bigg) \tag{4.3.6.6}$$

ここで、「,」という表記は標本外のノイズを表すものとし、これは標本内のケースと異なる。
これを単純化すると次のようになる。

$$\mathbb{E}(E_{\text{out}}) = \text{Tr}\,\sigma^2\mathbf{I} + \sigma^2\mathbf{X}(\mathbf{X}^T\mathbf{X})^{-1}\mathbf{X}^T \tag{4.3.6.7}$$

これらを全部集めることで次を得る。

$$\mathbb{E}E_{\text{out}} \approx 2\sigma^2 \text{ when } \mathbb{E}E_{\text{in}} \approx 0 \tag{4.3.6.8}$$

これは、十分大きな n について、同様に標本外誤差の期待値の極限がノイズの二乗 σ^2 に近づく
ことを意味する。標本内データを記憶すること（つまり $d/n \approx 1$）は、標本外のパフォーマンス
に比例したペナルティを与える（つまり $\mathbb{E}E_{\text{in}} \approx 0$ ならば $\mathbb{E}E_{\text{out}} \approx 2\sigma^2$ となる）ことを意味する。
　次のコードは重要な例を与える。

```
>>> def est_errors(d=3,n=10,niter=100):
...     assert n>d
...     wo = np.matrix(arange(d)).T
...     Ein = list()
...     Eout = list()
...     # ベクトルのどれかのセットを選択
...     X = np.matrix(np.random.rand(n,d))
...     for ni in xrange(niter):
...         y = X*wo + np.random.randn(X.shape[0],1)
...         # 訓練セットの重み付け
...         w = np.linalg.inv(X.T*X)*X.T*y
...         h=X*w
...         Ein.append(np.linalg.norm(h-y)**2)
...         # 標本外
...         yp = X*wo + np.random.randn(X.shape[0],1)
...         Eout.append(np.linalg.norm(h-yp)**2)
...     return (np.mean(Ein)/n,np.mean(Eout)/n)
...
```

プログラミングの　コツ

Pythonには関数内の変数の入口での条件が満たされているかを確認するための assert 文
がある。入口と出口で適切なアサーションを入れることはコードの品質を向上するためによ
い習慣である。

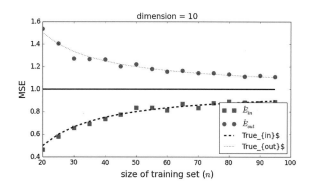

図4.16 点群はシミュレーションによって推定された学習曲線であり、実線は解析的結果の対応する項である。横線は加算されたノイズの分散（バリアンス）（この場合 $\sigma^2=1$）である。標本内・標本外ともに誤差の期待値はこの値に漸近する。

次のコードは与えられた d の値に対するシミュレーションを行う。

```
>>> d=10
>>> xi = arange(d*2,d*10,d//2)
>>> ei,eo=np.array([est_errors(d=d,n=n,niter=100) for n in xi]).T
```

その結果は**図4.16**となる。この図は、シミュレーションによって見積もられた標本内および標本外誤差の期待値と、それに対応する解析的結果を示している。太い横線は、加算されたノイズの分散 $\sigma^2=1$ を表している。両方の曲線はこの直線に近づくが、これはノイズは学習の究極的な限界だからである。与えられた次元 d について、訓練データが無限にあったとしても、学習手法はこのノイズの強さを超えて汎化されることはない。したがって、汎化誤差の期待値は $\mathbb{E}(E_{\text{out}}) - \mathbb{E}(E_{\text{in}}) = 2\sigma^2 \frac{d}{n}$ となる。

4.4 決定木

決定木は理解し解釈し説明するのが容易な分類器である。決定木は、データ集合を「～であるか？」という問いに基づく部分集合の列に再帰的に分割していくことで構築される。訓練集合は $(\mathbf{x}, y)$ というペアにより構成されていて、ここで $\mathbf{x} \in \mathbb{R}^d$ で、d は利用可能な特徴の数であり、y は対応するラベルである。学習手法は訓練集合を $\mathbf{x}$ にもとづきグループに分割し、それぞれのグループでラベルの割り当てをできるだけ均等にしようとする。これを実現するために学習手法は特徴を1つ選び、その特徴に対応する閾値を決め、その閾値によってデータを分割する。言葉で説明するのは分かりづらいかもしれないが、例を見れば分かりやすいだろう。まず Scikit-learn の分類器を設定する。

```
>>> from sklearn import tree
>>> clf = tree.DecisionTreeClassi.er()
```

例として使うデータも生成する。

240 ●第 4 章　機械学習●

```
>>> import numpy as np
>>> M=np.fromfunction(lambda i,j:j>=2,(4,4)).astype(int)
>>> print M
[[0 0 1 1]
 [0 0 1 1]
 [0 0 1 1]
 [0 0 1 1]]
```

> **プログラミングの コツ**
>
> fromfunction は、インデックスを関数の入力とし、対応する配列エントリを値とする関数にわたす Numpy の配列を生成する。

行列の要素を行列内の位置に応じて分類したい。行列を見るだけで分類は単純である。最初の 2 列を 0 に分類し、あとの 2 列を 1 に分類するだけである。これを定式的に見ていき、この解が決定木から出てくるか確認しよう。配列の値が訓練集合のラベルであり、それらの値のインデックスが $\mathbf{x}$ の要素である。特に、訓練集合は $\mathcal{X} = \{(i, j)\}$ および $\mathcal{Y} = \{0, 1\}$ を有している。それらの要素を抽出して、訓練集合を作成してみる。

```
>>> i,j = np.where(M==0)
>>> x=np.vstack([i,j]).T # n 個の特徴 (nfeatures) により n 個の標本 (nsamp) を作成
>>> y = j.reshape(-1,1)*0 # 0 個の要素
>>> print x
[[0 0]
 [0 1]
 [1 0]
 [1 1]
 [2 0]
 [2 1]
 [3 0]
 [3 1]]
>>> print y
[[0]
 [0]
 [0]
 [0]
 [0]
 [0]
 [0]
 [0]]
```

したがって、x の要素は y のインデックスの 2 次元配列である。たとえば、M[x[0,0],x[0,1]] = y[0,0] である。同様に、訓練集合を完成させるには、すべてのケースを網羅するように残りのデータを加える。

```
>>> i,j = np.where(M==1)
>>> x=np.vstack([np.vstack([i,j]).T,x ])  # nfeatures x より nsamp を作成
>>> y=np.vstack([j.reshape(-1,1)*0+1,y])  # 1個の要素
```

ここまで完成すると、あとは分類器を学習させるだけである。

```
>>> clf.fit(x,y)
DecisionTreeClassifier(compute_importances=None, criterion= 'gini ',
           max_depth=None, max_features=None, max_leaf_nodes=None,
           min_density=None, min_samples_leaf=1, min_samples_split=2,
           random_state=None, splitter= 'best ')
```

分類器がどのくらいうまくいっているかを評価するには、スコアを出力させる。

```
>>> clf.score(x,y)
1.0
```

この分類器ではスコアは正確性を意味し、以下のように真陽性（TP）と真陰性（TN）の和をすべての項の和で割ったものと定義される。

$$\text{accuracy} = \frac{TP + TN}{TP + TN + FN + FP}$$

この事例では、分類器はすべての点を正確に分類するので、$FN = FP = 0$ である。これに関係して言及すると、ほかに情報抽出理論に由来するよく使われる 2 つの名前は、再現率（感度）と適合率（陽性適中率 $TP/(TP + FP)$）である。この木を**図 4.17** に可視化した。図中のジニ係数（カテゴリカル分散）は、決定されたクラスの純粋さの尺度である。この係数は次のように定義される。

$$\text{Gini}_m = \sum_k p_{m,k}(1 - p_{m,k})$$

ここで、

$$p_{m,k} = \frac{1}{N_m} \sum_{x_i \in R_m} I(y_i = k)$$

は m 番目のノードでラベル k と観測された率であり、$I(\cdot)$ は指示関数である。ジニ係数の最大値は $\text{Gini}_m = 1 - 1/m$ の最大値である。我々の単純な例では、16 個の標本の半分がカテゴリ 0 であり、残りの半分がカテゴリ 1 である。上記の表記法によれば、一番上の四角は 0 番目のノードであり、$p_{0,0} = 1/2 = p_{0,1}$ である。つまり $\text{Gini}_0 = 0.5$ である。図 4.17 の次のノードの層は、**x** のデータの 2 次元目の値が 1.5 より大きいかどうかで決まる。このそれぞれの子ノードのジニ係数は 0 になるが、これはこの分割によりできるカテゴリが純粋であるからである。各ノードの value というリストは、各カテゴリでの要素の分布を示している。

図4.17 決定木の例。各枝のジニ係数は各ノードでの分割の純粋さを測る。四角い枠内の samples の項目は、決定木の対応するノードのなかの項目数を意味する。

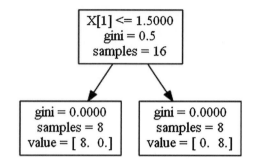

この例をさらに面白くするために、このデータを少し汚染してみる。

```
>>>  M[1,0]=1  # 様々なクラスに表示
>>>  print M   # 汚染させた
[[0  0  1  1]
 [1  0  1  1]
 [0  0  1  1]
 [0  0  1  1]]
```

今度は1列目の2行目に1の要素がある。

```
>>> i,j = np.where(M==0)
>>> x=np.vstack([i,j]).T
>>> y = j.reshape(-1,1)*0
>>> i,j = np.where(M==1)
>>> x=np.vstack([np.vstack([i,j]).T,x])
>>> y = np.vstack([j.reshape(-1,1)*0+1,y])
>>> clf.fit(x,y)
DecisionTreeClassifier(compute_importances=None, criterion= 'gini ',
        max_depth=None, max_features=None, max_leaf_nodes=None,
        min_density=None, min_samples_leaf=1, min_samples_split=2,
        random_state=None, splitter= 'best ')
```

結果は**図4.18**に示した。この1つの変更だけでも木は激しく成長してしまうのである！ 0番目のノードは、$p_{0,0} = 7/16$ と $p_{0,1} = 9/16$ というパラメータを持つ。このことは0番目のノードでのジニ係数が、$\frac{7}{16}(1-\frac{7}{16}) + \frac{9}{16}(1-\frac{9}{16}) = 0.492$ であることを意味する。以前と同じように、根ノードは $X[1] \le 1.5$ によって分割される。それに続くノードを自分の手で再現できるかどうか、次のように確認する。

```
>>> y[x[:,1]>1.5]  # 右の最初のノード
array([[1],
       [1],
       [1],
       [1],
       [1],
       [1],
       [1],
       [1]])
```

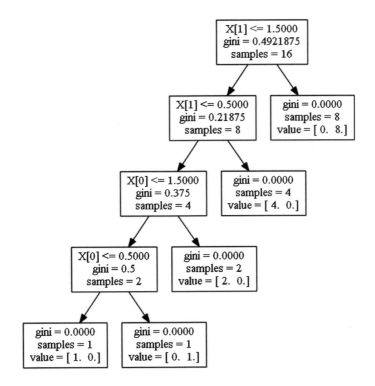

図4.18 汚染されたデータの決定木。訓練データのたった1箇所の変更により、木は5倍以上に成長してしまった！

これは明らかにジニ係数が0である。同様に、左側のノードは次のようになる。

```
>>> y[x[:,1]<=1.5]  # 左の最初のノード
array([[1],
       [0],
       [0],
       [0],
       [0],
       [0],
       [0],
       [0]])
```

この場合のジニ係数は `(1/8)*(1-1/8)+(7/8)*(1-7/8)=0.21875` である。このノードは X[1] < 0.5 により分割される。右側の子ノードは次のような同値なロジックで導かれる。

```
>>> np.logical_and(x[:,1]<=1.5,x[:,1]>0.5)
array([False, False, False, False, False, False, False, False, False,
       False,  True,  True, False,  True, False,  True], dtype=bool)
```

ここで、対応するクラスは次のようになる。

```
>>> y[np.logical_and(x[:,1]<=1.5,x[:,1]>0.5)]
array([[0],
       [0],
       [0],
       [0]])
```

> **プログラミングのコツ**
> Numpyの`logical_and`は要素ごとの論理積を意味する。これが`0.5<x[:,1]<=1.5`のようなものでは実現できないのは、Pythonの構文解析の仕組みによる。

　この例は1つ前の例と同様に、決定木は完全に正確にデータを記憶することができた（過学習）。機械学習理論の議論により、これは汎化に問題があることを示唆している。

　決定木の生成に鍵となるのは最初の分割である。決定木を異なる基準で構築する様々なアルゴリズムがあるが、一般的なアイデアは木を作成するときの情報エントロピーの制御である。実用的な言い方をすると、これはアルゴリズムが極端に深くならない木を作ろうとするという意味である。このことはとても難しい問題であり、多くのアプローチがあるということがよく知られている。その難しさは、アルゴリズムが木の各ノードでそこまでで使える局所的なデータを使って大域的な意思決定をしなければいけないことによる。

　この例では、図4.19で示したように、決定木は空間 $\mathcal{X}$ を異なる $\mathcal{Y}$ のラベルに対して異なる領域に分割する。図4.18の一番上にある根ノードはデータを $X[1] \leq 1.5$ によって分割する。これ

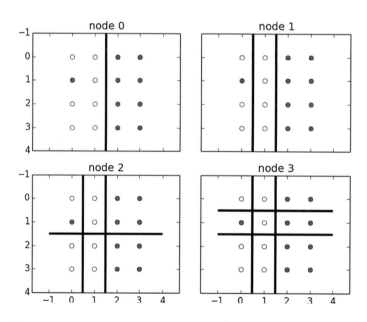

図4.19　決定木は各次元を順番に分割することで訓練集合を分割し、各領域ができるだけ純粋であるようにする。

は、図 4.19 では上段左（すなわち node 0）に対応し、ここでは縦線が訓練データを 2 つの領域に分割しており、それらの領域は 2 つの子ノードに対応する。その次の $X[1] \leq 0.5$ による分割は、図 4.19 の次のパネルで示されていて、node 1 というタイトルが付いている。これは、下段右の最後のパネルまで続き、そのパネルでは挿入した汚染要素が 1 つの領域に隔離されている。したがって、最後のパネルは図 4.18 の表現であり、横線・縦線は決定木で次々と行われる分割を意味する。

図 4.20 はもう 1 つの例であり、今度は単純な三角行列を使っている。縦と横分割線の数を見ればわかるように、この図に対応する決定木は深く複雑である。単純な回転変換を訓練データに加えると、**図 4.21** のようになり、ここで当てはめられる決定木は自明である。つまり訓練データの変換が決定木を単純化するが、一般的にこれを導くのはとても困難である。しかしながら、このことは決定木が持つ重要な欠点を浮き彫りにしてくれる。つまり、決定木は理解しやすく訓練しやすくデプロイもしやすいが、このような時間を節約してくれて複雑さを軽減するような変換に全く気づくことができない。実際に、次元が大きくなるとそのような潜在的な変換は可視化することすら難しくなる。したがって、決定木の利点は我々が後に学ぶモデルによって打ち消されてしまうのであり、それらのモデルは有用な変換を発見できるが学習させるのが大変であるという特徴がある。もう 1 つの欠点は、決定木の作られ方にある。たった 1 つの間違って置かれたデータ点が原因で、木の広がり方が全く異なってくるという点である。これは大きなバリアンスを示す症状である。

我々のあげたすべての例において、決定木は訓練データを完全に記憶することができた。先に議論したように、これは汎化誤差の兆候である。戦略的に一番深いノードを除去する刈り取りアルゴリズムがいくつかあるが、本書の執筆の時点ではそれらは Scikit-learn ですべて実装されて

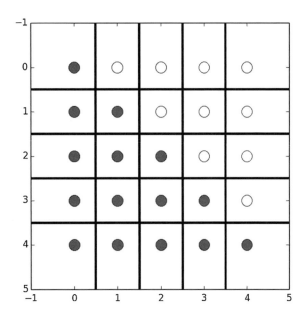

図4.20 この三角行列に適合させた決定木はとても複雑であり、それは縦分割と横分割の数からわかる。ゆえに、訓練データのパターンは見た目で明らかであるにもかかわらず、決定木は自動的にそのことを発見しない。

図4.21 図4.20の訓練データに単純な回転をほどこすことで、今度は決定木は1回の分割で訓練データに簡単に適合できる。

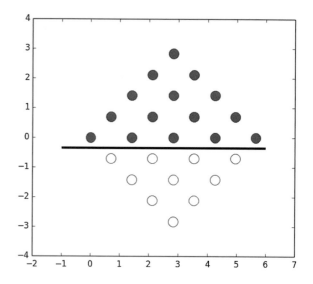

はいない。その代わり、決定木の最大深さを指定すれば同じような効果を得られる。Scikit-learn の `DecisionTreeClassifier` と `DecisionTreeRegressor` は最大深さを指定するためのキーワード引数がある。

4.4.1　ランダムフォレスト

　決定木の集合を組み合わせて大きな木の複合物を作り、アンサンブル学習を使って各構成要素より良いパフォーマンスを得ることができる。これは Scikit-learn で `RandomForestClassifier` として実装されている。複合木は決定木の根本的な弱点である大きなバリアンスを軽減する。ランダムフォレスト分類器は、無作為（ランダム）に訓練集合の部分集合をとって内部の木を学習させ、多くの構成要素の木の予測の平均をとることでバリアンスを最小化する。一方で、このランダム化はバイアスを増加させるが、これは訓練集合の部分集合は非常によい木を生成することもあるからである。しかし、ランダム化された学習の平均効果によりそのことは消え去ってしまい、この平均操作はバリアンスを軽減させる。これは重要なトレードオフである。次のコードは、1つ前の例から単純なランダムフォレスト分類器を実装する。

```
>>> from sklearn.ensemble import RandomForestClassifier
>>> rfc = RandomForestClassifier(n_estimators=4,max_depth=2)
>>> rfc.fit(X_train,y_train.flat)
RandomForestClassifier(bootstrap=True, compute_importances=None,
            criterion= 'gini ', max_depth=2, max_features= 'auto ',
            max_leaf_nodes=None, min_density=None, min_samples_leaf=1,
            min_samples_split=2, n_estimators=4, n_jobs=1, oob_score=False,
            random_state=None, verbose=0)
```

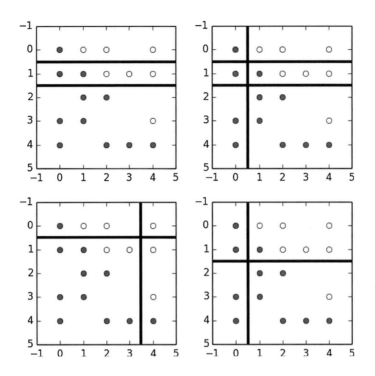

図4.22 ランダムフォレストの構成決定の木と、それらが訓練集合をどのように分割するかが4つのパネルで示されている。ランダムフォレスト分類器は構成要素の木の出力のそれぞれを使い最終的に協調的な推定を生み出す。

ここで、深さの最大値を max_depth=2 によって制限して汎化に貢献しようとしていることに注意すべきである。話を単純にするため、フォレストは個別の分類器4つのみで構成する[‡3]。図 4.22 は上記で学習させたフォレストのなかのそれぞれの分類器を示している。構成要素の決定木はすべて訓練データを共有しているのにかかわらず、ランダムフォレストアルゴリズムはランダムに特徴の部分集合を抽出し（復元抽出）、それぞれの木を学習させる。このおかげで決定木が深くなりすぎたり偏ったりして、パフォーマンスと汎化に悪影響を与えるのを防げている。予測の段階では、構成要素の決定木の出力を使って多数決をして最終的な分類をする。交差検定をせずに汎化誤差を見積もるには、特定の構成要素木に使われなかった訓練データの要素をその木の検定に使えるし、汎化誤差の協調的な評価につながる。これをアウトオブバッグ推定と呼ぶ。

ランダムフォレスト分類器の重要な利点は、ほとんどチューニングを必要とせずに平均化と無作為化（ランダム化）を通してバイアスとバリアンスのトレードオフの手段を与える点である。さらには、これは速いし、並行して学習させるのが容易であり（n_jobs キーワードを参照）、

[‡3] ［原書注］また、本節に対応する Ipython Notebook において、図を再現可能にするために、固定値にランダムシードを設定した。

248　●第 4 章　機械学習●

予測も速い。欠点としては、単純な決定木より解釈が難しい。他にも Scikit-learn には ExtraTrees や勾配ブースティング回帰決定木 GradientBoostingRegresser のような木を使った強力な手法があり、オンラインドキュメントで説明されている。

4.5　ロジスティック回帰

　我々がすでに学んだベルヌーイ分布は、2 つの結果（$Y \in \{0, 1\}$）のうちどちらが確率 p で選択されるかという問いに答えてくれる。

$$\mathbb{P}(Y) = p^Y (1 - p)^{1-Y}$$

出力の観測 $\{Y_i\}_{i=1}^n$ が与えらたときに p の最尤推定量に対応する尤度関数をどのように解くかは、我々はすでに知っている。しかしながら、今度は p の推定量に他の因子を含めたい。たとえば、観測できるのは結果だけではなく、対応する連続変数 x もあるとする。つまり、観測されるデータは今度は $\{(x_i, Y_i)\}_{i=1}^n$ になる。今度は p の推定にどのように x を利用できるだろうか？

　最も直接的なアイデアは、$p = ax + b$ というモデルを考えることである。ここで、a と b は当てはめた直線のパラメータである。しかし、p は値が 0 と 1 の間にある確率なので、この推定量を他の関数のなかにラップして、直線すべてが区間 $[0, 1]$ に入るようにしなければいけない。ロジスティック関数（シグモイド関数としても知られる）はこのような特徴を持つ。

$$\theta(s) = \frac{e^s}{1 + e^s}$$

そうすると、新しいパラメータ付きの p の推定量は次のようになる。

$$\hat{p} = \theta(ax + b) = \frac{e^{ax+b}}{1 + e^{ax+b}} \tag{4.5.0.1}$$

これは通常、次のロジット関数を使って表される。

$$\mathrm{logit}(t) = \log \frac{t}{1 - t}$$

このとき、次のような式が得られる。

$$\mathrm{logit}(p) = b + ax$$

もっと連続的変数が多い場合でも、次のように簡単に表される。

$$\mathrm{logit}(p) = b + \sum_k a_k x_k$$

これはさらに二値の場合から多変量目標ラベルの場合に拡張できる。これの最尤推定量は数値最適化の手法を使うが、それは Scikit-learn に実装されている。

これがどのように動作するかを確認するためにデータを生成しよう。次のコードでは、2 次元平面の無作為に分散した点に分類ラベルを割り当てている。

```
>>> import numpy as np
>>> from matplotlib.pylab import subplots
>>>v = 0.9
>>> @np.vectorize
... def gen_y(x):
... if x<5: return np.random.choice([0,1],p=[v,1-v])
... else: return np.random.choice([0,1],p=[1-v,v])
...
>>> xi = np.sort(np.random.rand(500)*10)
>>> yi = gen_y(xi)
```

プログラミングのコツ

このコードで使われている np.vectorize デコレータのおかげで、Numpy の配列を使っているコード内でのループを避け、その代わりデコレートされた関数のなかにループのセマンティクスを埋め込むことが簡単にできる。しかし、これは必ずしもデコレートされた関数を速くするとは限らないことに注意すべきである。これは主に便利さのためである。

図 4.23 は上記のコードで生成したデータ $\{(x_i, Y_i)\}$ の散布図である。作成したときにそうしたように、x の値が大きい時は $Y = 1$ になりやすくなっている。一方で、$x \in [4, 6]$ の値で、両方のカテゴリが大きく重なっている。これは、この領域では x は Y のとくに強い指標値ではないことを意味している。図 4.24 は同じデータに当てはめられたロジスティック回帰曲線を示してい

図4.23 この散布図はそれぞれのカテゴリで二値変数 Y と対応する x データを示している。

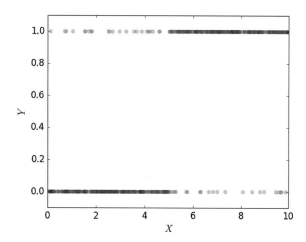

る。曲線上の点は、その点が 2 つのカテゴリのどちらに属するかという確率を表している。大きな x の値には曲線は 1 に近くなっていて、これは Y の値が 1 であることと結びついている。その反対側では、小さな x では値はこの確率は 0 に近いことを示している。カテゴリは 2 つしかないので、これはつまり $Y = 0$ である確率が高いことを意味する。中心部の領域は中間の確率値に対応していて、この領域でのデータの重なりから 2 つのカテゴリ間での曖昧さに対応している。したがって、ここではロジスティック回帰は 1 つのカテゴリについて強い事例ではない。次のコードはロジスティック回帰モデルを当てはめる。

```
>>> from sklearn.linear_model import LogisticRegression
>>> lr = LogisticRegression()
>>> lr.fit(np.c_[xi],yi)
LogisticRegression(C=1.0, class_weight=None, dual=False, fit_intercept=True,
          intercept_scaling=1, penalty= 'l2 ', random_state=None, tol=0.0001)
```

ロジスティック回帰をさらに深く理解するために、表記を少し変更し、もう一度写像法を使う必要がある。もっと一般的には、式 4.5.0.1 は次のように書ける。

$$p(\mathbf{x}) = \frac{1}{1 + \exp(-\boldsymbol{\beta}^T \mathbf{x})} \tag{4.5.0.2}$$

ここで、$\boldsymbol{\beta}, \mathbf{x} \in \mathbb{R}^n$ である。先に写像について学んだように、$\mathbf{x}$ と $\boldsymbol{\beta}$ で表された線形境界との符号付き垂直距離は $\boldsymbol{\beta}^T \mathbf{x} / \|\boldsymbol{\beta}\|$ である。これは、$\mathbb{R}^n$ 上の任意の点について、それに割り当てられた確率はその点が次の式で表される線形境界にどのくらい近いか、ということの関数になっている。

$$\boldsymbol{\beta}^T \mathbf{x} = 0$$

しかし、ここにはちょっとしたことが隠れている。気をつけるべきは、任意の $\alpha \in \mathbb{R}$ について次の式は同じ超平面を表すということだ。

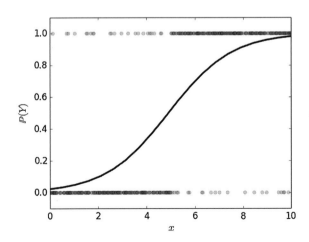

図 4.24 これは図 4.22 に示されたデータに対して当てはめたロジスティック回帰を表している。曲線上の点は、それぞれの点が 2 つのカテゴリのどちらに属するかという確率を示している。

$$\alpha\beta^T\mathbf{x} = 0$$

このことは、β に任意のスカラーを掛けても同じ位置関係になるということである。しかし、式 4.5.0.2 の $\exp(-\alpha\beta^T\mathbf{x})$ により、このスケーリングは $\mathbf{x}$ に結びついた確率の強度を表している。これは図 4.25 で示されている。左のパネルは 2 つのカテゴリ（四角／丸）を表していて、カテゴリの境界は $\beta^T\mathbf{x} = 0$ で決定される点線である。背景の色は平面上の点に割り当てられた確率を示している。右のパネルでは、全く同じ幾何的条件において α でスケーリングすることで、与えられた点がクラスに所属する確率を増大させることができることを示している。境界に近い点は低い確率であるが、それらの点は簡単に反対側に行ってしまう。しかし、α でスケーリングすることでこの確率を任意の望ましい水準まで上げることができ、その代わり境界から遠い点は 1 に近づいてしまう。なぜこれが問題になるのだろうか？ α を使って任意に確率を動かすことで、訓練集合を強調しすぎてしまい、標本外のデータが犠牲になることがあるからだ。つまり、まだ見ぬ境界近くの点について、本来はもっと均等な確率（たとえば 1/2）なのに、クラス所属の強調についてこだわってしまう可能性があるということである。これは、バイアス・バリアンスのトレードオフの表面化を示すもう 1 つの例である。

正則化は解の一部である β のサイズにペナルティを与えることでその効果を制御する手法である。アルゴリズムとしては、ロジスティック回帰は重み付き最小二乗法の列を繰り返し解くことで動作する。回帰は $\|\beta\|/C$ の項を最小二乗誤差に加える。これが動作するのを確認するために、ロジスティック回帰からデータを生成し、それを Scikit-learn で回収できるか確認してみよう。まずは 2 次元平面の点の分布から始める。

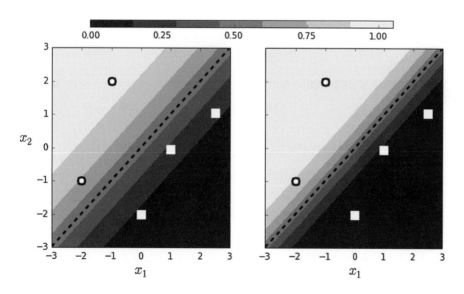

図4.25 スケーリングにより決定境界近くの点の確率をいくらでも大きくできる。

```
>>> x0,x1=np.random.rand(2,20)*6-3
>>> X = np.c_[x0,x1,x1*0+1]  # 列にスタック
```

X の 3 列目はすべて 1 であることに気をつけよう。これは対応する直線が 2 次元平面で原点から
のオフセットになるようにするための技である。次に線形境界を生成し、クラス確率を境界から
の近さに応じて割り当てる。

```
>>> beta = np.array([1,-1,1])  # アフィン（疑似）オフセットのための最終座標
>>> prd = X.dot(beta)
>>> probs = 1/(1+np.exp(-prd/np.linalg.norm(beta)))
>>> c = (prd>0)  # ブール値配列のクラスレベル
```

これは訓練データを作る。次のコードブロックはロジスティック回帰のオブジェクトを作成し、
データに当てはめる。

```
>>> lr = LogisticRegression()
>>> _=lr.fit(X[:,:-1],c)
```

ここで 3 次元目の値を捨てなければならないことに注意すべきである。これは Scikit-learn の内
部動作による、境界の構成成分の分解方法によるものである。次のコードは LogisticRegression
オブジェクトから β にあたるデータを抽出する。

```
>>> betah = np.r_[lr.coef_.flat,lr.intercept_]
```

> **プログラミングの コツ**
>
> Numpy の np.r_ オブジェクトは、Numpy の配列を横に積み重ねる速い方法であり、
> np.hstack の代わりになるものである。

結果として得られる境界は**図 4.26** の左のパネルに示してある。十字（＋）と三角（▲）は上で作成し
た 2 つのクラスを表していて、グレーの線が分割している。黒丸（●）はロジスティック回帰が
間違えて分類した点である。正則化パラメータはデフォルトの $C = 1$ である。続けて、次のよ
うに正則化パラメータの強さを変更する。

```
>>> lr = LogisticRegression(C=1000)
```

そして、再度データに当てはめると図 4.26 の右パネルのようになる。正規化パラメータを大き
くすることで、当てはめたアルゴリズムを一般的なモデルよりデータを信じるように本質的には
変更してしまったのである。つまり、こうすることで良いバイアスを得るためにより大きなバリ
アンスを許容したのである。

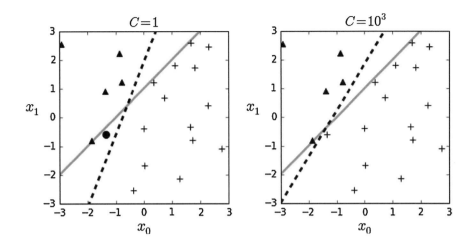

図4.26 左のパネルは正規化パラメータ$C=1$のとき結果として得られる境界（点線）である。右のパネルは$C=1000$のときである。グレーの線は人工データのクラス所属割り当てに使われた境界である。黒丸はロジスティック回帰が間違えてカテゴライズした点である。

4.5.1 一般化線形モデル

ロジスティック回帰は、一般化線形モデルというさらに広いクラスのなかの1つの例である。一般化線形モデルは、当てはめのプロセスに非線形変換を含んでいる。いつものように、条件付き期待値$\mathbb{E}(Y|X=\mathbf{x})$を求めたい。普通の線形回帰では次のような近似を行った。

$$\mathbb{E}(Y|X=\mathbf{x}) \approx \boldsymbol{\beta}^T \mathbf{x}$$

表記のため、$r(\mathbf{x}):=\mathbb{E}(Y|X=\mathbf{x})$をレスポンスと呼ぶ。ロジスティック回帰では、$Y\in\{0,1\}$なので、$\mathbb{E}(Y|X=\mathbf{x})=\mathbb{P}(Y|X=\mathbf{x})$であり、変換により$r(\mathbf{x})$は線形になる。

$$\begin{aligned}\eta(\mathbf{x}) &= \boldsymbol{\beta}^T \mathbf{x} \\ &= \log\frac{r(\mathbf{x})}{1-r(\mathbf{x})} \\ &= g(r(\mathbf{x}))\end{aligned}$$

ここで、gはロジスティックリンク関数と呼ばれる。関数$\eta(x)$は線形予測器である。ここまでで、ロジスティック関数を使ってもとのデータ空間を線形予測器への設定へと変換した。なぜY_iについても同じことをしないのか？ つまり、普通の線形回帰では、通常$\{X_i,Y_i\}$というデータをとり、それを$\mathbb{E}(Y|X=x)$への近似当てはめに使うのである。Y_iを用いて近似している対数を用い条件付き期待値を変換しているのなら、なぜ二値のY_iデータも同様に変換しないのか？ 答えは、それをすると0の対数（つまり無限大）や1の対数（つまり0）が出てきてうまくいかないからである。代替策は線形のテイラー近似である。先に説明したデルタ手法と同様に、関数gを次のように$r(x)$の周りに展開するのである。

$$g(Y) \approx \log \frac{r(x)}{1 - r(x)} + \frac{Y - r(x)}{r(x) - r(x)^2}$$

$$= \eta(x) + \frac{Y - r(x)}{r(x) - r(x)^2}$$

面白いのは $Y - r(x)$ の項であり、ここがクラスラベルデータが問題に入り込むところである。期待値 $\mathbb{E}(Y - r(x)|X) = 0$ であるので、この差分を $\eta(x)$ に付加されるノイズだと考えることができる。$g(Y)$ の分散は次のようになる。

$$\mathbb{V}(g(Y)|X) = \mathbb{V}(\eta(x)|X) + \frac{1}{(r(x)(1 - r(x)))^2}\mathbb{V}(Y - r(x)|X)$$

$$= \frac{1}{(r(x)(1 - r(x)))^2}\mathbb{V}(Y - r(x)|X)$$

Y は二値変数なので、$\mathbb{V}(Y|X) = r(x)(1 - r(x))$ であることに注意すべきである。最終的にはこれは次のようになる。

$$\mathbb{V}(g(Y)|X) = \frac{1}{r(x)(1 - r(x))}$$

分散は x の関数であり、これは分散不均一を意味している。分散不均一とは、β を計算する反復性の最小化分散検出アルゴリズムが、x については $r(x) \approx 0$、または $r(x) \approx 1$ にしてしまうということであり、これは境界に近づくにつれて曖昧になる点である。このことは分散の最大値が $r(x) \approx 0.5$ のときに起こるからである。

　一般化線形モデルでは、以上の流れは同じであり3つの基本的な構成成分で成り立っている。つまり、線形予測器 $\eta(x)$、リンク関数 $g(x)$、そして $\mathbb{V}(Y|X) = \sigma^2 V_{ds}(r(x))$ となるような分散スケール関数 V_{ds} である。ロジスティック回帰では $V_{ds}(r(x)) = r(x)(1 - r(x))$ かつ $\sigma^2 = 1$ である。ここで σ^2 の絶対的知識は必要なく、これは反復アルゴリズムは相対比のスケールだけを必要とする。まとめると、反復アルゴリズムは $\eta(x_i)$ の線形予測を受け取り、変換されたレスポンス $g(Y_i)$ を計算し、重み $w_i = [(g'(r(x_i)))V_{ds}(r(x_i))]^{-1}$ を計算し、x_i について重み w_i の $g(y_i)$ の線形回帰を計算し、次の β を計算する。さらなる詳細は文献[3-5]を参照のこと。

4.6　正則化

　前の節で正則化について述べたが、この重要な概念をさらに完全に展開しておきたい。正則化とは、バイアス・バリアンスのトレードオフを抑制する仕組みである。手始めとして、古典的な制約付き最小二乗問題を考えよう。

$$\underset{\mathbf{x}}{\text{minimize}} \quad \|\mathbf{x}\|_2^2 \qquad (\|\mathbf{x}\|_2^2 \text{ を最小化して})$$
$$\text{subject to:} \quad x_0 + 2x_1 = 1 \qquad (\text{次式に適用する})$$

ここで、$\|\mathbf{x}\|_2 = \sqrt{x_0^2 + x_1^2}$ は L_2 ノルムである。制約がなければ、目的関数を最小化するのは簡単で、ただ $\mathbf{x} = 0$ とすればよい。制約がある場合、$\|\mathbf{x}\|_2 < c$ であると仮定すると、この不等式で定義される点の軌跡は**図 4.27** の円になる。制約は同じ図の直線である。どんな c の値でも円を定義するので、円が直線に接するときに制約が満たされる。円は多くの点で直線に接することができるが、これは最小化問題なので最も小さい円にだけ興味がある。直感的にこれは、L_2 のボールを中心から膨らませていって、ちょうど制約に接するときを意味する。この接する点が L_2 最小化の解である。

ラグランジュ未定乗数法を用いても同じ結果を得ることができる。L_2 最小化問題をラグランジュ係数 λ を使って 1 つの目的関数として書き直す。

$$J(x_0, x_1, \lambda) = x_0^2 + x_1^2 + \lambda(1 - x_0 - x_1)$$

そして、この関数を微分を使って解く。Sympy を使ってやってみる。

```
>>> import sympy as S
>>> S.var( 'x:2 l ',real=True)
(x0, x1, l)
>>> J=S.Matrix([x0,x1]).norm()**2 + l*(1-x0-2*x1)
>>> sol=S.solve(map(J.diff,[x0,x1,l]))
>>> print sol
{x0: 1/5, x1: 2/5, l: 2/5}
```

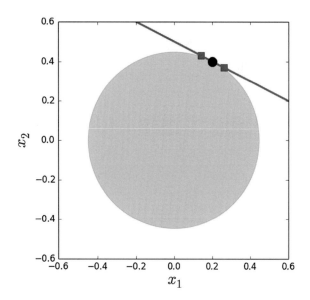

図4.27 制約付き L_2 最小化問題では、制約（実線）が原点を中心とする L_2 球（グレーの円）と交わるところが解となる。交わる点を黒丸で示した。近くにある 2 つの四角は、解に近い点を表している。

256 ●第4章　機械学習●

> **プログラミングの　コツ**
>
> この問題でMatrixオブジェクトを使うのはやり過ぎだが、これはSympyの行列の仕組み
> の動作を明示化している。ここでは、normメソッドを使って与えられた要素のL_2ノルムを
> 求めている。S.varを使うとSympy変数を定義でき、それをグローバルな名前空間に置
> く。x0 = S.symplos('x0',real=True)のようにしたほうがPython的ではあるが、
> そうしないほうがとくに次元が多い変数では速い。

図4.27で、解は直線が円と接する点である。ラグランジュ係数は目的関数に制約を組み込んで
しまった。

　細かいことだが、解の性質についてとても大事なことがある。図4.27では、円の上の解にと
ても近い点が四角で示されている。この近さは、実際に最初に解を見つける際には良いことのよ
うだが、曖昧さを生み出す限りはあまり役に立たない。それについて考えることは一旦やめて、
L_2ノルムの代わりにL_1ノルムを使って同じ問題を試してみることとする。次の式を思い出そう。

$$\|\mathbf{x}\|_1 = \sum_{i=1}^{d} |x_i|$$

ここで、dはベクトル$\mathbf{x}$の次元である。したがって、同じ問題を次のようにL_1ノルムで書き換
えることができる。

$$\underset{\mathbf{x}}{\text{minimize}} \quad \|\mathbf{x}\|_1 \qquad （\|\mathbf{x}\|_1 を最小化して）$$
$$\text{subject to:} \quad x_1 + 2x_2 = 1 \qquad （次式に適用する）$$

これをSympyを使って解くのは少し難しいことがわかるが、Pythonには凸最適化モジュール
があるので、それが役に立つ。

```
>>> from cvxpy import Variable, Problem, Minimize, norm1, norm2
>>> x=Variable(2,1,name= x'')
>>> constr=[np.matrix([[1,2]])*x==1]
>>> obj=Minimize(norm1(x))
>>> p= Problem(obj,constr)
>>> p.solve()
0.49999999996804073
>>> print x.value
[[ 6.20344267e-10]
 [ 5.00000000e-01]]
```

4.6 正則化

> **プログラミングのコツ**
>
> cvxy モジュールは、強力な凸最適化パッケージ cvxopt や、その他のオープンソースソルバパッケージへの統一されたアクセス可能なインタフェースを提供する。

図 4.28 に示されたように、L_1 ノルムの定数ノルム等高線は円ではなく菱型のような形になる。さらに言うと、それぞれのケースで見つかる解は異なる。幾何的には、L_2 の円を膨らませると全方向に膨らむが、これは L_1 球は座標軸方向に出っ張ってくるからである。この効果は、L_1 球がもっと尖っている多次元の方が強調される[‡4]。L_2 の場合のように、制約直線上に近くの点があるが、L_2 の場合と異なりそれらは L_1 球の境界に近くないことに注意すべきである。これはつまり、これらの点は最適解と同一視することが難しいということであり、なぜならそれらは大きく異なる L_1 球に対応するからである。

前に述べた L_2 の結果をもう一度確認するため、次のように cvxpy モジュールを使って L_2 解を見つけてみる。

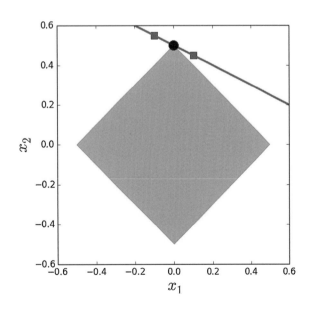

図4.28 菱型は 2 次元の L_1 球であり、直線は制約である。交わる点は最適化の解である。L_1 最適化については、制約上の 2 つの近接点（四角で示した）は L_1 には接しない。図 4.27 と比べること。

[‡4]［原書注］ 統計の章で次元の呪いについて述べたとき、高次元の幾何学について説明した。

258 ●第4章 機械学習●

```
>>> constr=[np.matrix([[1,2]])*x==1]
>>> obj=Minimize(norm2(x)) #L2 ノルム
>>> p= Problem(obj,constr)
>>> p.solve()
0.4472135953578661
>>> print x.value
[[ 0.2]
 [ 0.4]]
```

コードに加えた唯一の変更は L_2 ノルムであり、前回と同じ解を得た。

　高次元で L_2 ノルムと L_4 ノルムに何が起こるか、2次元から4次元に変えることで見てみよう。

```
>>> x=Variable(4,1,name= x'')
>>> constr=[np.matrix([[1,2,3,4]])*x==1]
>>> obj=Minimize(norm1(x))
>>> p= Problem(obj,constr)
>>> p.solve()
0.24999999913550727
>>> print x.value
[[ 3.88487127e-10]
 [ 8.33295433e-10]
 [ 7.97158525e-10]
 [ 2.49999999e-01]]
```

そして、L_2 の場合は次のようになる。

```
>>> constr=[np.matrix([[1,2,3,4]])*x==1]
>>> obj=Minimize(norm2(x))
>>> p= Problem(obj,constr)
>>> p.solve()
0.18257418572129205
>>> print x.value
[[ 0.03333333]
 [ 0.06666667]
 [ 0.1 ]
 [ 0.13333333]]
```

ここで注意すべきは、L_1 の場合の解は1つの次元だけが選択されて、他の要素は実質的に0になっていることである。これは L_2 では起こらず、複数の座標で意味のある要素になっている。これは、L_1 問題は4次元空間において多くの鋭い角を持っていて、制約で定義される超平面をつついてしまうからである。つまり根本的には、部分集合（角の点）が超平面に触れてしまうので、解として選ばれてしまったということを意味する。これは多次元ではもっと強調され、このことは次の節で見るように L_1 ノルムを使うことの利点となっている。

4.6.1　リッジ回帰

　以上より、状況についての幾何的感覚がわかったので、古典的な線形回帰問題をもう一度考えてみよう。再び、次の問題を考えてみる。

●4.6 正則化● **259**

$$\min_{\beta \in \mathbb{R}^p} \|y - \mathbf{X}\beta\| \qquad (\|y - \mathbf{X}\beta\| \text{ を最小にする})$$

ここで、$\mathbf{X} = [\mathbf{x}_1, \mathbf{x}_2, \ldots, \mathbf{x}_p]$ で $\mathbf{x}_i \in \mathbb{R}^n$ である。さらに p 個の列ベクトルは線形独立である（つまり $\mathrm{rank}(\mathbf{X}) = p$）と仮定する。線形回帰は上記の平均二乗誤差を最小化する β を見つける。$p = n$ のときは、この問題には唯一の解がある。しかし、$p < n$ の場合には無限に多くの解がある。

　これを具体化するために、Sympy を使って計算してみよう。まずは例として使う行列 $\mathbf{X}$ と $\mathbf{y}$ を定義する。

```
>>> import sympy as S
>>> from sympy import Matrix
>>> X = Matrix([[1,2,3],
...             [3,4,5]])
>>> y = Matrix([[1,2]]).T
```

ここで係数ベクトル β を次のコードで定義する。

```
>>> b0,b1,b2=S.symbols( 'b:3 ',real=True)
>>> beta = Matrix([[b0,b1,b2]]).T # 転位
```

次に最小化しようとする目的関数を定義する。

```
>>> obj=(X*beta -y).norm(ord=2)**2
```

> **プログラミングの コツ**
>
> Sympy の Matrix クラスは上記で使われた関数 norm のように、目的関数を定義するのに便利なメソッドがある。ord=2 は L_2 ノルムを使いたいということを意味する。カッコ内の表現は評価した結果 Matrix オブジェクトになる。

可能であるときはいつでもキーワード引数を使って実変数を定義することは、Sympy の複素数を扱う内部機構を緩和してくれるので役に立つ。最後に微積分学を使ってこれを解くが、目的関数の導関数を 0 とおけばよい。

```
>>> sol=S.solve([obj.diff(i) for i in beta])
>>> beta.subs(sol)
Matrix([
[         b2],
[-2*b2 + 1/2],
[         b2]])
```

解は変数 β のすべての構成成分を唯一に指定していないことに注意すべきである。これはこの問題の性質 $p < n$ によるものであり、ここでは $p = 2$ で $n = 3$ である。このような曖昧さがあっ

260　●第4章　機械学習●

ても、解は変わらない。

```
>>> obj.subs(sol)
0
```

しかし、解ベクトル beta の長さが変わってくる。

```
>>> beta.subs(sol).norm(2)
sqrt(2*b2**2 + (-2*b2 + 1/2)**2)
```

これを最小化したければ、先ほどと同じように微積分学を使う。

```
>>> S.solve((beta.subs(sol).norm()**2).diff())
[1/6]
```

これは L_2 の意味での最小の長さの解を与える。

```
>>> betaL2=beta.subs(sol).subs(b2,S.Rational(1,6))
>>> betaL2
Matrix([
[1/6],
[1/6],
[1/6]])
```

しかし、最小の長さを持つ解について何がそんなに特別なのだろうか？　機械学習では、目的関数を 0 にすることはデータへの過学習の症状を示唆している。通常 0 という境界線では、機械学習手法は根本的に訓練データを記憶してしまっていて、それは汎化の視点では悪いことである。したがって、0 境界から遠いところに解の領域を定義することで、この問題を実質的に制限できるのである。

$$\operatorname*{minimize}_{\beta} \quad \|y - \mathbf{X}\beta\|_2^2 \quad (\|y - \mathbf{X}\beta\|_2^2 \text{ を最小化して})$$

$$\text{subject to:} \quad \|\beta\|_2 < c \quad (\text{次式に適用する})$$

ここで、c はチューニングパラメータである。前述と同じプロセスを踏むと、これは次のように書き換えられる。

$$\min_{\beta \in \mathbb{R}^p} \|y - \mathbf{X}\beta\|_2^2 + \alpha \|\beta\|_2^2$$

ここで、α はチューニングパラメータである。これは与えられた問題のペナルティ付きのラグランジュ形式で、制約付きバージョンから導出されたものである。目的関数は $\|\beta\|_2$ の項によってペナルティが与えられている。L_2 ペナルティに対応して、これはリッジ回帰と呼ばれる。これは Scikit-learn で Ridge として実装されている。次のコードは我々の例についての設定をする。

●4.6 正則化● **261**

```
>>> from sklearn.linear_model import Ridge
>>> clf = Ridge(alpha=100.0,fit_intercept=False)
>>> clf.fit(np.array(X).astype(float),np.array(y).astype(float))
Ridge(alpha=100.0, copy_X=True, fit_intercept=False, max_iter=None,
    normalize=False, solver= 'auto ', tol=0.001)
```

ここで注意すべきは、alpha が $\|\beta\|_2$ のペナルティをスケールしていることである。fit_intercept=False 引数を設定しているのは、我々の例について、他のオフセット項を省略するためである。対応する解は次のようになる。

```
>>> print clf.coef_
[[ 0.0428641   0.06113005  0.07939601]]
```

解を再度確認するために、Scipy からいくつかの最適化ツールを使い、先ほどと同じような Sympy による解析を行うと次のようになる。

```
>>> from scipy.optimize import minimize
>>> f   = S.lambdify((b0,b1,b2),obj+beta.norm()**2*100.)
>>> g   = lambda x:f(x[0],x[1],x[2])
>>> out = minimize(g,[.1,.2,.3])  # 最初の思考
>>> out.x
array([ 0.0428641 ,  0.06113005,  0.079396 ])
```

プログラミングの **コツ**

f に関する Sympy の式から作成したラムダ関数を用いて、関数 g をさらに定義する必要があった。これは、minimize 関数が入力として 3 つの別の引数ではなく、1 つのベクトルを想定しているからだ。

これは Ridge オブジェクトと同じ答えを出す。この結果をさらによく理解するために、この問題の平均最小二乗誤差解を一段階で、微積分ではなく線形代数を使って再計算してみる。

```
>>> betaLS=X.T*(X*X.T).inv()*y
>>> betaLS
Matrix([
[1/6],
[1/6],
[1/6]])
```

これは与えられた問題を正確に解いていることに注意すべきである。

```
>>> X*betaLS-y
Matrix([
[0],
[0]])
```

これは目的関数の最初の項が 0 になっていることを示している。

$$\|y - \mathbf{X}\beta_{LS}\| = 0$$

しかし、リッジ回帰の解に対する、この解の L_2 長さを確認してみよう。

```
>>> print betaLS.norm().evalf(), np.linalg.norm(clf.coef_)
0.288675134594813 0.108985964126
```

つまり、リッジ回帰の解は L_2 の意味で解が小さい。しかし、リッジ回帰で目的関数の最初の項は 0 にはならない。

```
>>> print (y-X*clf.coef_.T).norm()**2
1.86870864136429
```

リッジ回帰の解は、解の長さ $(\|\beta\|_2)$ のために当てはめ誤差 $(\|y - \mathbf{X}\beta\|_2)$ を犠牲にする。

3.12.4 節の慣れた例でこれを実際に確認してみよう。図 **4.29** を考えてみる。この例では通常のチャープ信号を生成し、4.3.4 節でやったように高次元の多項式で当てはめようとしている。下段のパネルはリッジ回帰である以外は同じである。グレーの影の領域は、両方の図で真の信号とその近似との隔たりを示している。横方向のハッシュ記号は x_i の値の部分集合で、それぞれの回帰計算で使われたものである。訓練集合はチャープ波形の不均一な標本である。上段のパネルは通常の多項式回帰である。回帰計算が与えられた点に非常に良く当てはまっているが、端点ではうまくいってないことに注意すべきである。グレーの領域で示したように、リッジ回帰では内部の点はいくつか失敗しているが、端点では通常の多項式回帰ほどは外していない。これは

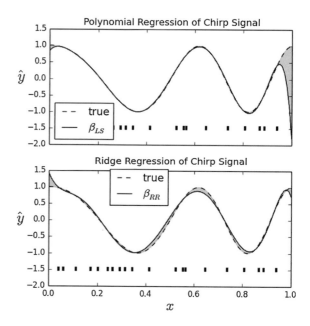

図4.29 上段の図は多項式回帰であり、下段は多項式リッジ回帰である。リッジ回帰は定義域のほとんどでうまくマッチしないが、両端で乱暴な振る舞いもしない。これはリッジ制約が定義域内部でのパフォーマンスを犠牲にしながら係数ベクトルを小さく保つからである。

リッジ回帰の基本的なトレードオフである。Jupyter/IPython Notebook はこれに対するグラフコードを持っているが、主要なステップを以下に示す。

```python
# チャープ信号を作成
xi = np.linspace(0,1,100)[:,None]
# 無作為にチャープ信号をサンプリング
xin= np.sort(np.random.choice(xi.flatten(),20,replace=False))[:,None]
# 波形標本を作成
y = cos(2*pi*(xin+xin**2))
# 参照として完全波形を作成
yi = cos(2*pi*(xi+xi**2))

# 多項式の特徴を形成
qfit = PolynomialFeatures(degree=8) # 多項式
Xq = qfit.fit_transform(xin)
# 多項式に入力を再形成
Xiq = qfit.fit_transform(xi)

lr=LinearRegression() # 線形モデルを作成
lr.fit(Xq,y) # 線形モデルを当てはめ

# リッジ回帰モデルを作成して当てはめ
clf = Ridge(alpha=1e-9,fit_intercept=False)
clf.fit(Xq,y)
```

4.6.2 Lasso 回帰

Lasso 回帰はリッジ回帰と基本的パターンは同じであるが、目的関数で L_1 ノルムを用いる点が異なる。

$$\min_{\beta \in \mathbb{R}^p} \|y - \mathbf{X}\beta\|^2 + \alpha\|\beta\|_1$$

Scikit-learn のインタフェースも同じである。以前と同じ問題でリッジ回帰の代わりに Lasso 回帰を使ったものを以下に示す。

```python
>>> X = np.matrix([[1,2,3],
...                [3,4,5]])
>>> y = np.matrix([[1,2]]).T
>>> from sklearn.linear_model import Lasso
>>> lr = Lasso(alpha=1.0,fit_intercept=False)
>>> _=lr.fit(X,y)
>>> print lr.coef_
[ 0.          0.          0.32352941]
```

264 ●第 4 章　機械学習●

先ほどと同じように、Scipy の最適化ツールを使ってこれを解いてみる。

```
>>> from scipy.optimize import fmin
>>> obj = 1/4.*(X*beta-y).norm(2)**2 + beta.norm(1)*1
>>> f = S.lambdify((b0,b1,b2),obj.subs(l,1.0))
>>> g = lambda x:f(x[0],x[1],x[2])
>>> fmin(g,[0.1,0.2,0.3])
Optimization terminated successfully.
         Current function value: 0.360297
         Iterations: 121
         Function evaluations: 221
array([ 2.27469304e-06,    4.02831864e-06,    3.23134859e-01])
```

> **プログラミングの　コツ**
>
> Scipy の最適化モジュールの `fmin` 関数は導関数に依存しないアルゴリズムを用いている。L_2 ノルムと違って L_1 ノルムは尖った角を持ち導関数を見積もるのが難しいので、これは便利である。

この結果は 1 つ前の Scikit-learn の Lasso オブジェクトを使ったものとマッチする。Scipy の使用による解法は、興味深いからということ以外にも正常性のチェックにもなっているが、実用上特別なアルゴリズムが必要になる。次に示すコードブロックは Lasso を様々な α で走らせ **図 4.30** に示すように係数をプロットする。α が大きくなれば 1 つ以外のすべての係数が 0 になることに注意すべきである。α を大きくすることは、L_2 の意味でデータへの当てはめと、モデルで使われる非ゼロ係数の数（言い換えると特徴の数）を減らしたいという欲求とのトレードオフを実現する。与えられた問題に対して、訓練データ内でのデータへの当てはめの品質より、モデルの特徴の数を減らすこと（つまり大きな α を使うこと）のほうがより実用的かもしれない。Lasso はトレードオフを実現するきれいなやり方を提供する。

　次のコードは α の値の集合についてのループを行い、対応する Lasso の係数を集めて図 4.30 のようにプロットする。

```
>>> o=[]
>>> alphas= np.logspace(-3,0,10)
>>> for a in alphas:
...     clf = Lasso(alpha=a,fit_intercept=False)
...     _=clf.fit(X,y)
...     o.append(clf.coef_)
...
```

図4.30 αが大きくなるとLasso回帰のモデルの係数は0に近づく。

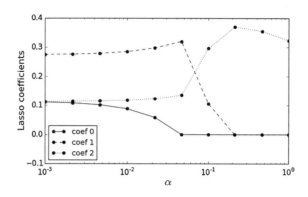

4.7 サポートベクトルマシン

サポートベクトルマシン（SVM）は統計的学習理論に由来していて、VapnikとChervonenkisが開発したものである。そのことから、統計理論の深い応用を表現していて、最初の節で議論したVC次元の概念を内包している。まずは絵を見てみよう。**図4.31**で示した2次元の分類問題を考えてみよう。図4.31は2つのクラス（グレーの丸と白丸）があり、描かれた任意の直線で分離している。具体的には、そのような分離する直線は2次元平面の次の式を満たす点($\mathbf{x}$)の軌跡として書かれる。

$$\beta_0 + \boldsymbol{\beta}^T \mathbf{x} = 0$$

この直線を使って任意の$\mathbf{x}$を分類するには、ただ$\beta_0 + \boldsymbol{\beta}^T\mathbf{x}$の符号を計算すればよく、1つのクラスを正の符号に、もう一方を負の符号に割り当てればよい。そのような直線（あるいは高次元の場合は超平面）を唯一に定めるには、付加的な基準が必要である。

図4.31 2次元平面では、2クラス（グレーの丸と白丸）は描かれている任意の直線で簡単に分離できる。

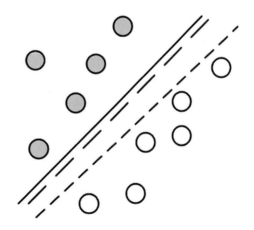

図4.32 最大マージンアルゴリズムは図のようにマージンが最大になる分離直線を求める。マージンに接する要素（素子）はサポート素子である。点線の素子は解に関係しない。

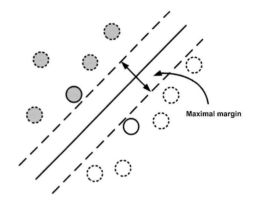

図4.32 は2つの境界となる平行線が中心の分離直線の周りにマージンを形成するようなデータを示している。最大マージンアルゴリズムは最も広いマージンと唯一の分離直線を求める。結果として、アルゴリズムはマージンに接する素子（要素）を見つける。それらはサポート素子である。境界から離れている素子は解に関係しない。サポート要素（通常はごく少数）以外の素子を除去しても解は変わらないので、これはモデルのバリアンスを軽減する。

線形に分離可能なクラスでこれがどのように機能するか確認するために、$y \in \{-1, 1\}$であるような$\{(\mathbf{x}, y)\}$で構成される訓練集合を考える。任意の点$\mathbf{x}_i$に対して、関数マージン$\hat{\gamma}_i = y_i(\beta_0 + \boldsymbol{\beta}^T \mathbf{x}_i)$を計算する。すると、$\mathbf{x}_i$が正しく分類されたときに$\hat{\gamma}_i > 0$となる。幾何的マージンは$\gamma = \hat{\gamma}/\|\boldsymbol{\beta}\|$になる。$\mathbf{x}_i$が正しく分類されているときは、幾何的マージンは$\mathbf{x}_i$から直線までの垂直距離になる。最大マージンアルゴリズムがどのように動作するか確認してみよう。

Mをマージンの幅とする。最大マージンアルゴリズムは二次計画問題として定式化できる。マージンMを最大化することと、すべてのデータ点を正しく分類することを同時に行いたい。

$$\begin{aligned}&\underset{\beta_0, \boldsymbol{\beta}, \|\boldsymbol{\beta}\|=1}{\text{maximize}} && M && (M\text{を最大化し})\\ &\text{subject to:} && y_i(\beta_0 + \boldsymbol{\beta}^T \mathbf{x}_i) \geq M, \ i = 1, \ldots, N. && (\text{次式に適用する})\end{aligned}$$

1行目はβ_0と$\boldsymbol{\beta}$を調整して$\|\boldsymbol{\beta}\| = 1$を保ちながら$M$の最大値を求めたいということを言っている。$i$番目のデータ素子それぞれの関数マージンは問題により制約されていて、すべての提案解について満たさなければならない。言い換えると、制約によりすべての素子は正しく分類されて、分離直線の周りのマージンの外にいなければならない。式を書き換えると、$M = 1/\|\boldsymbol{\beta}\|$であることがわかり、次のように標準的な形式で書くことができる。

$$\begin{aligned}&\underset{\beta_0, \boldsymbol{\beta}}{\text{minimize}} && \|\boldsymbol{\beta}\| && (\|\boldsymbol{\beta}\|\text{を最大化し})\\ &\text{subject to:} && y_i(\beta_0 + \boldsymbol{\beta}^T \mathbf{x}_i) \geq 1, \ i = 1, \ldots, N. && (\text{次式に適用する})\end{aligned}$$

●4.7 サポートベクトルマシン● **267**

これは凸最適化問題であり、その分野の強力な手法を使って解くことができる。

　2つのクラスが分離可能でないときは状況はもっと複雑になり、解において2つのクラスが混ざってしまうことは避けられないことを認めなければならない。このことは、制約条件が次のように修正されることを意味する。

$$y_i(\beta_0 + \boldsymbol{\beta}^T \mathbf{x}_i) \geq M(1 - \xi_i)$$

ここで ξ_i はスラック変数で、予測がマージンの間違った側に行く程度を示す量である。つまり、$\xi_i > 1$ のとき要素は間違って分類される。この付加的変数により、凸最適化問題のもっと一般的な式を得る。

$$\underset{\beta_0, \boldsymbol{\beta}}{\text{minimize}} \quad \|\boldsymbol{\beta}\|$$
$$\text{subject to:} \quad y_i(\beta_0 + \boldsymbol{\beta}^T \mathbf{x}_i) \geq 1 - \xi_i,$$
$$\xi_i \geq 0, \sum \xi_i \leq \text{constant}, \, i = 1, \dots, N.$$

これは次のような同値な式で表される。

$$\underset{\beta_0, \boldsymbol{\beta}}{\text{minimize}} \quad \frac{1}{2}\|\boldsymbol{\beta}\| + C\sum \xi_i \qquad (4.7.0.1)$$
$$\text{subject to:} \quad y_i(\beta_0 + \boldsymbol{\beta}^T \mathbf{x}_i) \geq 1 - \xi_i, \xi_i \geq 0 \, i = 1, \dots, N.$$

ξ_i の項はすべて正であるので、目的はマージンを最大化すること（つまり $\|\boldsymbol{\beta}\|$ を最小化すること）であり、一方で予測が間違った方向へ滑りこむ率（つまり $C\sum \xi_i$）を最小化する必要がある。したがって、C の値が大きければアルゴリズムは決定境界近くの点を正しく分類しようとし、小さければそれ以外のデータにも注目する。C の値は SVM のハイパーパラメータである。

　ありがたいことに、この複雑な式は Scikit-learn でうまく扱うことができる。次のコードは SVM の線形カーネルを設定する（カーネルについてはすぐ後に説明する）。

```
>>> from sklearn.datasets import make_blobs
>>> from sklearn.svm import SVC
>>> sv = SVC(kernel= 'linear ')
```

make_blobs を用いて合成データを生成して SVM に当てはめることができる。

```
>>> X,y=make_blobs(n_samples=200, centers=2, n_features=2,
...                 random_state=0,cluster_std=.5)
>>> sv.fit(X,y)
SVC(C=1.0, cache_size=200, class_weight=None, coef0=0.0, degree=3, gamma=0.0,
  kernel= 'linear ', max_iter=-1, probability=False, random_state=None,
  shrinking=True, tol=0.001, verbose=False)
```

当てはめを行うと、SVM はサポートベクトルと $\boldsymbol{\beta}$ の係数もそれぞれ sv.support_vectors_

図4.33 2つのクラス（白丸とグレーの丸）は線形に分離可能である。最大マージンの解は中心の太実線で示している。点線はマージンの広がりを示している。大きな丸は最大マージン解のサポートベクトルを示している。

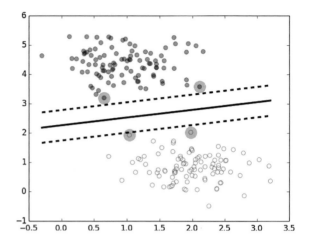

と sv.coef_ として推定できている。図 4.33 は2つの標本数となるクラス（白丸とグレーの丸）と、最大マージンアルゴリズムで見つかった分離直線を示している。2つの並行な点線はマージンを示している。大きな丸は、サポートベクトルを示しており、サポートベクトルとは解に関係するデータ素子のことである。これらの素子だけがマージンの端に接触していることに注意すべきである。

図 4.34 は C の値が変わったらどうなるかを示している。この値を大きくすると、式 4.7.0.1 の目的関数である ξ の部分を強調する。上段左のパネルのように、C の値が小さいと、アルゴリズ

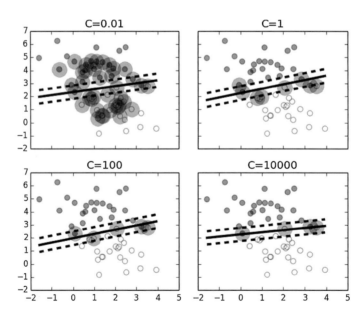

図4.34 最大マージンアルゴリズムはマージンを最大化する分離直線を求める。マージンに接する素子はサポート素子である。点線で示された素子は解に影響しない。

ムはマージンの最大化を犠牲にして多くのサポートベクトルを許容しようとする。つまり、C が小さいと予測がマージンの反対側に行く量を多く許容する。C の値が大きくなれば、サポートベクトルの数は少なくなる。これは最適化アルゴリズムではマージンから遠いサポートベクトルを除去することが望ましく、マージンに侵入するものは少量しか許容しないからである。この図で C の値が徐々に大きくなると、分離直線は少しずつ傾いてきている。

4.7.1 カーネルトリック

　サポートベクトルマシンは線形な分離を扱うのに強力な手法であるが、カーネルトリックと呼ばれるものを利用すれば非線形な境界にも適用できる。SVM の凸最適化の定式化は双対形式を含み、特徴量の内積のみを必要とする解にたどり着く。カーネルトリックは内積を非線形な関数で置き換える。これはもとの特徴量を場合によっては無限次元になる空間の新しい特徴量に写像することと考えることもできる。つまり、データが（たとえば）2 次元空間では分離できないとしても、3 次元空間（またはより高次元空間）ならば分離できることがあるということである。

　これを具体化するために、もとの入力空間を $\mathbb{R}^n$ とし、非線形写像 $\psi : \mathbf{x} \mapsto \mathcal{F}$ を使いたいものとする。ただし、ここで $\mathcal{F}$ は高次元の内積空間である。カーネルトリックとは $\mathcal{F}$ のなかでカーネル関数 $K(\mathbf{x}_i, \mathbf{x}_j) = \langle \psi(\mathbf{x}_i), \psi(\mathbf{x}_j) \rangle$ を使って内積を計算することである。これを計算するための長い道のりは、まず $\psi(\mathbf{x})$ を計算し、次に内積を計算することである。しかしカーネルトリックのやり方では、ψ を計算せずにカーネル関数を計算する。言い換えると、カーネル関数は ψ が適用されたときの $\mathcal{F}$ 内の内積を返す。たとえば、入力空間の第 n 多項式写像を実現するには、$\kappa(\mathbf{x}_i, \mathbf{x}_j) = (\mathbf{x}_i^T \mathbf{x}_j + \theta)^n$ を使えばよい。たとえば、入力空間が $\mathbb{R}^2$ および $\mathcal{F} = \mathbb{R}^4$ ならば次のような写像がある。

$$\psi(\mathbf{x}) : (x_0, x_1) \mapsto (x_0^2, x_1^2, x_0 x_1, x_1 x_0)$$

すると、$\mathcal{F}$ 内の内積は次のようになる。

$$\langle \psi(\mathbf{x}), \psi(\mathbf{y}) \rangle = \langle \mathbf{x}, \mathbf{y} \rangle^2$$

言い換えると、カーネルは入力空間内での内積の二乗になる。特徴空間を単純に拡大するのではなくカーネルを使うのは計算量的なメリットによる。なぜなら入力空間で異なるペアについてのカーネルだけを計算すればよいからだ。以下の例でこのことが具体的にわかる。まずは Sympy 変数を作成する。

```
>>> import sympy as S
>>> x0,x1=S.symbols( 'x:2 ',real=True)
>>> y0,y1=S.symbols( 'y:2 ',real=True)
```

次に、$\mathbb{R}^4$ に写像する ψ 関数と、対応するカーネル関数を作成する。

270 ●第 4 章　機械学習 ●

```
>>> psi = lambda x,y: (x**2,y**2,x*y,x*y)
>>> kern = lambda x,y: S.Matrix(x).dot(y)**2
```

$\mathbb{R}^4$ の内積はカーネル関数と等しく、カーネル関数は $\mathbb{R}^2$ の変数しか使わないことに注意するべきである。

```
>>> print S.Matrix(psi(x0,x1)).dot(psi(y0,y1))
x0**2*y0**2 + 2*x0*x1*y0*y1 + x1**2*y1**2
>>> print S.expand(kern((x0,x1),(y0,y1))) # 上記と同様に
x0**2*y0**2 + 2*x0*x1*y0*y1 + x1**2*y1**2
```

カーネルを使った多項式回帰

正則化の節（4.6 節）で扱った我々のお気に入りの線形回帰問題を思い出そう。

$$\min_{\beta} \|y - \mathbf{X}\beta\|^2$$

ここで $\mathbf{X}$ は $n \times m$ 行列で $m > n$ である。すでに説明したように、この問題には複数の解法がある。最小二乗法の解は次のようになる。

$$\beta_{LS} = \mathbf{X}^T (\mathbf{X}\mathbf{X}^T)^{-1} \mathbf{y}$$

特徴ベクトル $\mathbf{x}$ が与えられたとき、対応する $\mathbf{y}$ の推定量は次のようになる。

$$\hat{\mathbf{y}} = \mathbf{x}^T \beta_{LS} = \mathbf{x}^T \mathbf{X}^T (\mathbf{X}\mathbf{X}^T)^{-1} \mathbf{y}$$

カーネルトリックを使えば、次のように解はさらに一般化されて次のように書ける。

$$\hat{\mathbf{y}} = \mathbf{k}(\mathbf{x})^T \mathbf{K}^{-1} \mathbf{y}$$

ここでサイズ $n \times n$ のカーネル行列 $\mathbf{K}$ は $\mathbf{X}\mathbf{X}^T$ を置き換えており、$\mathbf{k}(\mathbf{x})$ は $\mathbf{k}(\mathbf{x}) = [\kappa(\mathbf{x}_i, \mathbf{x})]$ という要素を持つ n 次元ベクトルであり、カーネル関数 κ に対して $\mathbf{K}_{i,j} = \kappa(\mathbf{x}_i, \mathbf{x})$ である。この一般的な設定において、$\kappa(\mathbf{x}_i, \mathbf{x}_j) = (\mathbf{x}_i^T \mathbf{x}_j + \theta)^n$ とおくことで n 次多項式回帰にすることができる[6]。同様に $\mathbf{K} + \alpha\mathbf{I}$ の逆行列をとることでリッジ回帰を考えることができて、ここで条件が悪い行列 $\mathbf{K}$ をハイパーパラメータ α を使って安定化できる[6]。

カーネルによっては拡大された空間 $\mathcal{F}$ は無限次元である。マーサーの条件がカーネル関数の技術的制限を与えてくれる。強力でよく研究されたカーネルは Scikit-learn に実装されている。カーネル関数を使う利点は $n \to m$ のとき失われて、その場合 ψ 関数の方が実用的となる。

4.8　次元削減

特定のデータ集合からの特徴量で最終的に機械学習で重要なものは何か、はあらかじめ知ることは難しい。このことは、物理的な土台がない問題についてはとくに成り立つ。Scikit-learn で

当てはめに使われるデータに対する入力行列（X）の行の数は標本の数であり、列の数は特徴の数である。この行列の列の数は大きいかもしれないので、次元削減の目的はとにかくこの数を減らし機械学習で重要なものだけにすることである。

　嬉しいことに、Scikit-learn は最も関係のある特徴量を見つけ出すための強力なツールをいくつか提供している。主成分分析（Principal Component Analysis, PCA）は入力行列 X を受け取り、(1)平均値を差し引き、(2)共分散行列を計算し、(3)共分散行列の固有値分解を計算する。たとえば、X が特定の学習手法で実用的な数より多い列の数を持つならば、PCA は列の数を管理可能な数まで削減する。PCA は、統計や機械学習以外の分野で広く使われていて、それが何をしているかを詳細に見てみるのは価値がある。まずは Scikit-learn から decomposition モジュールが必要である。

```
>>> from sklearn import decomposition
>>> import numpy as np
>>> pca = decomposition.PCA()
```

簡単なデータを作って PCA を適用してみる。

```
>>> x = np.linspace(-1,1,30)
>>> X = np.c_[x,x+1,x+2]  # 列にスタッフを形成
>>> pca.fit(X)
PCA(copy=True, n_components=None, whiten=False)
>>> print pca.explained_variance_ratio_
[ 1.00000000e+00  4.44023384e-32  6.35796894e-33]
```

プログラミングの　コツ

np.c_ は列方向に重ねられた配列を作るためのショートカットメソッドである。

この例では、列は最初の列の定数オフセットである。分散説明率は X の変換後の列に寄与する分散のパーセンテージである。これは、行列 X の変換後のそれぞれの列に相対的に凝縮された量の情報であると考えることができる。**図 4.35** は、下段に支配的な変換後の列のグラフを示している。

　さらに面白くするために、それぞれの列の勾配を変えてみよう。

```
>>> X = np.c_[x,2*x+1,3*x+2,x]  # 列の勾配を変更
>>> pca.fit(X)
PCA(copy=True, n_components=None, whiten=False)
>>> print pca.explained_variance_ratio_
[ 1.00000000e+00  8.94906713e-33  1.06089989e-33  9.50578639e-35]
```

しかし、勾配を変えても分散説明率には影響を与えなかった。ここでも１つの支配的な列があるだけである。これは、PCA は定数オフセットとスケールの変化に対して不変であるということ

図4.35 上段のパネルは特徴行列の列を表していて、下段のパネルは PCA が抽出した支配的な成分を表している。

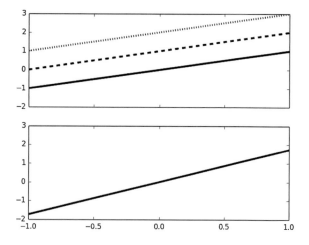

である。これは単純な直線だけではなくて関数でも同じことになる。

```
>>> x = np.linspace(-1,1,30)
>>> X = np.c_[np.sin(2*np.pi*x),
...           2*np.sin(2*np.pi*x)+1,
...           3*np.sin(2*np.pi*x)+2]
>>> pca.fit(X)
PCA(copy=True, n_components=None, whiten=False)
>>> print pca.explained_variance_ratio_
[ 1.00000000e+00   3.78264707e-32   4.64963853e-34]
```

これでもまた、**図4.36** の下段パネルに示したとおり、1つの支配的な列があるだけである。上段のパネルは特徴行列のそれぞれの列を示している。まとめると、PCA は既存の特徴をただ線形変換しただけの特徴を特定し消し去ることができるのである。これは特徴量に加算的ノイズがある場合でもうまくいくが、その場合相関のないノイズと特徴とを分離するためにさらに多くの

図4.36 上段のパネルは特徴行列の列を示していて、下段のパネルは PCA が計算されたときの支配的な列を示している。

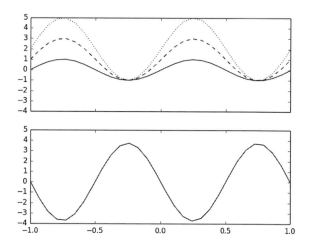

標本が必要になる。

　PCA がいかにして機械学習のタスクを簡単にするかを見るために、2 つのクラスが斜めに分離している図 4.37 を考えてみる。PCA を行うと、変換されたデータは 1 つの軸に並び、2 つのクラスは 1 次元の区間で分離され、分類のタスクを非常に簡略化する。クラスの同一性は PCA の後でも保存されるが、これは主成分がクラスが分類されるのと同じ方向に伸びているからである。一方で、クラスが主成分と直行して分離している場合には、クラスは PCA により混ざってしまい分類はさらに困難になる。両方のケースで explained_variance_ratio_ は同じであることに注意すべきである。分散説明率はクラス分類に関係しないからである。

　PCA はデータの共分散行列を特異値分解 (Singular Value Decomposition, SVD) により分解する。この分解はすべての行列に存在し、任意の $\mathbf{A}$ について次のような因子化を得る (図 4.38)。

$$\mathbf{A} = \mathbf{U}\mathbf{S}\mathbf{V}^T$$

共分散行列の対称性により $\mathbf{U} = \mathbf{V}$ である。対角行列 $\mathbf{S}$ の要素は $\mathbf{A}$ の特異値であり、それは二乗すると $\mathbf{A}^T\mathbf{A}$ の固有値になる。固有ベクトル行列 $\mathbf{U}$ は直行し、つまり $\mathbf{U}^T\mathbf{U} = \mathbf{I}$ である。特異値は降順に並んでいて $\mathbf{U}$ の最初の列が最大の特異値になっている。これは PCA が見つける最初の支配的な列である。共分散行列の要素は $\mathbb{E}(x_i, x_j)$ で表され、x_i と x_j は異なる特徴量である[‡5]。これが意味するのは、特徴行列の列のペアすべてについての相関関係を明らかにする要素で構成されるのが共分散行列であるということである。それらの相関が共分散行列として並べられると、

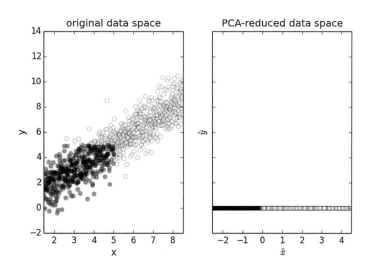

図4.37　左のパネルはもとの 2 次元データ空間であり、簡単に分類できるクラスで構成されている。右のパネルは PCA を用いて次元削減したデータを示す。2 つのクラスは PCA によって検出される主成分の方向に沿って分離しているので、これらのクラスは変換しても保持される。

---

‡5 [原書注] これらの要素は、実際には、完全な確率密度を有しているために、共分散行列の推定量を用いてデータから生成されることに注意する。

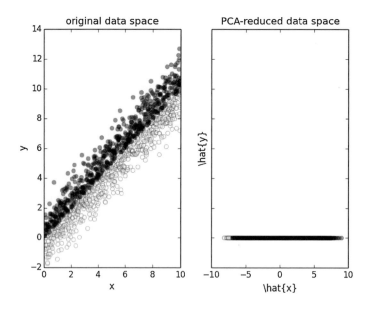

図4.38 図4.37と比較せよ。2つのクラスは主成分に直行する軸方向にそって分離している。結果として、今度は変換後には分離できない。

SVDはその相関関係に一番強く結びついた方向に成分を並べるような最適な直行分解を見つける。直交行列の列の大きさが1なので、同時にSVDはそれらの成分の二乗を行列$\mathbf{S}$として集める。上記の図4.37の例だと、2つの特徴量ベクトルは明らかに斜めの方向に相関していて、PCAはその斜め方向を主成分として選択している。

　PCAは強力な次元削減手法であることを見てきた。これは直行する特徴空間での線形変換について不変である。しかしながら、非線形な変換に対してはこの手法は弱い。非線形の場合、PCAの拡張で様々なものが知られていて、例えばカーネルPCAはScikit-learnでも利用できる。それらはパラメタライズされた非線形要素をPCAに組み込むことができるが、過剰適合のリスクがある。

4.8.1　独立成分分析

　独立成分分析（Independent Component Analysis, ICA）は`FastICA`アルゴリズムとしてScikit-learnで使うことができる。この手法はPCAとは原理的に異なり、強調される構成要素が大きな主成分ではなく、少し違っている。この手法は信号処理から取り入れられたものである。行が標本を表し列が異なる信号を表す信号の行列（$\mathbf{X}$）を考える。たとえば、これは一人の患者につながれた複数の導線からくる心電図信号かもしれない。次のようなモデルから解析を始める。

$$\mathbf{X} = \mathbf{S}\mathbf{A}^T \tag{4.8.1.1}$$

●4.8　次元削減●　***275***

言い換えると、観測された信号行列は不明な整合的で、かつ独立した無作為な発信源 S からくるものの混合物 A である。

$$S = [s_1(t), s_2(t), \ldots, s_n(t)]$$

無作為な発信源の分布について、多くても 1 つのガウス分布が発信源であること以外は知られていない。そうでなければ、技術的な理由で A を同定することはできない。ICA の問題は式 4.8.1.1 の A を求めることであり、したがって $s_i(t)$ 信号を混合物から分離することである。しかしこれはこの式の恣意性を軽減する戦略がないと解くことができない。

　具体的な話をするために、次のコードで状況をシミュレートしてみる。

```
>>> from numpy import matrix, c_, sin, cos, pi
>>> t = np.linspace(0,1,250)
>>> s1 = sin(2*pi*t*6)
>>> s2 =np.maximum(cos(2*pi*t*3),0.3)
>>> s2 = s2 - s2.mean()
>>> s3 = np.random.randn(len(t))*.1

>>> # 列を正規化
>>> s1=s1/np.linalg.norm(s1)
>>> s2=s2/np.linalg.norm(s2)
>>> s3=s3/np.linalg.norm(s3)
>>> S =c_[s1,s2,s3] # 列にスタックを形成

>>> # 行列を混合
>>> A = matrix([[ 1, 1,1],
... [0.5, -1,3],
... [0.1, -2,8]])
>>> X= S*A.T # 混合を実行
```

個々の信号 $(s_i(t))$ とその混合物 $(X_i(t))$ を**図 4.39** に示した。このそれぞれの信号を ICA を使って復元するには FastICA オブジェクトを使い、行列 X に対してパラメータを当てはめる。

```
>>> from sklearn.decomposition import FastICA
>>> ica = FastICA()
>>> # 未知の S 行列を推定する
>>> S_=ica.fit_transform(X)
```

この推定の結果は**図 4.40** に示した。ここで ICA は観測された混合物からもとの信号を復元している。ICA は復元した信号の符号は同定はできないし、入力信号の順序を保持することもできないということに注意すべきである。

　ICA でなぜこのようなことができるのかということについての直感を得るため、以下で 2 つの一様分布に従う 2 つの変数 $u_x, u_y \sim \mathcal{U}[0,1]$ からなる 2 次元の状況を考えてみよう。次のような直行回転行列をこれらの変数に適用する。

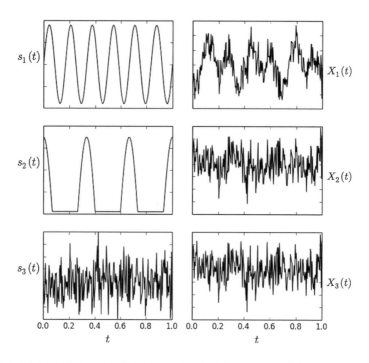

図4.39 左の列はもとの信号を示し、右の列は混合した信号を示す。ICA のオブジェクトは、右の列から左の列を復元した。

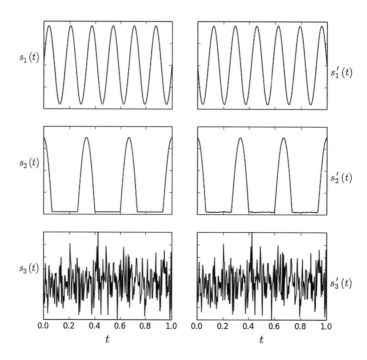

図4.40 左の列はもとの信号を表し、右の列は ICA が見つけ出した信号を表す。符号の変化を除いては、それらは完全に一致している。

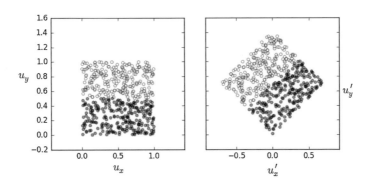

図4.41 左のパネルは互いに独立な一様乱数 u_x、u_y につけられたクラスラベルを示している。右のパネルはそれらの確率変数を回転させた後を示しており、これによりそれらの独立性が消え、2つのクラスを軸の方向に沿って分離するのが難しくなった。

$$\begin{bmatrix} u'_x \\ u'_y \end{bmatrix} = \begin{bmatrix} \cos(\phi) & -\sin(\phi) \\ \sin(\phi) & \cos(\phi) \end{bmatrix} \begin{bmatrix} u_x \\ u_y \end{bmatrix}$$

回転した変数 u'_x と u'_y は、**図**4.41 に示すようにもう独立ではない。したがって、ICA は独立性を回復できるように直行行列を検索するものだと考えることもできる。ここでガウス分布が起こらないように禁止する。2次元の独立変数のガウス分布は次の式のように比例で表される。

$$f(\mathbf{x}) \propto \exp(-\frac{1}{2}\mathbf{x}^T \mathbf{x})$$

ここで、ベクトル $\mathbf{x}$ を同様に、次のように回転したとする。

$$\mathbf{y} = \mathbf{Q}\mathbf{x}$$

知りたい $\mathbf{y}$ の密度は次の式を代入して得られる。

$$\mathbf{x} = \mathbf{Q}^T \mathbf{y}$$

ここで直交行列の逆行列は転置であることを使った。代入により次の式を得る。

$$f(\mathbf{y}) \propto \exp(-\frac{1}{2}\mathbf{y}^T \mathbf{Q}\mathbf{Q}^T \mathbf{y}) = \exp(-\frac{1}{2}\mathbf{y}^T \mathbf{y})$$

つまりここで変数 $\mathbf{y}$ についての変換がなくなっている。このことは、ICA があらかじめ知っていなければ直行変換について検索するようなことはできないことを意味し、これはガウス分布に従う確率変数の制限である。したがって、ICA は変換された変数がガウシアンでない度合いを最大化するものである。これを行う手法は多くあり、そのなかにはキュムラントを使うものや負のエントロピーを使うものがある。

$$\mathcal{J}(Y) = \mathcal{H}(Z) - \mathcal{H}(Y)$$

ここで$\mathcal{H}(Z)$は、Yと同じ分散を持つガウス分布に従う確率変数変数Zの情報エントロピーである。これ以上の詳細は本書の範囲外となるが、ここまででFastICAアルゴリズムがどう動作するかの概略を示した。

この手法のScikit-learnでの実装には、複数の独立成分を抽出するのに2つの異なる手法がある。収縮法は、段階的な正規化過程で、一度に1つずつの成分を反復して抽出する。並行法は同様に単一成分手法を使うが、新しく計算される成分だけではなくすべての成分の正規化を一斉に行う。ICAは独立した成分を抽出するので、データ行列内の相関がある成分のバランスをとるために、事前に白色化手法が使われる。PCAがガウス分布に従う確率変数に対して最適な次元について相関のない成分を返すところでは、ICAはできるだけガウシアン密度と遠い成分を返す。

図4.41の左のパネルはもとの一様乱数発信源を示す。白と黒の色は2つのクラスの区別を表す。右のパネルはこれらの発信源の混合を表し、これは入力特徴量として観測されるものである。**図4.42**の上段はPCA（左）とICA（右）によって変換されたデータ空間である。ICAは2つの無作為なデータを分離できたが、PCAは支配的な方向に沿って変換しただけである。ICAは

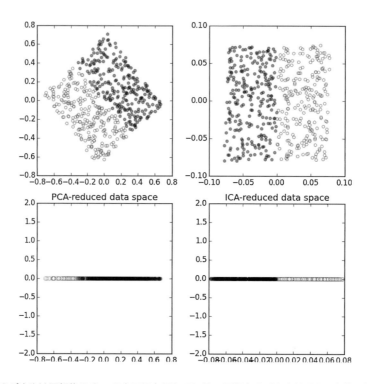

図4.42 上段左のパネルは回転後の2つのクラスを示している。下段左のパネルはPCAを使った次元削減を示していて、ここでは2つのクラスが混合している。上段右のパネルはICAが変換した出力で、下段右のパネルでわかるのは、ICAはデータの回転を元に戻せるので低次元データでもクラス間の分離を保持できるということである。

クラス属性を保持できるので、データ空間は図のように2つの重なりのない部分に縮約される。しかしPCAは同様な分離ができない。これはクラスが、PCAが分解で主成分とみなす支配的な方向に沿って混合しているからである。

　主成分分析についての良い解説は文献[7-10]を参照のこと。独立成分分析については、文献[11]で詳細が説明されている。

4.9　クラスタリング

　クラスタリングは、データから学習するときに教師のいらない機械学習の手法のなかでも、最も単純なものだ。教師なし手法は、目標変数を持たない訓練集合を使う。そのような教師なし手法は意味のある基準値にもとづいてデータをクラスタに分類する。そのおかげで、手法そのものにほとんど何も仮定がないので、この手法は非常に良い探索的なデータ分析手法である。この節では、よく使われ、Scikit-learnでも利用可能なK平均法というクラスタリング手法に注目する。

　Scikit-learnのmake_blobsを使うために、データを作成することとする。図4.43は2次元でのクラスタリングの例を示している。クラスタリング手法は、次の目的関数を最小化することで動作する。

$$J = \sum_k \sum_i \|\mathbf{x}_i - \mu_k\|^2$$

k番目のクラスタの歪みは、和をとる前の中身として次で表される。

$$\|x_i - \mu_k\|^2$$

つまり、クラスタリングのアルゴリズムは、クラスタの中心μ_kを調整することでこの値を最小

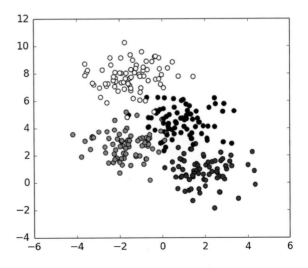

図4.43　この例において4つのクラスタはとても簡単に見分けることができるが、クラスタリング手法を使ってその広がりとクラスタの数を自動的に決定したい。

280 ●第 4 章　機械学習●

化しようとする。直感的には、μ_k は雲のなかの点群の重心である。この手法で使われる典型的な距離はユークリッド距離である。

$$\|\mathbf{x}\|^2 = \sum x_i^2$$

この問題を解いて最良のクラスタ中心 μ_k を見つける賢いアルゴリズムは多くある。K 平均法アルゴリズムはユーザが指定した数 K について、K 個のクラスタで最適化する。これは Scikit-learn で KMeans オブジェクトとして実装されていて、次に示すように Scikit-learn での当てはめの習慣に従っている。

```
>>> from sklearn.cluster import KMeans
>>> kmeans = KMeans(n_clusters=4)
>>> kmeans.fit(X)
KMeans(copy_x=True, init= 'k-means++ ', max_iter=300, n_clusters=4, n_init=10,
    n_jobs=1, precompute_distances=True, random_state=None, tol=0.0001,
    verbose=0)
```

ここで $K = 4$ を選択した。K の値はどうやって選ぶのだろうか？　これは汎化と近似についての永遠の課題である。クラスタの数が大きければ良い近似を得るが、汎化は悪くなる。この問題へのアプローチのしかたの 1 つとしては、少しずつ大きくなっていく K の値に対して歪みの平均を計算して、意味がなくなるまで続けるという方法がある。これを行うには、すべてのデータ点について、すべてのクラスタの中心と比較する必要がある。そして、すべてのクラスタでその最小値を取り、それらを平均する。このことは、K 個のクラスタについてとりあえず平均的なパフォーマンスを考えるというアイデアを与える。次のコードはそれを明示的に行っている。

> **プログラミングの コツ**
>
> Scipy の cdist 関数は、入力として与えられる 2 つのコレクションについて、指定した距離関数に従って各ペアの距離を計算する。

```
>>> from scipy.spatial.distance import cdist
>>> m_distortions=[]
>>> for k in range(1,7):
...     kmeans = KMeans(n_clusters=k)
...     _=kmeans.fit(X)
...     tmp=cdist(X,kmeans.cluster_centers_, 'euclidean ')
...     m_distortions.append(sum(np.min(tmp,axis=1))/X.shape[0])
...
```

上記のコードでは cluster_centers_ を使っているが、これは K 平均法アルゴリズムで推定されたものである。この結果を示す**図 4.44** は、クラスタ数が増えると計算値が減少していくことを意味する。

図4.44 平均歪みはクラスタが増えると減少していく値である。

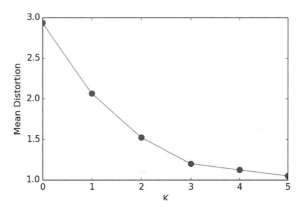

もう1つの性能指標としてはシルエット係数がある。これは、それぞれのクラスタがどのくらい凝縮していて、どのくらい分離しているかを測ることができる。シルエット係数を計算するには、各標本に対してクラスタ間平均距離（a_i）と2番目に近いクラスタへの距離（b_i）を計算する必要がある。i番目の標本に対するシルエット係数は次で与えられる。

$$\mathrm{sc}_i = \frac{b_i - a_i}{\max(a_i, b_i)}$$

平均シルエット係数は、全標本のこれらすべての値の平均値である。最良値は1であり、最悪値は-1であり、0に近い値はクラスタが重なっていることを示し、負の値は標本が間違ったクラスタに割り当てられていること示している。この性能指標は、以下のようにScikit-learnに実装されている。

```
>>> from sklearn.metrics import silhouette_score
```

図4.45は、クラスタが広がったり近づいたりするとシルエット係数の値が変化することを示している。

K平均法は理解しやすいし実装もしやすいが、クラスタ中心の初期選定に対して敏感である。Scikit-learnでデフォルトの初期化手法は、非常に効果的で賢いランダム化を行い、クラスタ中心の初期値を得る。K平均法の初期化が不安定性を生む理由を理解するには、**図4.46**を考えてみるとよい。図4.46では、左に2つの大きなクラスタがあり、そこから離れた右に疎なクラスタがある。中心にある大きな丸がK平均法が見つけたクラスタ中心である。$K=2$だとして、どのようにクラスタ中心が選択されるべきだろうか？ 直感的には最初の2つのクラスタの間にクラスタ中心が1つあり、右の疎なクラスタにもう1つのクラスタ中心があるべきだ[‡6]。しかしなぜそうならないのか（図4.45）？

[‡6] ［原書注］ 実例を示すために、この例に対する`init=random`キーワード引数を用いている点に注意しよう。

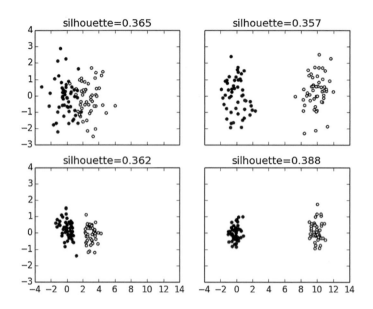

図4.45 クラスタが近づいてさらに集約されると、シルエット係数の値がどのように変動するかを示している。

図4.46 大きな丸はK平均法アルゴリズムによって見つかったクラスタ中心である。

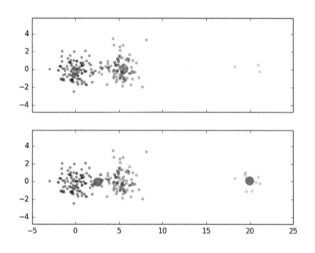

　問題はK平均法の目的関数は、遠くにある疎なクラスタへの距離と、その小さなサイズのトレードオフをすることだ。右にある疎なクラスタの標本数を増やせば、図4.46のようにK平均法はクラスタ中心をそちらに合わせるだろう。つまり、初期クラスタ中心の1つが右の疎なクラスタの内部にあったなら、アルゴリズムはすぐにそれをとらえ、もう1つのクラスタ中心をあとの2つのクラスタのなかに動かすだろう（図4.46下）。よく考えられた初期化がなければこのことは起こらず、疎なクラスタは中心のクラスタと合併してしまう（図4.46上）。さらには、そのような問題は高次元のクラスタには可視化が難しい。一方でK平均法はとても速く、解釈しやすく、理解しやすい。並列化も容易で、n_jobs キーワード引数を使えば多くの初期クラスタ中心を簡単に評価できる。K平均法の多くの拡張は、ユークリッド距離ではない距離を使い、特徴

量に対して適応的な重み付けを行う。このことにより、クラスタが球形ではなくて楕円形のときも対応できる。

4.10 アンサンブル手法

ランダムフォレストという例外を除いては、今までのところ機械学習のモデルをただ1つの実体として考えてきた。複数のモデルを組み合わせて分類を行う方法はアンサンブル学習と呼ばれる。アンサンブル学習を生み出す2つの主要な方法がある。バギングとブースティングである。

4.10.1 バギング

バギングはブートストラップの寄せ集めを意味する。ここでブートストラップとは、3.10節で説明したものと同じものである。基本的に、データから復元抽出を行い、新しく抽出した標本で分類器を学習させる。そして、それぞれの分類器の出力を多数決の仕組み（出力が離散値の場合）または重み付き平均（出力が連続値の場合）を使って組み合わせる。この組み合わせの仕組みは、1つの要素で簡単に影響を受けてしまうモデルについては特に有効である。再抽出工程の手順では、要素がすべてのブートストラップされた訓練集合に出現しないようにし、モデルの一部がそのような効果を得ないようにしている。つまり、バギングはそれぞれのバリアンスの大きいモデルを寄せ集めたときのバリアンスを軽減するのに役立つ。

バギングの意味を理解するために、境界 $y = -x + x^2$ によって2つの領域に分離された2次元平面を考えてみよう。この境界の上側の点 (x_i, y_i) のペアは1とラベル付けされ、下側の点のペアは0とラベル付けされる。**図4.47**は、実線で示した非線形な分離境界と2つの領域を示している。

問題は、この2つの領域のそれぞれから標本を取り、パーセプトロンを使って正しくそれらを分類することである。パーセプトロンは考えうる限り最も単純な線形分類器であり、目的となる2つのカテゴリを分割する平面上の直線を求めるものである。分離境界が非線形なので、パーセ

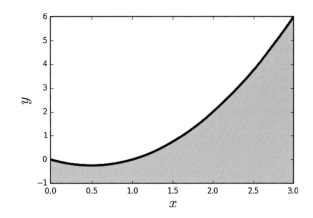

図4.47 平面上の2つの領域は非線形な境界で分離されている。訓練データはこの平面から得られている。目的はそのようにサンプリングされたデータを正確に分類することである。

図4.48 パーセプトロンは２つのクラスの間で、最善の線形境界を求める。

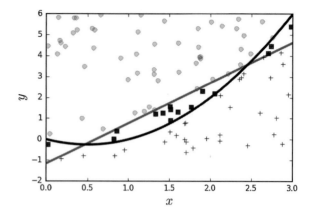

プトロンはこれを完全に解くことはできない。次に示すコードは Scikit-learn で使えるパーセプトロンを設定する。

```
>>> from sklearn.linear_model import Perceptron
>>> p=Perceptron()
>>> p
Perceptron(alpha=0.0001,class_weight=None,eta0=1.0,fit_intercept=True,
n_iter=5,n_jobs=1,penalty=None,random_state=0,shuffle=False,
verbose=0,warm_start=False)
```

訓練データと結果として得られる分離境界を示すパーセプトロンは**図4.48**に示した。丸（●）と十字（+）はサンプリングされた訓練データであり、グレーの直線は２つのパーセプトロンによるカテゴリ間の分離境界である。黒四角（■）は訓練データのなかで、パーセプトロンが間違えて分類した要素である。パーセプトロンは線形の分離境界しか生成できず、この場合の境界は非線形なので、境界線が曲がっているところの近くでパーセプトロンは間違える。次のステップとして、バギングが複数のパーセプトロンを使ってどのようにこれを改善していくのかを見ていこう。

次のコードは Scikit-learn のバギング分類器を設定する。ここでは３つのパーセプトロンのみを使う。**図4.49**では、この３つの分類器のそれぞれと、バギングによる最終的な分類器を下段右に示した。以前と同様に、黒四角（■）は訓練データのなかで間違えて分類されたものを意味する。組み合わせた分類は、多数決により得られる。

```
>>> from sklearn.ensemble import BaggingClassifier
>>> bp = BaggingClassifier(Perceptron(),max_samples=0.50,n_estimators=3)
>>> bp
BaggingClassifier(base_estimator=Perceptron(alpha=0.0001,class_weight=None,eta0=
1.0,fit_intercept=True,
n_iter=5,n_jobs=1,penalty=None,random_state=0,shuffle=False,
verbose=0,warm_start=False),
bootstrap=True,bootstrap_features=False,max_features=1.0,
max_samples=0.5,n_estimators=3,n_jobs=1,oob_score=False,
random_state=None,verbose=0)
```

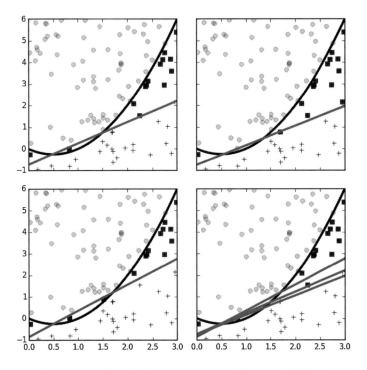

図4.49 右下はアンサンブルによるバギング分類器を示し、ほかのグレーの直線が1つあるパネルはそのアンサンブルを構成するパーセプトロンのうちの1つを示している。

BaggingClassifier は生成時に oob_score=True フラグを渡すことで、標本外誤差を推定してくれる。これは、どの標本を学習時に使ってどの標本を使わなかったかを追跡し、学習時に使われなかった標本を使って標本外誤差を推定する。max_samples キーワード引数は基礎となる分類器に使う訓練集合からの標本数を指定する。バギング分類器で使われる max_samples が小さければ標本外誤差の推定が良くなるが、標本内のパフォーマンスが犠牲になる。もちろんこれは全体の標本数と各分類器の自由度に依存する。VC次元がまた現れてくる！

4.10.2 ブースティング

今まで考察してきたように、バギングはそれぞれの分類器のバリアンスが大きいときに有効であり、それは最終的な多数決がそれぞれの分類器を平滑化して安定的な協調した結果を生成するからである。一方で、ブースティングは新しいデータに順応させるのが遅いようなバイアスが高い分類器に有効である。ある面では、ブースティングは最終的に多数決（または数値的予測について平均値）をとるという点でバギングと似ていて、またブースティングも同じタイプの分類器を組み合わせる。一方で、ブースティングは逐次的に反復するが、バギングの各分類器は並行して学習させることができる。ブースティングは前までのイテレーションでの分類間違いを利用

し、次のイテレーションでの分類器の学習に重み付けにより影響させる。これはつまりブースティングでは、前のイテレーションまでで分類が行われおり、各ステップでそこまでのところで生じた分類間違いに注目する。

Scikit-learn でのブースティングの基本的な実装は適応的ブースティング（AdaBoost）アルゴリズムであり、これは分類（`AdaBoostClassifier`）と回帰（`AdaBoostRegressor`）ができる。基本的な AdaBoost アルゴリズムの最初のステップは訓練集合インデックスのそれぞれに $D_0(i) = 1/n$ により重みを初期化することだ。ここで n は訓練集合の要素の数である。ここで注意すべきは、これはインデックスについての離散型の一様分布を作っているのであり、訓練データ $\{(x_i, y_i)\}$ そのものについての分布ではないことだ。言い換えると、もし訓練集合に反復要素があるとすると、そのそれぞれが別の重みを持つということである。次のステップはベース分類器 h_k を学習させて k 番目のイテレーションでの分類間違い ϵ_k を記録することである。2つの因子は次に ϵ_k を使って計算される。

$$\alpha_k = \frac{1}{2} \log \frac{1 - \epsilon_k}{\epsilon_k}$$

そして正規化因子は次のようになる。

$$Z_k = 2\sqrt{\epsilon_k(1 - \epsilon_k)}$$

次のステップとして、訓練データについての重みが次のように更新される。

$$D_{k+1}(i) = \frac{1}{Z_k} D_k(i) \exp\left(-\alpha_k y_i h_k(x_i)\right)$$

最終的な分類結果は α_k 因子を集めることで、$g = \mathrm{sgn}(\sum_k \alpha_k h_k)$ として計算される。

上述の問題をパーセプトロンによるブースティングを使ってやり直すため、AdaBoost 分類器を次のように設定する。

```
>>> from sklearn.ensemble import AdaBoostClassifier
>>> clf=AdaBoostClassifier(Perceptron(),n_estimators=3,
...                     algorithm= 'SAMME ,'
...                     learning_rate=0.5)
>>> clf
AdaBoostClassifier(algorithm='SAMME', base_estimator=Perceptron(alpha=0.0001,cla
ss_weight=None,eta0=1.0,fit_intercept=True,
n_iter=5,n_jobs=1,penalty=None,random_state=0,shuffle=False,
verbose=0,warm_start=False), learning_rate=0.5,n_estimators=3,random_state=None)
```

`learning_rate` はどのくらい積極的に重みを更新するかを意味する。埋め込まれたパーセプトロンが結果として出力する分類境界を**図 4.50** に示した。これを図 4.49 の右下のパネルと比較せよ。両方の事例でパフォーマンスはほとんど同じである。この節に対応する IPython

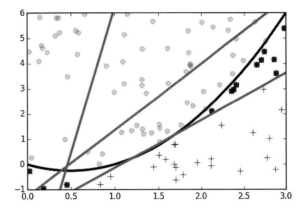

図4.50 AdaBoost分類器に埋め込まれた個々のパーセプトロン分類器のそれぞれと分類間違いをした点(黒四角)を示した。この図を図4.49の右下と比較せよ。

Notebook[*1]はさらに詳細が書かれていて、これらの図すべてを生成するコードの完全なリストが含まれている。

参考文献

1. L. Wasserman, All of Statistics: A Concise Course in Statistical Inference (Springer, 2004)
2. V. Vapnik, The Nature of Statistical Learning Theory (Springer, Information Science and Statistics, 2000)
3. J. Fox, Applied Regression Analysis and Generalized LinearModels (Sage Publications, 2015)
4. K. J. Lindsey, Applying Generalized Linear Models (Springer, 1997)
5. S. L. Campbell, C. D. Meyer, Generalized Inverses of Linear Transformations, vol. 56 (SIAM, 2009)
6. C. Bauckhage, Numpy/scipy Recipes for Data Science: Kernel Least Squares Optimization (1) (researchgate.net, March 2015)
7. W. Richert, Building Machine Learning Systems With Python (Packt Publishing Ltd, 2013)[*2]
8. E. Alpaydin, Introduction to Machine Learning (Wiley Press, 2014)
9. H. Cuesta, Practical Data Analysis (Packt Publishing Ltd, 2013)
10. A. J. Izenman, Modern Multivariate Statistical Techniques, vol. 1 (Springer, 2008)
11. A. Hyvarinen, J. Karhunen, E. Oja, Independent Component Analysis, vol. 46 (John Wiley & Sons, 2004)

[*1]〔訳 註〕https://github.com/unpingco/Python-for-Probability-Statistics-and-Machine-Learning/
[*2]〔訳 註〕日本語訳:実践 機械学習システム. Will Richert, Luis Pedro Coelho 著. 斎藤康毅訳. オライリー・ジャパン (2014)

索引

●記号

%loadpy コマンド 23

%lsmagic 23

－no-browser 21

Λ 統計 143

Λ 比 142

●数字

2to3 モジュール 3

●アルファベット

A

AdaBoost 286

AdaBoostClassifier 286

AdaBoostRegressor 286

advanced indexing 8

Amazon Web Services（AWS） 5

Anaconda 3

as_strided 10

axes オブジェクト 97

B

BaggingClassifier 285

bcolz モジュール 15

Benjamini-Hochberg 法 148

binstar.org 4

Blaze 15

C

cdf 108

CDF 96

C

Chaco 18

CherryPy 1

concurrent.futures モジュール 35

conda 3

Continuum Analytics 3

Cook 距離 165

corrected sum of squares 159

CPython 4

ctypes モジュール 32

D

DataFrame 45

DataFrame（データフレーム）オブジェクト 26

DecisionTreeClassifier 246

DecisionTreeRegressor 246

dinv 43

Django 1

E

Emacs 33

Enthought Canopy 18, 33

ETS 18

eval メソッド 28

execute メソッド 37

ExtraTrees 248

F

false-discovery rate 148

FastICA 275

fdr 148

fit 210

futures モジュール 35

G

ggplot 18
ggplot2 19
GPGPUs 15
GradientBoostingRegresser 248
groupby 46

H

hat 行列 163
help 20
Huber 関数 176

I

ICA 274
IDE 33
Independent Component Analysis 274
index 25
ipcluster 36
ipython 19
IPython 17, 19
ipython nbconvert コマンド 32
IPython Notebook 122
IronPython 3
ISE 194
isf 108
itemsize 5
itertools モジュール 73

J

Jedi 33
Julia 21
Jupyter 21
Jython 3

K

KMeans 280
k 近傍回帰 199
K 平均法 279
K 平均法アルゴリズム 280

L

L_1 ノルム 256, 263
L_2 最小化問題をラグランジュ係数 255
lambdify 31
lambdify メソッド 31
Lasso 回帰 263
LaTeX 形式 83
leave-one-out 交差検定 199
legend 関数 83
LinearRegression 210
line_profiler 34
LLVM コンパイラ 15

M

MAP 169
MathJaX 22, 30
Matlab 7
Matplotlib 16
meshgrid メソッド 12
Microsoft Azure 5
MMSE 60, 61, 66
moment 108
MSE 60, 66
multiprocessing モジュール 34
MVUE 157

N

Nadaraya-Watson カーネル回帰推定量 203
New Notebook 21
NinjaIDE 33
np 5
np.matrix 11
np.newaxis 13
np.sin 6
Numpy 5

O

os.getpid 関数 36

P

Pandas ································· 24, 25, 45
PCA ··· 271
pd.cut 関数 ··································· 79
pdf ··· 108
pip ··· 4
plot 関数 ·· 17
plt ·· 16
plt.show() 関数 ······························ 16
plug-in ··· 124
PolynomialFeatures ··················· 212
ppf ··· 108
predict ·· 210
prettyplotlib モジュール ················ 19
Principal Component Analysis ······· 271
program.prof ファイル ···················· 34
PyCharm ··· 33
PyData ワークショップ ···················· 38
pylint ·· 33
Pypy ·· 4, 33
PyQtGraph ······································ 18
PyTables ·· 15
Python 2.7 ·· 3
PythonXY ··· 5
p 値 ··· 139
P 値 ··· 132

Q

q 値 ··· 148

R

R ·· 18, 21
Rational 関数 ·································· 74
residual mean square ···················· 159
ridge 回帰 ····································· 163
ROC ··· 137
RSS ··· 158
runsnakerun ··································· 34
rvs ··· 108

S

Scientific Python カンファレンス ········· 38
scikit-image ··································· 24
scikit-learn ···································· 24
Scikit-learn ·································· 209
scikit モジュール ···························· 24
Scipy ··· 23
scipy.interpolate モジュール ·········· 24
scipy.stats ··································· 108
scipy.stats モジュール ···················· 24
Scott 規則 ····································· 194
Seaborn ·· 110
seaborn モジュール ·························· 19
sf ·· 108
Silverman 規則 ······························ 194
Singular Value Decomposition ·········· 273
six モジュール ·································· 3
sklearn ·· 24
Spyder ··· 5
stats ······································· 66, 108
Statsmodels ··································· 110
stats.P ··· 109
sum of squares about the mean ········· 159
SVD ··· 273
SVM ··· 265
SWIG ··· 32
Sympy ·································· 29, 64, 109
sympy.stats モジュール ···················· 80

U

unstack ·· 29

V

Vapnik-Chervonenkis 次元 ··············· 221
VC 次元 ··· 221
Vim ··· 33
VirtualBox ·· 5
VMware Player ···································· 5

W

WinPython ···································· 5

www.stackoverflow.com ············ 37

X

xreplace 関数 ···························· 75

●五十音順

あ行

アーティスト ······························ 16

アウトオブバッグ推定 ··············· 247

値渡し ··· 8

アフィン関数 ······························ 74

アンサンブル ··························· 283

位置 ·························· 173, 174, 179

一次元最近傍分類器 ················· 222

位置等値性 ······························· 174

一様分布 ····································· 47

一般化最尤推定 ························· 174

一般化線形モデル ··············· 110, 253

一般化尤度比検定 ····················· 142

移動平均化 ······························· 204

インデックス ······························· 9

ウィルクスの理論 ····················· 142

ウィンドウ ··································· 8

影響 ··· 165

影響行列 ··································· 163

エラーベクトル ·························· 58

エントロピー ····························· 85

オイラー＝ラグランジュ方程式 ······· 63

応答変数 ··································· 152

汚染 ··· 174

オッズ ····································· 130

オッズ比 ··································· 131

重み付き最小二乗法 ················· 164

重み付け距離 ····························· 58

か行

カーネル回帰 ··························· 203

カーネル関数 ··························· 269

カーネル推定量 ························· 204

カーネルトリック ····················· 269

カーネル平滑化 ························· 193

カーネル密度推定 ····················· 190

ガウス確率変数 ·························· 52

ガウス＝マルコフの定理 ············ 186

ガウス＝マルコフモデル ············ 186

確信区間 ··································· 172

確信集合 ··································· 172

確率 ····································· 43, 51

確率 1 で収束 ··························· 111

確率質量関数 ················ 41, 43, 127

確率収束 ··································· 114

確率不等式 ······························· 220

確率変数 ··························· 41, 108

確率密度関数 ··············· 41, 52, 108

加重平均 ··································· 176

仮説検定 ··································· 132

可測関数 ···································· 41

偏りのないコイン ························ 41

偏りのないサイコロ ···················· 41

カルバック・ライブラー距離 ········· 89

カルバック・ライブラー情報量 ······· 89

頑健性 ····································· 176

キー ··· 44

偽陰性 ····································· 133

棄却法 ······································· 98

期待値の塔定理 ·························· 61

偽発見率 ··································· 148

帰無仮説 ··································· 132

逆 CDF ····································· 96

逆写像 ······································· 49

逆生存関数 ······························· 108

キャスト ····································· 11

偽陽性 ····································· 133

共分散 ····································· 161

共分散行列	273	参照渡し	8
行列	11	シグモイド関数	248
極限定理	116	時系列分析	110
局所線形回帰	205	次元削減	271
区間	40	次元の呪い	205
クラスタリング	279	辞書	42
クロスエントロピー	89	指数分布	97
クロスバリデーション	228	事前確率	167
訓練セット	201	ジニ係数	241
結合分布	167	シフト不変性	174
決定木	239	四分位範囲	178
検証セット	201	尺度	179
検定統計量	140	写像	49, 55
交差エントロピー	89	写像演算子	58
交差検定	194, 220, 228	シャノンの情報量	85

シャピロ・ウィルクス（Shapiro-Wilks）検定

工程	181		109
高度なインデックス作成	8	収縮法	278
誤警告関数	134	収束	110
誤警報	133	従属変数	152
コルモゴロフ	214	自由度	41
		自由度調整済決定係数	161

さ行

		周辺密度	64
最近傍回帰	199	受信者動作特性	137
最近傍推定量	200	主成分分析	271
最近傍点	58	条件付き確率	55
最小分散不偏推定量	157	条件付き期待値	60, 61
最小平均二乗誤差	59, 60, 63, 65	条件付き独立	53
最小平均二乗誤差（MMSE）推定量	66	情報エントロピー	86, 244, 278
最大化関数	120	情報量	86
最大事後確率	167	情報理論	85
最大事後確率推定量	169	シリーズ（Series）オブジェクト	24
最大マージンアルゴリズム	266	シルエット係数	281
最尤推定原理	120	信頼区間	126, 148
最尤推定法	118	垂直ベクトル	59
最尤推定量	128	推定リスク	202
サポートベクトルマシン	265	数学関数	31
三角行列	245	スケール等値	174
残差平均平方	159	スライシング	7
残差平方和	158		

正規化 MAD ……………………… 179
正則化 …………………………… 254
生存関数 ………………………… 108
正定値行列 ………………………… 58
積分二乗誤差 …………………… 194
積率 ………………………………… 90
積率母関数 ……………………… 90, 91
セマンティクス …………………… 8
漸近検定 ………………………… 146
漸近正規性 ……………………… 175
線形回帰 ………………………… 152
線形予測器 ……………………… 253

た行

第一種の過誤 …………………… 134
大数の強法則 …………………… 117
大数の弱法則 …………………… 116
対立仮説 ………………………… 132
多項式回帰 …………………… 212, 262
多項式リッジ回帰 ……………… 262
多重仮説検定 …………………… 147
多重比較 ………………………… 147
多数決検定 ……………………… 135
多変量線形回帰 ………………… 211
単項関数 …………………………… 6
探索的統計学 …………………… 214
チェビシェフの不等式 ………… 103
チャープ波形 …………………… 199
中央値 …………………………… 173
中央値絶対偏差 ………………… 178
中心極限定理 …………………… 117
直積 ………………………………… 47
直交確率変数 …………………… 52
訂正平方和 ……………………… 159
テイラー展開 …………………… 130
データフレーム ……………… 27, 45
適応制御工程 …………………… 205
適応的ブースティング（AdaBoost）アルゴリ
　ズム ………………………… 286

テスト誤差 ……………………… 226
デプロイ ………………………… 220
デルタ法 ………………………… 132
統計モジュール …………… 108, 109
同時確率 …………………………… 46
特異値分解 ……………………… 273
独立 ………………………………… 42
独立性 ……………………………… 52
独立成分分析 …………………… 274
独立等分布 ……………………… 152
凸最適化問題 …………………… 267
ドット積 …………………………… 73
トレードオフ …………………… 247

な行

内積 ………………………………… 58
並べ替え検定 …………………… 145
ネイマン・ピアソン検定 ……… 140
ノイズ …………………………… 236
ノンパラメトリック回帰推定量 … 198
ノンパラメトリック法 ………… 190

は行

パーセント点関数 ……………… 108
バイアス ………………………… 233
ハイパーパラメータ …………… 163
バギング ………………………… 283
パラメトリックブートストラップ … 185
バリアンス ……………………… 233
汎化 ……………………………… 220
汎化誤差 ………………………… 239
汎用グラフィックス・プロセッシング・ユニット
　…………………………………… 15
引数 ………………………………… 25
ヒストグラム ……………………… 94
ピタゴラスの定理 ………………… 57
ビット …………………………… 86
ビュー ……………………………… 8
ビン ……………………………… 190

ブースティング	283, 285
ブートストラップ	180, 283
ブートストラップ推定量	181
ブートストラップ標本	181
複素指数	31
不確かさ	39, 42
プラグイン	162
プラグイン推定量	158, 162
ブロードキャスティング	12
平均二乗誤差	60, 119, 225
平均二乗誤差（MSE）推定量	66
平均の平方和	159
平均歪み	281
並行法	278
ベイズ理論	167
冪関数	134
冪等	59, 61
ヘフディングの不等式	105, 149
ヘロンの公式	54
ほとんど確実に収束	111
ボレル集合	48
ボンフェローニ補正	148

ま行

ミニマックス推定量	119
ミニマックスリスク	119
無作為	39
無相関	52
無相関確率変数	52
目的変数	152
目標確率密度関数	94
モンテカルロアルゴリズム	181
モンテカルロサンプリング法	93

や行

有意水準	134
ユークリッド距離	280
尤度	167
尤度関数	120

ら行

ラグランジュ未定乗数法	255
ランダムフォレスト	246
ランダムフォレスト分類器	246
リスク	199
リスト	43
リッジ回帰	258, 260
リプシッツ関数	191
リンク関数	253
累積分布関数	108
ルベーグ積分	40
レバレッジ値	163
連続型確率変数	47
ロジスティック回帰	248, 250
ロジスティック回帰曲線	249
ロジスティック回帰モデル	250
ロジスティック関数	248
ロジット関数	248
ロバスト	176
ロバスト線形モデル	110
ロバスト統計	173

わ行

ワルド検定	146

参考文献リスト（和書）

　学習の助けとして訳者らがまとめた Python のデータサイエンス、科学技術計算、機械学習、人工知能に関連する参考書籍リストである。本書はこの中でも、入門を終えた中上級者を対象としている。

　Python のデータサイエンスの関連書籍は非常に多く、すべてを網羅することは不可能であるため（特に、統計、機械学習、人工知能関連の書籍は網羅できないと思われる。さらに、洋書は数がかなり多い）、翻訳者の把握できる範囲のリストであり、すべてを網羅することを目的としてはいない。また、分類も大雑把なものである。

Python

1) Python チュートリアル 第2版. Guido van Rossum 著. 鴨澤 眞夫 訳. オライリー・ジャパン（2010）

2) 初めての Python 第3版. Mark Lutz 著. 夏目 大 訳. オライリー・ジャパン（2009）

3) みんなの Python 第3版. 柴田 淳 著. SB クリエイティブ（2012）

4) Python クックブック 第2版. Alex Martelli, Anna Martelli Ravenscroft, David Ascher 著. 鴨澤 眞夫、當山 仁健、吉田 聡、吉宗 貞紀、他 訳. オライリー・ジャパン（2007）

5) 入門 Python 3. Bill Lubanovic 著. 斎藤 康毅 監訳. 長尾 高弘 訳. オライリー・ジャパン（2015）

科学技術計算、データ分析

6) Python によるデータ分析入門―NumPy、pandas を使ったデータ処理. Wes McKinney 著. 小林 儀匡、鈴木 宏尚、瀬戸山 雅人、滝口 開資、野上 大介 訳. オライリー・ジャパン（2013）

7) 科学技術計算のための Python 入門―開発基礎、必須ライブラリ、高速化. 中久喜 健司 著. 技術評論社（2016）

8) Python データサイエンス―可視化、集計、統計分析、機械学習. 杜 世橋 著. リックテレコム（2016）

機械学習

9) 実践 機械学習システム. Willi Richert, Luis Pedro Coelho 著. 斎藤 康毅 訳. オライリー・ジャパン（2014）

10) IT エンジニアのための機械学習理論入門. 中井 悦司 著. 技術評論社（2015）

11) Python 機械学習プログラミング 達人データサイエンティストによる理論と実践. Sebastian Raschka 著. 株式会社クイープ 訳. 福島 真太朗監 訳. インプレス（2016）

ディープラーニング

12) ゼロから作る Deep Learning—Python で学ぶディープラーニングの理論と実装. 斎藤 康毅 著. オライリー・ジャパン (2016)

13) Python で体験する深層学習—Caffe, Theano, Chainer, TensorFlow. 浅川 伸一 著. コロナ社 (2016)

14) TensorFlow で学ぶディープラーニング入門—畳み込みニューラルネットワーク徹底解説. 中井 悦司 著. マイナビ出版 (2016)

各種ツール

＜ IPython ＞

15) IPython データサイエンスクックブック—対話型コンピューティングと可視化のためのレシピ集. Cyrille Rossant 著. 菊池 彰 訳. オライリー・ジャパン (2015)

＜ SymPy ＞

16) Python からはじめる数学入門. Amit Saha 著. 黒川 利明 訳. オライリー・ジャパン (2016)

応用

17) 集合知プログラミング. Toby Segaran 著. 當山 仁健、鴨澤 眞夫 訳. オライリー・ジャパン (2008)

18) 入門 自然言語処理. Steven Bird, Ewan Klein, Edward Loper 著. 萩原 正人、中山 敬広、水野 貴明 訳. オライリー・ジャパン (2010)

19) 実践 コンピュータビジョン. Jan Erik Solem 著. 相川 愛三 訳. オライリー・ジャパン (2013)

20) 戦略的データサイエンス入門—ビジネスに活かすコンセプトとテクニック. Foster Provost, Tom Fawcett 著. 竹田 正和 監訳. 古畠 敦、瀬戸山 雅人、大木 嘉人、藤野 賢祐、宗定 洋平、西谷 雅史、砂子 一徳、市川 正和、佐藤 正士 訳. オライリー・ジャパン (2014)

21) Python による Web スクレイピング. Ryan Mitchell 著. 黒川 利明 訳. 嶋田 健志技術 監修. オライリー・ジャパン (2016)

人工知能

22) あたらしい人工知能の教科書 プロダクト・アプリケーション開発に必要な基礎知識. 多田 智史 著. 石井 一夫 監修. 翔泳社 (2016)

科学技術計算のための Python──確率・統計・機械学習

発 行 日 ──	2016 年 12 月 23 日
原 　 著 ──	José Unpingco
翻 　 訳 ──	石井　一夫、加藤　公一、小川　史恵
翻訳協力 ──	清水　節子
編 　 集 ──	高橋　晴美
装 　 丁 ──	坂　重輝（有限会社グランドグルーブ）
発 行 者 ──	吉田　隆
発 行 所 ──	株式会社エヌ・ティー・エス
	東京都千代田区北の丸公園 2-1　科学技術館 2 階　〒 102-0091
	TEL　03(5224)5430
	http://www.nts-book.co.jp/
制作・印刷 ──	倉敷印刷株式会社

© 2016　石井　一夫、加藤　公一、小川　史恵　　　　　　ISBN 978-4-86043-471-7 C3004
乱丁・落丁はお取り替えいたします。無断複写・転載を禁じます。
定価はカバーに表示してあります。
本書の内容に関し追加・訂正情報が生じた場合は、当社ホームページにて掲載いたします。
ホームページを閲覧する環境のない方は当社営業部（03-5224-5430）へお問い合わせください。